高等学校数字媒体专业规划教材

数字音频技术

管恩京　主编
张鹤方　王厂　姜洪涛　杨德福　副主编

清华大学出版社
北京

内容简介

本书是数字音频相关知识的基础指南，以目前市场上主流视听音响系统为例，全面论述了数字音频技术。本书以通俗易懂的文字描述了当今音频设备及其背后的各种技术。根据知识的逻辑性与系统性，首先阐述了声学基本原理和电声技术的基本物理量，为后续学习奠定理论基础，然后介绍实际生活中人们对音质的评价和有关调音的技巧，并结合数字音频的特点和发展方向，由浅入深地讲述音频的数字化与音响系统的组成、操作、调教与保养，最后介绍有关录音的技术。这样的安排，体现了理论和实际相结合的理念，以适应不同层次读者的需要。对书中涉及的原理与技术的难点，给出了图表等实例，帮助读者加深理解。每章附有习题，便于读者深入学习和思考。

本书可作为高等学校电子信息类专业及相近专业（信息工程、数字媒体技术、影视艺术与技术等）的主干课教材，也可供从事音频技术、影视技术、多媒体技术等工作的工程技术人员阅读、参考。

图书在版编目(CIP)数据

数字音频技术/管恩京主编. —北京：清华大学出版社，2017（2025.1重印）
（高等学校数字媒体专业规划教材）
ISBN 978-7-302-48340-3

Ⅰ. ①数…　Ⅱ. ①管…　Ⅲ. ①数字音频技术－高等学校－教材　Ⅳ. ①TN912.2

中国版本图书馆 CIP 数据核字(2017)第 218427 号

责任编辑：袁勤勇　薛　阳
封面设计：何凤霞
责任校对：梁　毅
责任印制：宋　林

出版发行：清华大学出版社
　网　　址：https：//www.tup.com.cn，https：//www.wqxuetang.com
　地　　址：北京清华大学学研大厦 A 座　　**邮　　编**：100084
　社 总 机：010-83470000　　**邮　　购**：010-62786544
　投稿与读者服务：010-62776969，c-service@tup.tsinghua.edu.cn
　质量反馈：010-62772015，zhiliang@tup.tsinghua.edu.cn
　课件下载：https：//www.tup.com.cn，010-83470236
印 装 者：三河市龙大印装有限公司
经　　销：全国新华书店
开　　本：185mm×260mm　　**印　张**：15.5　　**字　　数**：371 千字
版　　次：2017 年 11 月第 1 版　　**印　　次**：2025 年 1 月第 9 次印刷
定　　价：48.00 元

产品编号：076469-02

前言

传统的声音记录方式就是将模拟信号直接记录下来，随着计算机技术的发展，特别是海量存储设备和大容量内存在计算机上的实现，对音频媒体进行数字化处理便成为可能。

近年来针对数字音频处理和编解码，国内外有着不少相关研究资料及著作，但略显不足的是，目前较常见到的都是关于编解码技术、数字音频制作与编辑、录音技术与数字音频制作等方面的书籍，它们大多是从一个角度介绍数字音频的理论和技术，还缺少一本适合不同学生专业背景，并突出实践的教材。同时，数字媒体技术的发展很快，一些声音处理方面的新技术、新设备，以及新的艺术潮流等不断涌现，以前选用的教材已经很难满足发展的需要，应尽快将新鲜知识纳入教学内容。此外，从社会需求来看，到底需要学生掌握哪些知识和技能，从已有教材来看，也很少有体现。

本书在编写的时候，遴选并吸纳了几位社会上从事音响技术与艺术创作的工程师，重点从用人单位的角度，对数字音频的知识点进行了取舍。本书涵盖数字音频技术基础和具体音响设备两大部分，共分为7章。第1章介绍了声音的基本原理和电声技术的基本物理量，重点讲述了人耳的7大听觉效应。第2章介绍了音质的评价，重点讲述了不同环境下，对不同声源的调音技术。第3章介绍了声音的编码和解码过程与技术，重点讲述了数字音频的格式与封装技术。第4章介绍了音响系统的组成和基本操作，重点讲述了音响设备的配接与操作。第5章介绍了音响设备的常见接口，重点讲述了常用的音频线材与制作技术。第6章介绍了音响系统的整体调教和保养，重点介绍了常见故障的判断与处理。第7章介绍了录音的发展，重点讲述了录音的分类和录音棚设计与设备应用。本书从数字音频技术的基本知识，到具体的音质评价、调音、音响设备连接和操作，论述全面、系统、详细、周全。不仅如此，本书从可读性和实用性出发，尽可能以市场上主流音响设备为例来进行介绍。

期望读者能通过本书，特别是书中大量的图片和示例，对数字音频技术基础，主要是数字音频具体应用方面有比较全面的了解，掌握电声技术中的物理量、音质评价的基本理论；了解声音编码和解码的过程与方法；熟悉调音和音响设备的基本理论和操作方法以及音响系统的调教保养故障分析；了解录音的发展历史、当前的录音设备以及一些新的技术进展。

本书在编写过程中引用了很多数字音频领域的专家和前人的研究成果，参考了有关企业资料，在此谨向这些企业、专家、学者、作者表示衷心的感谢，他们的工作使我们的生活进入了数字音频时代。

由于编者水平有限，时间仓促，书中不足之处在所难免，敬请广大读者批评指正。

编　者

2017 年 8 月

目录

第 1 章　基本声学原理

思政素材 1

计算机数据的存储是以 0、1 的形式存取的，那么数字音频就是首先将音频文件转化，接着再将这些电平信号转化成二进制数据保存，播放的时候就把这些数据转换为模拟的电平信号再送到喇叭播出，数字声音和一般磁带、广播、电视中的声音就存储播放方式而言有着本质区别。它是随着数字信号处理技术、计算机技术、多媒体技术的发展而形成的一种全新的声音处理手段。数字音频是一种高度复杂的技术，它的复杂性使我们更加有理由从基本的知识出发。我们的求知之旅将从本章开始，对“采用数字方式编码一个音频事件包含的信息”的各种方法进行探索。

1.1　声学的基本物理量

学习数字音频时，首先要对声音的物理属性进行简要的回顾，因为这些声学现象正是发明数字音频技术的目的。无论是直接由乐器或人发出的音频还是由电信号产生的音频，所有音频最终都是要传播到空间中的，此时它就变成了声音和听觉的事情。众所周知，声音是一种波，波是在空间中以特定形式传播的物理量或物理量的扰动。例如，当鼓被敲击时，鼓皮会扰动其周围的空气(介质)，这种扰动所产生的结果就是鼓的声音。这一机制理论很简单：鼓皮被敲击，产生了前后的振动，当鼓皮向前推时，鼓皮前方的空气分子被压缩了；当鼓皮向后拉时，鼓皮前方的这个区域又变稀薄了。这个扰动由位于大气压平衡点之上和之下的压力区域组成。

空气分子根据原始的扰动进行相继地位移，从而使声音得以传播。换句话说，一个空气分子与下一个空气分子的碰撞使能量扰动从声源处传播开去。声音的传播是由若干个从一个区域传到另一个区域的局部扰动组成的。空气分子的这种局部位移出现在扰动传播的方向上，所以声音在空间中是纵向传播的，如图 1-1 所示。

拓展与思考：

声音在介质中传播速度的二次方与传输媒介的弹性成正比，与媒介的密度成反比。例如，钢的弹性是空气弹性的 1 230 000 倍，钢中的声速是空气中声速的 14 倍，那么钢的密度应该是空气密度的多少倍呢？

同理，请再思考声音在湿润空气和干燥空气中哪一个传播速度快？

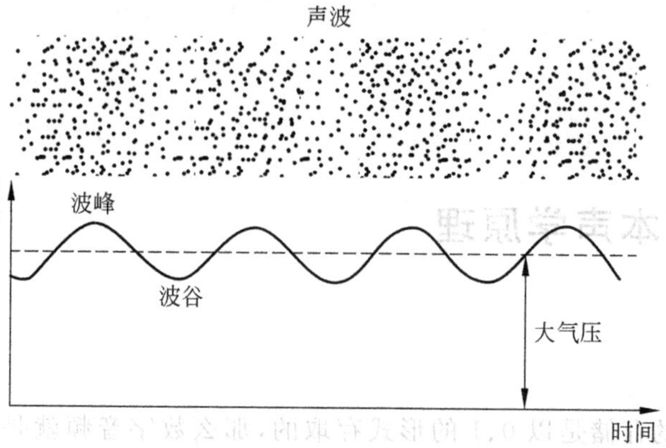

图 1-1 声波的形成与传播

1.1.1 响度

人耳对于声音的感觉主要有三个方面，即声音的响度、音调和音色，我们通常称之为声音的三要素。声音的三要素同声音的大小、高低和品质密切相关。

1. 响度

响度是人耳对声音强弱的主观感受。响度不仅正比于声音强度的对数值，而且与声音的频率和波形有关。响度的单位是宋(sone)。国际上规定，频率为 1kHz、声压级为 40dB 时的响度为 1 宋。

大量统计表明，一般人耳对声压的变化感觉是，声压级每增加 10dB，响度增加一倍，因此响度与声压级有如下关系：

$$N = 2^{0.1(L_P-40)}$$

式中，N 为响度(sone)，L_P 为声压级。

2. 响度级

人耳对声音强弱的主观感觉还可以用响度级来表示。声音响度级定义为等响度的 1kHz 纯音的声压级，单位是方(phon)。声压级为 40dB 的 1kHz 纯音的响度级为 40 方，响度为 1 宋。从响度及响度级的定义中可知，响度级每增加 10 方，响度增加一倍。

响度、响度级与声压级的关系如表 1-1 所示。

表 1-1 响度、响度级与声压级的关系

响度/sone	1	2	4	8	16	32	64	128	256
声压级/dB	40	50	60	70	80	90	100	110	120
响度级/phon	40	50	60	70	80	90	100	110	120

3. 等响度曲线

由于响度是指人耳对声音强弱的一种主观感受，因此，当听到其他任何频率的纯音同声压级为 40dB 的 1kHz 的纯音一样响时，虽然其他频率的声压级不是 40dB，但也定义为 40 方。这种利用与基准音比较的实验方法，测得一组一般人对不同频率的纯音感觉一样响的响度级与频率及声压级之间的关系曲线，称为等响曲线。如图 1-2 所示是国际标准化组织的等响度曲线，它是对大量具有正常听力的年轻人进行测量的统计结果，反映了人类对响度感觉的基本规律。

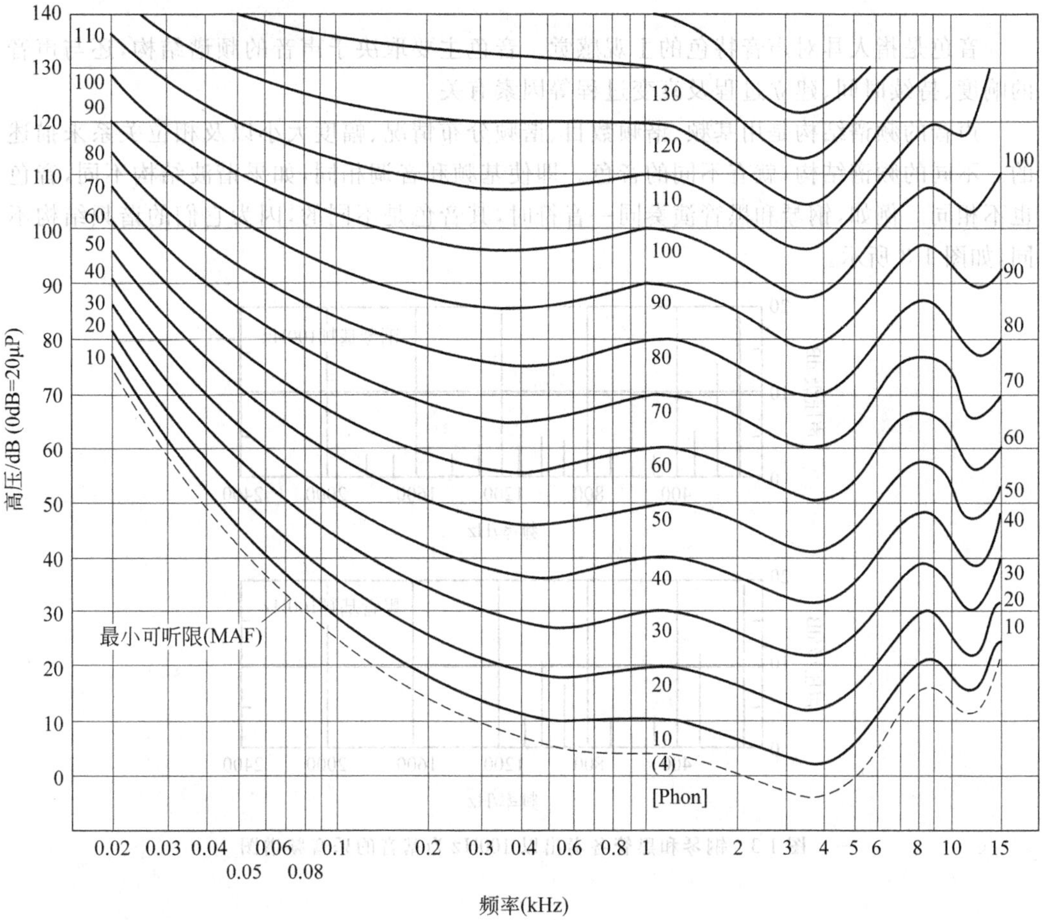

图 1-2 等响度曲线

曲线中的每一条等响度曲线对应一个固定的响度级值，即 1kHz 频率对应的声压值。

例如，1 号曲线 1kHz 频率对应的声压级值为 10dB，则 1 号曲线的响度级为 10 方，5 号曲线 1kHz 频率对应的声压级为 50dB，则 5 号曲线的响度级为 50 方。

1.1.2 音调

音调又称音高，是指人耳对声音高低的主观感受。音调主要取决于声音的基波频率，基频越高，音调越高，同时它还与声音的强度有关。音调的单位是“美”。频率为 1kHz、声压级为 40dB 的纯音所产生的音调就定义为 1 美。

音调大体上与频率的对数成正比，目前世界上通用的十二平分律等程音阶就是按照基波频率的对数值取等分而确定的。声音的基频每增加一个倍频程，音乐上就称为提高一个“八度音”。例如，C 调 1 为 261Hz，高音 1 就为 525Hz。当声压级很大，引起耳膜振动过大，出现谐波分量时，也会使人们感觉到音调产生了一定的变化。

1.1.3 音色

音色是指人耳对声音特色的主观感觉。音色主要取决于声音的频谱结构，还与声音的响度、持续时间、建立过程及衰变过程等因素有关。

声音的频谱结构是用基频、谐频数目、谐频分布情况、幅度大小以及相位关系来描述的。不同的频谱结构，就有不同的音色。即使基频和音调相同，如果谐波结构不同，音色也不相同。例如，钢琴和黑管演奏同一音符时，其音色是不同的，因为它们的谐频结构不同，如图 1-3 所示。

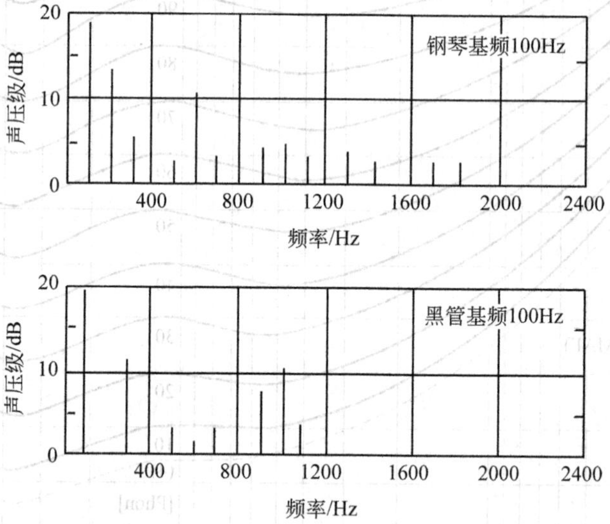

图 1-3 钢琴和黑管各奏出以 100Hz 为基音的乐音频谱图

1.1.4 频率与频谱

1. 频率

声音振动引起的空气压力变化既可以是周期性产生的，也可以是非周期性产生的。小提琴会以一个固定的速率周期性地让空气前后移动。（实际上，由于颤音之类东西的存在使得它仅仅是一个准周期性的振动。）但是，一声炸镲是不具有固定周期的，它是非周期的。一个周期振动从压力变稀薄到压力变密集再回到压力变稀薄的一次顺序演变决定了一个周波。每秒钟通过一个给定点的振动周期的数量就是声波的频率。

频率是电学和声学中的一个基本量。很多声学量都与频率有关，传声器灵敏度的校正、电声换能器频率特性的测量、厅堂音质的鉴定以及信号的分析都离不开频率，频率是单位时间内信号振动的次数，一般用 f 表示，单位是赫兹(Hz)。

$$1\text{Hz}(赫兹)=10^{-3}\text{kHz}(千赫兹)=10^{-6}\text{MHz}(兆赫兹)$$

人耳可听到的频率范围是 20Hz～20kHz。当然这只是一个大概的范围，每个人实际上听到的频率范围并不相同，一般来讲，青年人要比老年人听到的频率范围要宽，因为随着年龄的增长，人耳对高频声的听力会逐渐降低。音频设备通常都被设计成能响应这一普通范围内的频率。不过，也可以把数字音频设备设计成能够适应比这一范围高得多的频率。

声音可以是单一频率的声音，称为纯音；而包含几种不同频率成分的声音，则称为复合音。生活中大多数的声音是复合音，如语言、音乐或噪声。复合音都可以分解为许多纯音之和。如果复合音的大多数纯音都集中在高频部分，就称为高频声；集中在低频部分，就称为低频声。当然，所谓高频声和低频声都是相对而言的，习惯上把频率低于 60Hz 的声音称为超低音，把 60～200Hz 的声音称为低音，把 200Hz～1kHz 的声音称为中音，把 1～5kHz 的声音称为中高音，而把 5kHz 以上的声音统称为高音。在复合音分解的信号中，频率最低的一个纯音成分称为基音；比基音频率高整数倍的纯音成分称为泛音。按频率从低到高依次称为第一泛音（谐波）、第二泛音和第三泛音等，如图 1-4 所示。

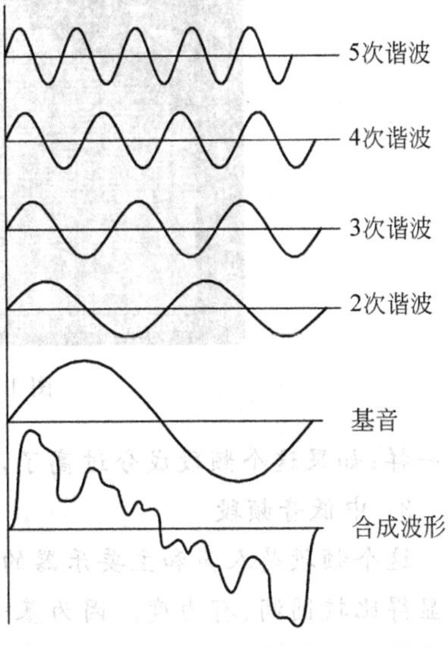

图 1-4　复合音分解示意图

2. 频谱

频谱是频率谱密度的简称，是频率的分布曲线。复杂振荡分解为振幅不同和频率不同的简谐振荡，这些简谐振荡的幅值按频率排列的图形叫作频谱。

声音的频谱在时间上是离散的；声音（复合音）的频谱结构是用基频、谐频（泛音）数目、各谐频幅度大小及相位关系来描述的。每个人的声音都有自己非常特别的唯一的频谱结构，即每个人的声音都有自己的特色，正是因为这一特色的存在，我们才常常能从电话的声音里立即听出是谁在同自己讲话。例如，通过对人声的频谱分析可以知道，男声的高频成分要比女声的高频成分少且幅度小，男声的低频成分要比女声的低频成分多且幅度大，故男声声音较低沉浑厚，女声声音较尖细。由此可见，频谱对信号频率的分析是非常重要的。如图 1-5 所示为一段音频某时刻的频谱。

拓展阅读：

1. 高音频段

这个频段的声音幅度影响音色的表现力。这个频段在声音的成分中幅度不是很大，也就是说，强度不是很大，但是它对音色的影响很大，所以说它很宝贵、很重要。

比如，一把小提琴拉出 a′—440Hz 的声音，双簧管也吹出 a′—440Hz 的声音，它们的音高一样，音强也可以一样，但是一听就能听出哪个声音是小提琴，哪个声音是双簧管，其原因就是，它们各自的高频泛音成分各不相同。

2. 中高音频段

这个频段是人耳听觉比较灵敏的频段，它影响音色的明亮度、清晰度、透明度。如果这个频段的音色成分太少了，则音色会变得黯淡了，朦朦胧胧的好像声音被罩上一层面

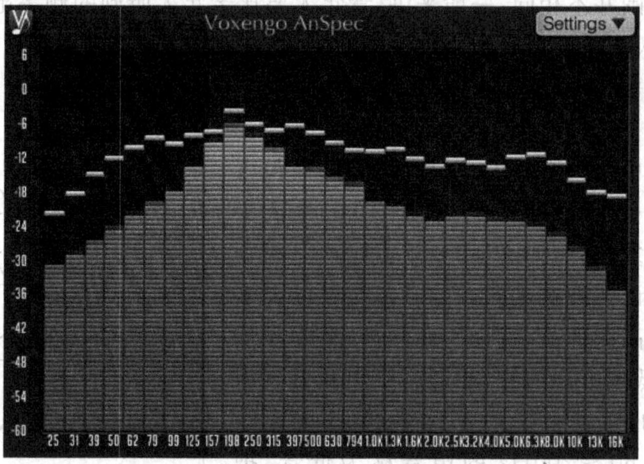

图 1-5 一段音频某时刻的频谱

纱一样；如果这个频段成分过高了，音色就变得尖利，显得呆板、发愣。

3. 中低音频段

这个频段是人声和主要乐器的主音区基音的频段。这个频段音色比较丰满，则音色将显得比较圆润、有力度。因为基音频率丰满了，音色的表现力度就强，强度就大，声音也变强了。如果这个频段缺乏，其音色会变得软弱无力、空虚，音色发散，高低音不合拢；而如果这段频率过强，其音色就会变得生硬、不自然。因为基音成分过强，相对泛音的强度就变弱了，所以音色缺乏润滑性。

4. 低音频段

如果低音频段比较丰满，则音色会变得浑厚，有空间感，因为整个房间都有共振频率，而且都是低频区域；如果这个频率成分多了，会使人自然联想到房间的空间声音传播状态。如果这个频率的成分缺乏，音色就会显得苍白、单薄，失去了根音乏力；如果这个频率的成分在音色中过多了，就会显得浑浊不清了，因而降低了语音的清晰度。

1.1.5 倍频程

倍频程是声学中常用到的一个概念，可由下式表示：

$$n = \log_2 \frac{f_Q}{f_P}$$

式中，f_P为基准频率；f_Q为求倍频程数的信号频率；n为倍频程数，可正可负，可以是分数或整数。

频段的划分一般以倍频程为刻度单位。在音乐中，将一倍频程分为8度，即频率每提高一倍，音调提升8度。

1.1.6 相位

相位是电学和声学的另一个基本量。在音响系统中，音质的改变与声音信号的相位有很大的关系，许多环绕声处理器（尤其是双声道环绕声处理器）就是通过一系列的处理过程，对声音的相位进行了相应的改变最后进行合成而形成的。另外，音响系统中设备的调整、连接等也和相位有诸多的关联。

例如，若有一声音（单频）信号为

$$u = U_m \sin(\omega t + \varphi)$$

则称 $\omega t + \varphi$ 为相位角，称 φ 为初相角。若有两个同频声音信号：

$$u_1 = U_{m1} \sin(\omega t + \varphi_1)$$

$$u_2 = U_{m2} \sin(\omega t + \varphi_2)$$

则称 $\Delta\varphi = (\omega t + \varphi_1) - (\omega t + \varphi_2) = \varphi_1 - \varphi_2$ 为 u_1 相对于 u_2 的相位差。其中：

若 $\Delta\varphi > 0$，则 u_1 超前 u_2 一个 $\Delta\varphi$；

若 $\Delta\varphi < 0$，则 u_1 滞后 u_2 一个 $\Delta\varphi$；

若 $\Delta\varphi = 0$，则 u_1 与 u_2 同相；

若 $\Delta\varphi = \pm\pi/2$，则 u_1 与 u_2 正交；

若 $\Delta\varphi = \pm\pi$，则 u_1 与 u_2 反相。

1.1.7 声压与声压级

大气静止时存在一个压力，称为大气压。当有声音在空气中传播时，局部空间产生压缩或膨胀，在压缩的地方压力增加，在膨胀的地方压力减小，于是就在原来的静止气压上附加了一个压力的起伏变化。这个由声波引起的交变压强称为声压，一般用 p 表示，单位是 Pa（帕）。

声压是一个重要的声学基本量，在实际工作中经常会用到，例如，混响时间是通过测量声压随时间的衰减来求得的；扬声器频响是扬声器辐射声压随频率的变化；声速则常常是利用声压随距离的变化（驻波表）间接求得的。

在绝对数值上，声音的压力是非常小的，如果大气压为一个标准大气压（101.35kPa），那么一个很响的声音可以引起一个约 703Pa 的偏离。不过从最弱到最响的声音之间的范围是非常大的，这个范围决定了动态范围——能听到的最低声压（听阈值）到人耳感觉到疼痛（痛阈值）的声压之间相倍数，人耳（以及音频系统）的动态范围能达到 1 000 000 的跨度。这个跨度很大，因此用声压的绝对值来表示声音的强弱显然也是很不方便的。我们常用声压的相对大小（称声压级）来表示声压的强弱。声压级用符号 L_P 表示，单位是分贝（dB），可用下式计算：

$$L_P = 20\lg \frac{P}{P_{\text{ref}}}$$

式中，P 为声压有效值；P_{ref} 为基准声压（零参考级），一般取 2×10^{-5} Pa，这个数值是人耳所能听到的 1kHz 声音的最低声压，低于这一声压，人耳就再也无法觉察出声波的存在了。

1.1.8 反射

声波从一种媒质进入另一媒质的分界面时，会产生反射现象。例如，声波在空气中传播时，若遇到坚硬的墙壁，一部分声波将反射。如图 1-6(a)所示，反射角等于入射角时，反射声波好像从墙后的另一声源 S'发出来一样，S'称为声像。声像 S'与声源 S 到墙壁的距离相等。

当声波遇到凹面墙时，反射现象如图 1-6(b)所示。声源 S 发出的声波经凹面墙后集中到一点 S'，称为声波的聚焦。当声波遇到凸面时，将产生扩散反射现象，如图 1-6(c)所示。

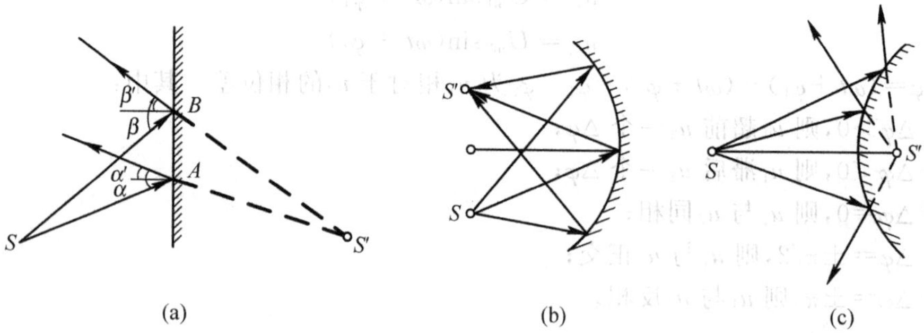

图 1-6　反射现象

当声波遇到障碍物时，除了产生反射现象外，还有一部分声波将进入障碍物，称为折射。障碍物吸收声波的能力与其特性有关。

声波的反射与折射现象是听音环境设计中需要考虑的问题。演播室、听音室、歌剧院和电影院中凹凸不平的墙面，就是为了使声波产生杂乱反射以形成均匀声场，并让墙壁吸收一部分能量，使这些空间具有适当的混响时间。

1.1.9　绕射

当声波遇到障碍物时，会有一部分声波绕过障碍物继续向前传播，这种现象称为绕射。绕射现象示意如图 1-7 所示。绕射的程度取决于声波的波长与障碍物大小之间的关系。若声波的波长远大于障碍物长度尺寸，则绕射现象非常显著；若声波波长远小于障碍物长度尺寸，则绕射现象较弱，甚至不发生绕射。因此，对于同一个障碍物，频率较低的声波较易绕射，而频率较高的声波不易绕射。

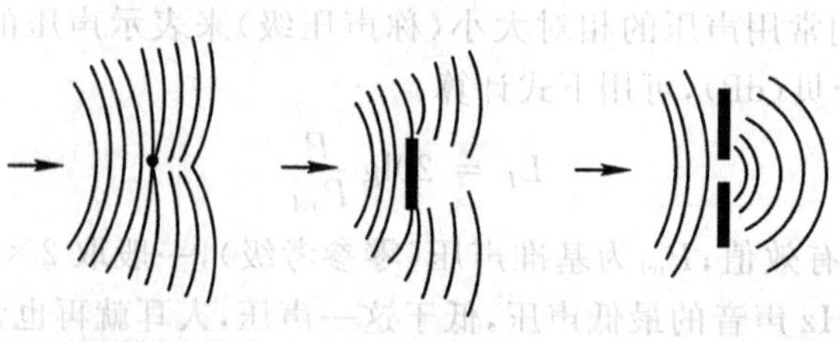

图 1-7　绕射现象

当声波通过障碍物的洞孔时，也会发生绕射现象。当声波波长远大于洞孔尺寸时，洞孔好像一个新的点声源，声波从洞孔向各个方向传播。当声波波长小于洞孔尺寸时，只能从洞孔向前方传播。

由于绕射和反射的共同作用，从没有关严的门缝里传播到房间中的声波几乎和门打开时的不相上下。

1.1.10　干涉

两个频率相同、振动方向相同且步调一致的声源发出的声波相互叠加时就会出现干涉现象。如果它们的相位相同，两声波叠加后其声强加强，反之，如果它们的相位相反，两声波叠加后便会相互减弱，甚至完全抵消，如图 1-8 所示。由于声波的干涉作用，常使空间的声场出现固定的分布，形成波腹和波节，即出现通常所说的驻波。驻波是干涉的一种特殊情况。顾名思义，驻波有声波向前传播的运动，也有不向前传播的运动。当两个频率相同、振幅相等、方向相反的正弦波同时存在时，由于它们的叠加，就变成了不传播的驻波。此时，空气的某些质点由于两个声波的振幅相反，叠加后为零而不运动，称为波节；而另一些质点在其中心位置振动，振幅最大（等于两个声波的振幅之和），称为波腹。在波节和波腹之间的各点，质点运动规律处于波节与波腹的运动规律之间。

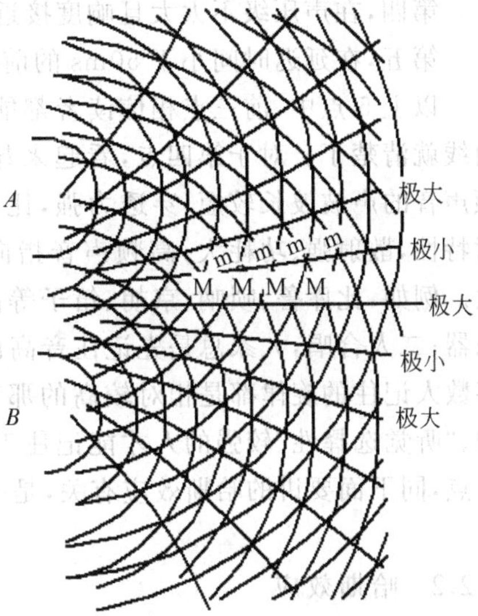

图 1-8　干涉现象示意图

造成声波干涉的条件是经常可以遇到的，下面以两只扬声器播放同频率声音的情况为例来说明。

(1) 当两只扬声器在同相位状态下振动发声时，由于等距关系，声波到达两扬声器之间中轴线上的各点时总是处在同相位状态，于是来自两只扬声器的声波在该处相互加强。

(2) 当两只扬声器在反相位状态下振动发声时，情况正好相反，声波到达两扬声器之间中轴线上的各点时总是处在反相位状态，于是来自两只扬声器的声波在该处相互抵消，导致两只扬声器不如一只扬声器的声音大。

这就告诉我们，连接音响和功放时一定要保持它们正负极性的一致性，否则就会出现上述的第二种情况。当然，对于立体声系统而言，这样的结果往往还会导致声像定位不准，即声源有“飘忽”的感觉。

1.2　人耳的听觉效应

1.2.1　掩蔽效应

在实际生活中，一种声音的存在会影响人们对另一种声音的听觉能力，这种现象就称为掩蔽效应。即一种声音在听觉上掩蔽了另一种声音。

掩蔽效应是一个较为复杂的生理与心理现象。大量的统计研究表明，一种声音对另一种声音的掩蔽值与许多因素有关，如与两个声音的声压级和延迟时间有关，还与人耳的"听觉选择性"等有关。

简单地说，掩蔽效应包括以下几点。

第一，声音能量大的掩盖声音能量小的声音；

第二，在声压级相近的前提下，中频声掩蔽高频和低频声；

第三，在声压级相当大时，低频声会对高频声产生明显的掩蔽作用；

第四，在声压级不太大且响度接近时，高频声对低频声会产生较小的掩蔽作用；

第五，在延迟时间小于 50ms 的前提下，先传入人耳的声音掩蔽后传入人耳的声音。

以上 5 点中，前三点相信读者都能够理解，只要再仔细分析一下前面学过的等响度曲线就清楚了。对于第四点，看起来却同第三点相矛盾，如何理解呢？其实这是因为高频声音的声波波长较短，穿透力强，比起低频声音更易传到人耳的缘故。低频声音有绕射特性，散射强、功耗大；高频声音指向性和穿透力很强，声音射程远，对人耳刺激作用大。例如，比库鲁、唢呐、京胡、笛子等高音乐器易掩盖贝司提琴、大提琴、低音鼓等低音乐器；二人合唱，大家总是先记住音高的人的旋律，如那英与王菲合唱的《相约九八》，大多数人记住的旋律都是相对较高的那英演唱的旋律。只有那些刻意去记王菲演唱旋律的、"听觉选择性"较强的人才能记住王菲所演唱的旋律，其原因就在于第四点。至于第五点，同下面要讲的哈斯效应有关，是一种客观存在的现象。

1.2.2 哈斯效应

所谓哈斯效应，是一种利用声音到达听者的时间差来分辨不同声源声音的听觉效应。它由物理学家哈斯最早发现，故得此名。哈斯发现，如果两个声源发出同样的声音，并于同一时刻以同样强度到达听者，则听者感觉声音的方向在两个声源之间。如果其中一个延迟 5～35ms，则声音听起来似乎都来自于未延迟的声源；如果延迟在 35～50ms 之间，则延迟声源的存在可以被感觉出来，但感觉声音还是来自未延迟声源的方向；当延迟的时间超过 50ms 时，延迟声才不会被掩盖，这时可清晰地听到回声，明确地分辨出第二声源。例如，在山谷中喊话时，可听到依次减弱的回声。在哈斯的发现中，听者总是感觉声源来自于先到达人耳的声音的声源方向，故人们有时又将哈斯效应称作"先入为主"效应。

1.2.3 双耳效应

所谓双耳效应，是指人耳对于外界声音方位的辨别特性。例如在交响乐现场聆听，闭上双眼后，用两只耳朵仔细聆听，会听出每一种乐器所处乐队的位置，弦乐器大概在前方，管乐器在中央，打击乐器在后方等。通过双耳效应，可以清晰地辨别出每一种声音来自何方。

双耳效应在生活中是很重要的特性，为什么说过马路的时戴耳机会很危险，就是因为戴上耳机后，我们无法辨别声音的方向，这样也就无法判断危险来自何方，从而无法第一时间进行躲避。通过双耳效应，我们可以清晰地辨别出每一辆车来自哪个方向，由此保护自己的人身安全。

通过双耳效应，我们有了立体声录音，这就是为什么音响都是成对售卖的，左右声道缺一不可，听音乐是如此，看电影的要求则更为细致，多声道录音，才能还原逼真的现场感，给人们一个真实的电影世界。

1.2.4 颅骨效应

所谓的颅骨效应，是指声音通过颅骨传导入人耳的现象。用手机给自己录音一段话，再重放出来听听，你会发现，这与平常你说话的声音不一样。这是因为自己说话声会通过两个途径传播；听自己说话录音时，声音是通过一个途径传播的。

平常情况下，我们是听不到机械手表的钟摆声的，如果将其咬住，再用手把耳朵堵住，就会听得很清晰，这时钟摆的声音就是通过人体颅骨传入人耳的。

很多音乐家利用颅骨效应来进行发声训练，用手堵住双耳，然后进行发声练习，这样就能清晰地听到自己的声音，从而进行细微的发音调整，直至发音准确为止。

1.2.5 鸡尾酒会效应

所谓的鸡尾酒会效应，是指我们的耳朵可以单独选择一种声音聆听的功能。

对于话筒拾音来说，凡是在该话筒指向性允许的范围内，所有发出的声音都会被识别，从而被录制下来，而对于人耳来说，在周围拥有多个声源的情况下，我们可以有选择性地聆听声音。

1.2.6 回音壁效应

回音壁大家应该不陌生，但是人耳的回音壁效应可能很多人还不太明白。既然被称为回音壁效应，就与回音壁脱不开一些关系。

我们站在回音壁面前对着回音壁说话，就可以听到自己说话的回音。话音形成的声波传到回音壁上，反射回来，再次被我们的耳朵所拾取。人耳的回音壁效应基本也是一个道理。

所谓的回音壁效应，是指在一个声场里，我们看不到声源，但是却能听到声音，这就是回音壁效应。我们根据人耳的回音壁效应，将其运用到露天剧场等公共演出场所。当我们在建造露天剧场的时候，就可以利用人耳的回音壁效应来增强舞台上的声源，将声源扩大，反射到听众席，以使得最后一排的听众也能听得非常清晰。

1.2.7 多普勒效应

多普勒是一名奥地利物理学家和数学家，多普勒效应是由多普勒发现的，为了纪念这位科学家，用他的名字为此效应命名。多普勒效应的应用比较广泛，在声学界和光学界都有多普勒效应，这里主要介绍声波的多普勒效应。

所谓多普勒效应，是指当一辆鸣笛的火车经过一个人时，鸣笛的声音会由高变低，频率高时，声调就高，反之，声调就低，这种现象就是多普勒效应。

多普勒效应在生活中应用也比较广泛，例如医学中的彩超，就是利用了多普勒效应。同时在移动通信上，也有运用多普勒效应。由于多普勒发现了这个效应，以至于现代人都因此而受益，在医学及通信领域都得以良好的运用，帮助人们更好地生活，也是对人类的一种极大贡献。

1.3 电声技术中声音的物理量

1.3.1 分贝

1. 功率和分贝的关系

在电声技术中，表达放大器的增量、音响大小、噪声程度、传输线的衰减等时，要用到dB(分贝)这一计量单位，尤其是在功率与功率之间或电压(流)与电压(流)之间做比较时，是用dB(分贝)来进行比较的。当用分贝表示功率、电压、电流的大小时，就是声功率级 L_W、声电压级 L_P 和声强级 L_I 以及级差 ΔL。将庞大的电压值、功率值和电流值用分贝来表示，可以在比较小的数量范围里很方便地进行计算。

分贝是一个相对值，而不是一个绝对值，这在前面讲解声压级的概念时就已经涉及。分贝值是先选择一个参考值，然后再把需要表示的绝对值与这个参考值进行比较而得出的相对量。例如，选择参考功率值 $P_0=1\text{W}$，P_1 是需要表示的功率值，那么

$$\text{贝尔}=\lg\frac{P_1}{P_0}\quad(\text{贝尔即 Beil，是人名，用符号 B 表示})$$

由这个公式可知，贝尔是功率比值的常用对数。在实际使用中，由于贝尔的单位太大，就取1/10贝尔作单位，即分贝(dB)：

$$\text{分贝(dB)}=10\lg\frac{P_1}{P_0}$$

从表1-2中可以看出功率为1～10 000W，这样庞大的范围如果使用dB来表示，即用单位的级来表示是很方便的。

表1-2 功率级表

P_1/W	L_W/dB
1	0
10	10
100	20
1000	30
10 000	40

另外，从心理学的角度来讲，功率增加 10 倍，多数人判断的结果是响度(是人耳对声音强弱的主观感受)增加一倍。这样，一个 100W 的声音信号就是一个 10W 声音信号响度的两倍。任何 10dB 的差值都可以不必考虑其实际功率的情况，均表示主观响度上相差一倍。例如，表 1-2 中相邻两信号的响度就相差一倍。

2. 电压、电流与分贝的关系

表示电压的 dB 也是一个相对值，需要一个基准电压 U_0 和一个需要表示的电压 U_1。首先来看看电功率和电压的关系：

$$P = IU, \quad P = I^2R, \quad P = \frac{U^2}{R}$$

因为电功率和电压的平方成正比例，所以如果电压增加 2 倍，功率就要增加 4 倍，即

$$\frac{(2U)^2}{R} = \frac{(4U)^2}{R}$$

对电流也一样，即如果电流增加 2 倍，功率就要增加 4 倍。

用电压和电流比表示以 dB 为单位的功率级，则应为：

$$L_W = 10\lg\left[\frac{U_1}{U_0}\right]^2 = 20\lg\frac{U_1}{U_0}$$

$$L_W = 10\lg\left[\frac{I_1}{I_0}\right]^2 = 20\lg\frac{I_1}{I_0}$$

3. 调音台实际电压的分贝表达

我国规定，以一个 600Ω 电阻上得到 1mW 功率所需的电压值 0.755V 为基准电压 U_0，待比较电压 U_x 的电平值用分贝表示，则

$$电压分贝 = 20\lg\frac{U_x}{U_0} = 20\lg\frac{U_x}{0.755}(\text{dB})$$

关于基准电压的选择，世界上许多国家对 U_0 的电压选择有所不同。我国使用的 U_0 为 0.755V，称为 dBm，有些国家选用的 U_0 为 1V，称为 dBv。这样，实际使用时，基于不同基准电压选择的同一 dB 值，其所对应的实际电压是有差别的；而同一实际电平所表示的 dB 值也不相同。表 1-3 为 dBm 和 dBv 所代表的实际输出电压值。

表 1-3 dBm 和 dBv 所代表的实际输出电压值

电压/V	电压分贝/dBv	电压/V	电压分贝或功率电平分贝/dBm
3.15	10	2.45	10
2.8	9	2.2	9
2.5	8	1.95	8
2.23	7	1.73	7
2	6	1.55	6
1.8	5	1.38	5
1.6	4	1.23	4
1.4	3	1.1	3
1.25	2	0.98	2

续表

电压/V	电压分贝/dBv	电压/V	电压分贝或功率电平分贝/dBm
1.12	1	0.87	1
1	0	0.775	0
0.9	−1	0.69	−1
0.8	−2	0.62	−2
0.7	−3	0.55	−3
0.63	−4	0.49	−4
0.56	−5	0.44	−5
0.5	−6	0.39	−6
0.45	−7	0.35	−7
0.4	−8	0.31	−8
0.35	−9	0.27	−9
0.315	−10	0.245	−10

特别应引起调音员注意的是，现在有些调音台的 VU 表指示为 0dB 时，其实际的输出电压为 1.23V。因此在使用调音台时，一定要留意说明书上的介绍，因为这个具体的输出值是由生产厂家自己确定的。

1.3.2 信噪比

如果用 S 表示信号，用 N 表示噪声，则信噪比为

$$\frac{S}{N}=10\lg\frac{P_S}{P_N}=20\lg\frac{U_S}{U_N}\text{dB}$$

式中，P_S为信号功率，P_N为噪声功率，U_S为信号电压，U_N为噪声电压。

在音响技术中，频率响应、选择性、立体声分离度等均用到了分贝这一单位。

1.3.3 延时

所谓延时，就是对信号进行时间上的延迟。在延时的过程中，信号的幅度及其他的参数不会发生任何的变化，而只是时间上的延迟。延时处理是现代音响系统中一种常见的处理方法。音响系统中的延时器在音效调整中有许多特殊的作用。

(1) 在扩声系统中用来消除回声干扰，提高清晰度，改善声像定位。例如，在卡拉 OK 厅中，除了台口有主音响外，往往在后场还有后置音响。我们知道，声音信号在音响线中的传播速度是极快的，信号源产生的音频信号几乎是同时传到前后音响的。对于坐在卡拉 OK 厅后排的人而言，后置音响离他们较近，台口主音响离他们较远；而声音在空气中的传播比音频信号在音响线中的传播速度来说要慢得多，当前、后音响距听众的距离差大约为 17m 时，人耳就能感受到这种时间差的存在。

这时，坐在后排的人就会有声像定位严重错位的感觉，因为他们看见台上的演唱者在他们的前方张嘴，但由于后置音响离他们近，后置音响的声音首先进入他们的耳朵，因此他们感觉演唱者是在他们的身后演唱，而主音响传来的声音却像是后置音响产生的回声。为了克服这种声像定位不准的现象，常常在后置音响和声源之间加入延时器，延时的时间约大于前置主音响发出的声音传到后排听众耳朵所需的时间，这样，由于加入了适当的延时，主音响发出的声音会先进入后排听众的耳朵，约过几毫秒，后置音响发出的声音才传入人耳，音响系统声像定位不准的现象就被纠正过来了。同时，由于加入的延时器的延时时间可调，就可以调控回声，消除回声干扰，提高声音的清晰度。

(2) 在立体声放音中，可以用来扩展声像，增加立体感。

1.3.4 混响

混响又叫残响，是指声源发出的声音经过许多次反复的反射衰减后传入人耳的声音。混响与延时既有联系又有区别。首先，混响是经过许多次反复的反射后传入人耳的声音，因此，它在时间上是经过延时的，所以和延时是密切相关的；但同时，混响是经过许多次的衰减传入人耳的声音，声音信号的幅度是在递减的，所以，它和延时(声)又是有区别的，因为延时(声)的信号幅度是保持不变的。

在任何一个房间中，自然混响的长短由房间的吸声量和体积决定。一般来说，吸声强且体积小的房间混响短；吸声弱而体积大的房间混响长。混响适当，听到的声音会有较好的丰满度；混响过短，听到的声音会很干，缺少"水分"；混响过长，听到的声音会很"闷"，清晰度会大大降低。

在音响系统中，为了弥补室内自然混响的不足，以改善和美化音色，产生各种特殊的音响效果，就必须加上混响器。但有一点需要注意，自然混响本来就比较长的房间，是不适合加入混响器的。如果为了美化音色非加不可，必须对房间进行一系列的处理之后才能加入。

目前，实现混响的方式主要有：

(1) 声学混响室；

(2) 机械混响器；

(3) 电子混响器(包括模拟混响器和数字混响器)。

1.3.5 平均自由程

室内声音两次反射经过的距离的平均值称为平均自由程。平均自由程的表达式为

$$d = \frac{4U}{S} m$$

式中，U 为房间容积，单位为 m^3；S 为房间内表总面积，单位为 m^2。

1.3.6 功率

功率是衡量声音强弱的一个量，任何音响系统中，都有功率放大器。功率的一般表

达式为

$$P = I \cdot U = I^2 \cdot R = \frac{U^2}{R}$$

式中，I 为流过负载的电流，U 为负载两端的电压，R 为负载阻抗。

功率放大器输出功率的表示方法有多种，如平均功率、有效功率、最大功率和音乐功率。

1.3.7 平均功率、有效功率与最大功率

正弦稳态时的功率和能量都是随时间变化的，其表达式为

$$P(t) = \frac{U_m^2}{R}\cos^2\omega t = \frac{1}{2}\cdot\frac{U_m^2}{R}(1+\cos 2\omega t)$$

从式中可知，瞬时功率有时为零，有时最大，它包含一个常数项和一个正弦项，后者的角频率是 $2\omega t$，是电压或电流频率的两倍。由此可得出常用的功率表达式。

1. 平均功率

瞬时功率在一个周期内的平均值称为平均功率，记为 P_{av}，经数学推导得出

$$P_{av} = \frac{1}{2}\cdot\frac{U_m^2}{R}$$

通常所说的功率，都是指平均功率。平均功率在电工学上又叫有功功率。从平均功率可以看出，平均功率 P_{av} 恰好是瞬时功率最大值 U_m^2/R 的一半。

2. 有效值功率

有效值功率（RMS 功率）就是对瞬时功率的均方根值，记为 P_{rms}，经数学推导得出

$$P_{rms} = \sqrt{5}\,\frac{U_m^2}{2R} = 1.225\,\frac{U_m^2}{2R} = 1.225P_{av}$$

3. 最大功率

瞬时功率的最大值称为最大功率，记为 P_p：

$$P_p = \frac{U_m^2}{R}$$

平均功率、有效值功率和最大功率的相互关系如下：

$$P_{av} = \frac{U_m^2}{2R} = \frac{1}{2}P_p$$
$$P_{rms} = 1.225P_{av}$$

1.3.8 音乐功率

音乐功率是指放大器工作于音乐信号时的输出功率，又称动态输出功率。

1.4 立体声概念

“立体声”是人们口中经常会冒出的一个常见的名词，但对其确切的概念或定义，却并非人人皆知。那么什么是立体声呢？是不是用两只或多只扬声器发出的声音就是立

体声呢？答案是不一定。真正意义上的立体声必须考虑音源（磁带、CD 碟片）和播放音源的设备是否是多声道的。只有当音源和播放音源的设备都是真正意义上的多声道时，用两只或两只以上的扬声器（或音响）重放出来的声音才是真正意义上的立体声。立体声概念示意图如图 1-9 所示。

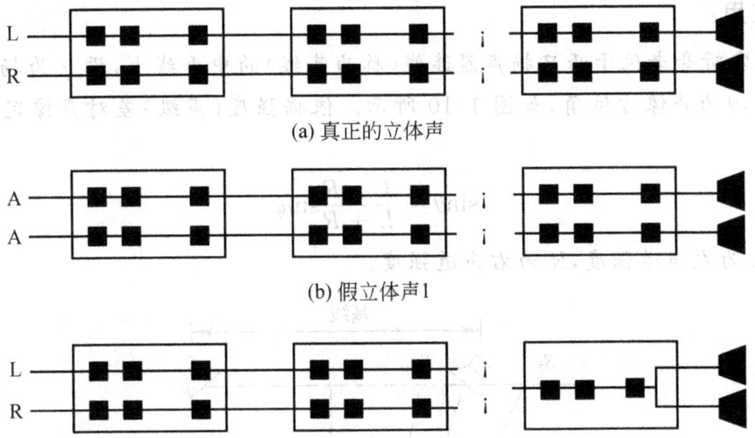

(a) 真正的立体声

(b) 假立体声1

(c) 假立体声2

图 1-9 立体声概念示意图

因为图 1-9(a)的音源及音源播放设备都是双声道，所以扬声器重放出来的声音是真正意义上的立体声。而图 1-9(b)中，虽然播放设备是双声道的，但音源实际上却是单声道的，因此尽管有两只扬声器在重放声音，但重放出来的声音不是真正意义上的立体声，可称之为假立体声，例如在卡厅里唱卡拉 OK 时，尽管播放设备都是双声道的，但对于手持普通话筒的演唱者的人声而言，其歌声也是假立体声。在图 1-9(c)中，虽然音源是双声道的，但由于其最后一级设备功放是单声道的，尽管这时其输出有两路，且扬声器也有两只，但扬声器重放出来的声音仍然是假立体声。

注意，在图 1-9(b)中，可能会有另一种特殊情况发生，即单声道的音源信号进入到双声道的播放设备中时，如果播放设备中的两路通道对此音频信号分别进行不同的处理后再由扬声器播出，此声音应视为立体声。当然，此处所说的"不同的处理"绝不是简单的信号强弱的处理，如果只是进行强弱的处理，其重放声仍只能算作是假立体声。此"处理"应是对音频信号的频谱中除幅度强弱之外的其他参数产生影响的处理。

因此立体声可以这样来定义：立体声是具有两路或两路以上的、其各路输出通道重放的声音具有除强弱差异之外的其他差异的重放声的"综合感觉声"。

根据立体声传输原理，在双声道立体声系统中，两个点声源（扬声器）发声的响度、相位以及时间差经空间混响后，可以再现自然声源的位置，这个被感觉到的位置称为声像。如果感到声音是从某一点发出的，那么本应在空间中广泛分布的声像就被集中在了一点，立体声的效果就完全被破坏了。如果给间隔一定距离的两只扬声器以完全相同的信号，两只扬声器将发出强度相同的声音，而且对于距离两只扬声器相同距离的听音者而言是无时间差的，这时，听音者是分辨不出两个声源的，他只会感到有一个声像在两只扬声器最中间的位置。此时，当某一扬声器的发声强度增大一些时，听音者会感到声像向这只扬声器靠近，强度差愈大，声像愈靠近那只扬声器。此外，如果将其中一只扬声器后移，同时使两只扬声器发出的声音到达听音者耳朵的声音强度相同，时间差也会使听音者感到声像向一边偏移。一只扬声器越向后移，声像越向离听音者近一些的扬声器靠拢。可见，强度差及时间差均会引起声像偏移。

理论应用：

现在假定听音者位于两只扬声器连线（称为基线）的中垂线上，设 φ 为扬声器对听音者的半张角，θ 为声像方位角，如图 1-10 所示。依据强度（声级）差对声像定位的正弦法则，有

$$\sin\theta = \frac{L-R}{L+R}\sin\varphi$$

式中，L 为左声道强度，R 为右声道强度。

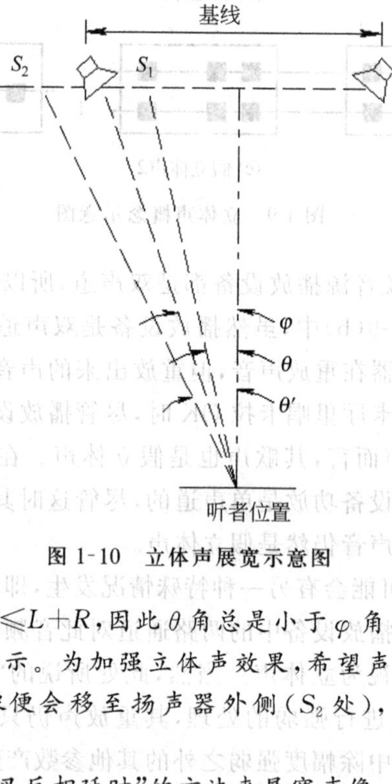

图 1-10　立体声展宽示意图

由上式可知，由于 $L-R \leqslant L+R$，因此 θ 角总是小于 φ 角，即声像总出现于两只扬声器内侧（S_1 处），如图 1-10 所示。为加强立体声效果，希望声像越出声像基线以外。当 $(L-R)/(L+R)>1$ 时，声像便会移至扬声器外侧（S_2 处），即声像被展宽，如图 1-10 所示。

实际应用中，常采用"交叉反相延时"的方法来展宽声像。即将立体声左声道信号 L 的一部分经倒相、延时衰减后（$-kL$）送入右声道中，与右声道信号 R 混合，将右声道信号 R 的一部分经倒相、延时衰减后（$-kR$）送入到左声道中，与左声道信号 L 混合，则新的左、右声道的信号分别为

$$L' = L - kR \quad 和 \quad R' = R - kL$$

此处 k 为常数，且 $0<k<1$。

对于新的声像方位角 θ'，应有

$$\sin\theta' = \frac{L'-R'}{L'+R'}\sin\varphi = \frac{1+k}{1-k}\cdot\frac{L-R}{L+R}\sin\varphi = \frac{1+k}{1-k}\sin\theta$$

即有 $\theta'>\theta$，故声像得以展宽。

习　　题

1. 频率的定义是什么？

2. 声音分为纯音和复合音两种，平常人们说话的声音属于哪一种？

3. 频谱的定义是什么？

4. 250～600Hz 之间有几个倍频程？315～400Hz 之间有几个倍频程？

5. 喷气飞机起飞时的有效声压约为 200Pa，其相对应的声压级为多少？普通谈话声的有效声压约为 2×10^{-2}Pa，其相对应的声压级为多少？

6. 简述干涉的概念。

7. 80W 的功率级为多少？4mW 的功率级为多少？50W 和 100W 的级差是多少分贝？

8. 1V 和 100V 以 dB 为单位的级差为多少分贝？

9. 一对音响的有效值功率为 200W，其最大功率则可达多少瓦？

10. 延时和混响的主要区别在于什么？

思政素材 2

第 2 章　音质评价与调音技巧

2.1　音质的评价

2.1.1　音质的评价用语

音质的评价用语有许多，但有些评价用语不太准确且有含混不清或重复的地方，为此，专家们确定了一些最能描述声音主观属性的参量，以及参量的形容词作为主观评价的常用术语，如丰满度的用语是丰满、干瘪等。国内的声学专家经过很多的研究、实践，比较多地推荐如表 2-1 所示的 11 种主观参量和音质评价用语作为对音质的评价。

表 2-1　主观参量及音质评价用语

主观参量	音质评价用语	评价用语解释
清晰度	清晰——模糊、浑浊	清晰：节目可懂度高，乐队乐器层次分明，有清澈见底的感觉
平衡度	平衡——不平衡	平衡：节目各声部比例协调，立体声左、右声道的一致性好，声像正常
丰满度	丰满——单薄、干瘪	丰满：中、低音充分，高音适度，响度合适，有温暖、舒适感，有弹性
力度	坚实有力——力度不足	有力度：声音坚实有力，能表达出来，能反映原声源的动态
圆润度	圆润——毛糙	圆润：优美动听，有“水分”，有光泽但不尖糙，主要用以评价人声和某些乐器
明亮度	明亮——灰暗	明亮：高、中音充分，听感明朗、活跃
柔和度	柔和——尖硬	柔和：声音松弛有度，不发紧，高音细腻不刺耳，听感悦耳、舒服
融合度	融合——松散	融合：整个音响交融在一起，和谐而有层次，整体感好
真实感	真实——失真	真实：声音逼真。失真：声音破、炸、染色等
临场感		临声感：重放出的声音使人有“身临其境”的感觉
立体感	立体——单一	立体感：声音有空间感，不仅声像方位基本准确，声像群分布正确，而且有宽度和纵深感

我国的音质主观评价专家经多年的实践和研究提出了《厅堂音质主观评价方法的建议》，选取了 6 个主要的评价参量，并对评价用语方法、系统条件以及评价用的节目、审听反应方法及评价方法做出了规范性的建议。6 个评价用语参量被分成 5 个级别，如表 2-2

所示。

表 2-2 听音评价术语

	优	良	中	较 差	很 差
清晰度	层次清晰，透明度好，语言的每个字都听得清	较清晰、透明，个别字听不清	一般（无特殊感觉），少数听不清但都可听懂	轻度模糊，轻度浑浊，能吃力地听懂	模糊、混浊、很难听懂
丰满度	丰满、温暖、有弹性	较丰满、弹性尚好	一般	水分不足，有点单薄	干瘪、单薄
亲切感	演员与听众有交流，传神	有一定程度的交流	一般	无交流	遥远（如在幕后演奏）、紧迫
平衡感	声部平衡、协调，声像方位无偏斜	平衡尚好	一般	有时不够平衡，有时不够协调，声像有时偏斜	声部不平衡，声像在舞台之外或来自侧墙、后墙
环境感	场所印象逼真，空间感好	有一定程度的空间感	一般	空间感不够	场所印象差，无空间感
响度	适宜、舒服	无不良感觉	有时太响或有时不足	太响或不足	如雷贯耳、受不了、出不来，难以评价音质

2.1.2 音质的主观评价与技术指标的关系

大量的实践证明，音响系统的客观技术指标与音质有着直接的关系，也直接影响着主观评价的各种参量。例如，系统的传输频率特性曲线中显示低频段缺乏时，就会使声音缺乏厚度和亲切感，中低音区的多少也会直接反映出声音的力度和气势，中高音区则会影响声音的明亮度、清晰度及通透感，而高音区就会充分影响声音的色彩及华美感。每段频率的缺乏都会造成音质明显的变化。

另外，音响系统可能存在各种失真，如谐波失真、互调失真、削波失真等，它们将产生大量与音乐信号不谐调的新频率。这些新产生的音常常造成声音的发沙、发破、发浑等。调音者应努力减少和克服这些失真，使重放的声音保持原有声音的音质。

音响系统重放音乐的动态范围也会对声音的音质产生影响，其动态范围越大，声音的临场感也就越强；反之，动态范围越小，声音就干瘪、单薄、无感染力。

音响系统重放的声压级的大小也会对音质产生影响。声压级过小，将感到声音响度低，频带窄，丰满度力度差；声压级过大，将使失真加大，声音发毛、发炸、发破等，使音质变差。

为了更加清楚地说明音质的主观评价与客观技术指标之间的关系，下面就 6 个评价用语与客观技术指标的关系分析如下。

(1) 清晰度。首先，观众厅或舞厅的混响时间应该比较合适，混响时间过长就会出现浴室效应，即一片嗡嗡声，这会使声音变得混浊、模糊，听不清任何细节，严重影响清晰度。其次，观众厅或舞厅不能有明显的回声、颤动回声及其他谐振现象产生，否则，也会严重破坏声音的清晰度。另外，传输频率特性一定要较好，如缺乏中、高音会使声音的明亮度、清晰度下降，低频过多就会使声音变得浑浊不清。同时，应尽量减小音响系统的失真，如失真过大，就会产生大量谐波，使音质发躁、不清晰。

(2) 丰满度。如果观众厅或舞厅的混响时间偏短，尤其是低频段的混响时间比中频段还要短，则在这样的房间里听音，其丰满度是不会太好的。当然，如果音响系统的传输频率特性差，缺乏中低音，声音就会变得干瘪、很飘，更谈不上音质的丰满了。如果低频段的声压级不足，或低频延伸不够，声音也会发硬、发紧，也就谈不上音质的丰满了。

(3) 亲切感。传输频率特性差，中频和亮度不足，就会使声音像蒙上了一层雾；声音发灰、发闷，就好像在隔壁的房间里发出的声音，是不会有亲切感的。如果传输频率特性差，其中高音不足，使声音缺乏正常人声发出的高频部分(例如适当的中齿声)，也会使人感到缺乏在身边如诉的感觉，没有交流感。另外，观众厅和舞厅的混响时间应当合适，太长会使声音太混，太短又会使声音太干；低频的混响时间相对于中频段要长一些，这样厅内会有一定的回荡感，语言清晰、亲切。

(4) 平衡感。左、右扬声器，主扬声器和辅助扬声器之间的输出功率关系要合适，相位要正确，否则就会破坏平衡感。如果不用组合扬声器，用电子分频器进行电子分频，采用高、中、低音响或号筒，就要注意各种音响的安装、布置，不要使声音的各段频率在不同的位置发声(超低音除外)，否则就会破坏点或线声源，从而严重地破坏声像的平衡。同时，房间的声学结构应尽量对称，如果严重不对称，如一侧与其他房间耦合，则各点、各段频率的均匀度差异会很大，即便通过调试也很难克服，这便会破坏声音在整个房间里的平衡感。

(5) 环境感。音响扩声系统要有合适的声场结构、混响时间和早期反射声，才能使听众感到有合适的空间感。混响时间太短，声音太干，便没有空间感；混响时间太长，声音混成一团，也没有良好的空间感。同时，扬声器的布置及声功率的分配都应合适，声场的均匀度要良好。另外，系统要有足够的动态(其最大声压级与总噪声级的差别应大一些)，系统重放时才有足够的临场感。

(6) 响度。音响系统重放时应有合适的声压级，交谊舞厅一般在80～85dB左右为好，人少时还可低一些。声压级太大、声音太响会使人感到烦躁，缺乏美的感受；太小会使人听得吃力，也缺乏美感。但迪斯科舞厅内要有足够的声压级，低频要有足够的能量，有震撼感，但中高频要控制，不能使人耳感到受不了。同时，声场均匀度应当良好，否则有的地方声音太响，有的地方声音太轻。失真度也应当比较小，因为在合适的声压级下才有良好的效果。

听音评价音质时，应选择优秀的声源作为听评的节目源。对业余者来说，特别应选择自己熟悉的节目，这样，在不同的组合里就比较能听出音质的差别。

在听音评价音质时，还必须要注意区分艺术质量与技术质量。例如，高保真系统往往对演奏中出现的杂音反应灵敏，如实重放，这本是好事，不能将其评定为缺点。另外，对节目中的其他噪声(例如盗版CD的噪声等)，如果器材能够重放，也能说明器材的优异。

听音评价音质的用语还有很多，为了扩展读者的视野，特提供表2-3，以供读者参考。

表 2-3　听音评价音质常见用语

听音评价术语	技术含义分析	有关的技术指标							
		频率特性	谐波畸变	互调畸变	指向性	瞬态特性	混响	响度	瞬态互调畸变
声音发破	严重谐波及互调畸变，有“噗”声，已切削平顶，畸变大于10％		*	*					
声音发硬	有谐波及互调畸变，能被仪器明显看出，畸变3％～5％		*	*					
声音发炸	高频或中高频过多，存在两种畸变	*	*	*					
声音发沙	中高频畸变，有瞬态互调畸变		*	*					簧
声音毛糙	有畸变，中高频略多，有瞬态互调畸变		*	*					关
声音发闷	高频或中高频过少，或指向性太尖而偏离轴线	*			*				
声音发浑	瞬态不好，扬声器谐振峰突出，低频或中低频过多	*	*			*			
声音宽厚	频带宽，中低频/低频好，混响适度	*					*		
声音纤细	高频及中高频适度且畸变小，瞬态好且无瞬态互调畸变	*	*	*		*			*
有层次	瞬态好，频率特性平坦，混响适度	*				*	*		
声音扎实	中低频好，混响适度，响度足够	*				*	*		
声音发散	中频欠缺，中频瞬态不好，混响过多	*				*	*		
声音狭窄	频率特性狭窄，例如只有150Hz～4kHz	*							
金属声	中高频个别点突出高，畸变严重	*	*	*					
声音圆润	频率特性及畸变指标均好，混响适度，瞬态好	*	*	*			*		
有“水分”	中高频及高频好，混响足够	*					*		
声音明亮	中高频及高频足够，响应平坦，混响适度	*				*			
声音尖刺	高频及中高频过多	*							
高音虚	缺乏中频，中高频及高频指向性太尖锐	*			*				
声音发暗	缺乏高频及中高频	*							
声音发干	缺乏混响及中高频	*							
声音发直	有畸变，中低频有突出点，混响少，瞬态差	*	*	*		*	*		

续表

听音评价术语	技术含义分析	有关的技术指标							
		频率特性	谐波畸变	互调畸变	指向性	瞬态特性	混响	响度	瞬态互调畸变
平衡或谐和	频率特性畸变小	*	*	*					
轰鸣	扬声器谐振峰严重突出,畸变及瞬态均匀	*	*	*		*			
清晰度好	中高频及高频好,畸变小,瞬态好	*	*	*		*	*		
透明感	高频及中高频适度,畸变小,瞬态好	*	*	*		*			
有立体感	频响平坦,混响适度,畸变小,瞬态好	*	*	*			*		
现场感或临场感	频响好,特别是中高频,畸变小,瞬态好	*	*	*		*			
丰满	频带宽,中低频好,混响适度	*					*		
柔和	低频及中低频适量,畸变很小	*	*	*					
有气魄	响度足,混响好,低频及中低频好	*				*	*		

2.2 声音三要素对调音的影响

2.2.1 响度对调音的影响

认真地分析等响度曲线,会发现其具有如下性质。

(1) 两个声音的响度级相同,但强度不一定相同,它们与频率有关。例如,100Hz、50dB 的音是 40 方,而 1kHz、40dB 的音也是 40 方,但声音强度却相差 10dB。

(2) 声压级越高,等响度曲线越趋于平坦;声压级不同,等响度曲线有较大差异,特别是在低频段。

(3) 人耳对 3～4kHz 范围内的声音响度感觉最灵敏。

通过对等响度曲线的分析,在调音的时候有如下问题需要注意。

(1) 在音量较大(声压级较大)的情况下,不适合对调音台的均衡进行大幅度的提升或衰减。因为在音量较大的情况下,等响度曲线已趋于平坦,大幅度的提升或衰减会破坏声音的整体效果,除非在房间的传输特性曲线有重大缺陷却无房间均衡器来进行补偿时才能这样处理。

(2) 在音量较小(声压级较小)的情况下,应对调音台均衡的低频和高频进行适量的提升。因为在音量较小的情况下,低频和高频要想获得和中频同样的响度,就需要相对较大的声压级。

(3) 在调音的过程中，尤其要关注 3～4kHz 这一频段，特别是在对人声话筒进行调音时。因为对于话筒而言，3～4kHz 的音是人声的泛音，其声强较弱，但这一频段的音是人耳最为敏感的声音，同时，这一频段的音对增强临场感极为重要。提升这一频段，不但可增强声音的明亮度，也能增强声音的临场感。

2.2.2 音调对调音的影响

调音过程中对音调的处理主要集中在对音源(CD 机、VCD 机)的"变调"功能上。在调音工作中，调音者应根据演唱者个人的情况为其确定合适的音调。例如，一位男中音在演唱一首男高音的歌曲时，常常唱不上去，当其低八度继续演唱又唱不出气势时，调音者就应根据这个人的情况即时进行适当的降调(按 b 键，按一次，降一个调)，以符合此人的声音条件。当然，在进行降调或升调的过程中，最好先征求演唱者本人的意见。

2.2.3 音色对调音的影响

从对音色的阐述中可知，调音工作其实就是对音色的调整加工处理工作。调音工作的任何一项操作都会对音色产生影响。音色本身并无好坏之分，只因人类有一个大众化的欣赏习惯而出现了音色的好坏问题。调音的本质就是要调出符合大众口味的"音效"。因此，对调音者而言，以下两个问题需要加以解决。

(1) 加强对音乐素养的提高，知道什么是好的音色。

(2) 熟知各种设备如何对音色产生影响。

2.3 人耳的听觉对调音的影响

2.3.1 听力对调音的影响

要想调好音，听力的好坏可以说起着决定性的作用。如果一个调音者对各种频率成分的声音是什么样的都不能敏锐而准确地感受到，那么，调音工作是做不好的；同样，如果对声音强弱的变化不能敏锐而准确地感受到，调音工作也是做不好的；还有，如果对音乐的节奏及音乐的旋律以及对各种乐器的音色不能敏锐而准确地感受到，调音工作同样做不好。例如，对乐队进行调音时，如果对吉他、贝司等乐器的音色及其强弱都听不出来，那么调好音根本就不可能。相反，如果调音者的听力很好，就能够及时地对各种声音进行必要的修饰和美化，使各种声音有机地融合在一起，产生出美妙的音效来。因此，要做好调音工作，必须努力提高自己的听力。

提高听力的入门方法如下。

(1) 用包含各种频率成分(31 段房间均衡器所包含的频率成分)及其强弱变化的试音碟(市面上有卖)进行反复的经常性的听力练习，以逐渐加深对各种频率成分及其强弱变化的感受。

(2) 听交响乐，努力听各种乐器的音色及旋律，以尽可能多地分辨出各种乐器。

(3) 听诸如"黑鸭子""彝人组合"等此类合唱组的歌曲，学会各个成员演唱的旋律。

(4) 多听诸如《阿姐鼓》等此类音乐，学会欣赏音乐，并从中了解配乐的知识以及音乐对气氛的烘托、对情感的表达、对情景的表现等各种各样的知识。

2.3.2 掩蔽效应对调音的影响

基于掩蔽效应中所述的第一点，调音时应特别注意各声部之间的声功率平衡。例如对于卡拉OK演唱的调音，应将演唱者的歌声有机地融入到伴奏音乐中，同时，由于卡拉OK主要是对人声进行演绎，而非对伴奏音乐进行欣赏，因此在调音的时候，应将人声稍稍突出一些，以符合大众对于卡拉OK这种音乐形式的欣赏习惯。如果是对乐队的演奏进行调音，调音者必须非常清楚各种乐器在乐队中所起的作用。例如乐队中的吉他和贝司，由于吉他弹奏的是主旋律，而贝司弹奏的是节奏，因此，在对这两种乐器进行调音时，应使吉他的主旋律声稍稍大于贝司的节奏声，这样，既突出了主旋律的重要地位，又有较清楚的音乐节奏。

当调音者确定各种乐器声的相对声功能平衡调整好以后，最好是能够对它们进行一个编组处理。总之，调音者应在清楚各种乐器在乐队中所起的作用的情况下进行灵活而合理的处理，使各种乐器声能和谐地融为一个整体，并使各种乐器的声音能够较好地表达出来。同时，在乐队进行演出之前，还要求调音者根据不同的音源，选择最适合表现这种乐器音色特性的话筒，选择拾取音源的最佳距离、高度、角度等。要成为一个优秀的调音师，具备一定的音乐素养是必需的。当然，为了使各种乐器的声功能能够平衡合理，除了调音以外，对乐队进行科学的、合理的编制也是必需的。必须对弦乐声部、拨弹乐声部、吹管乐声部和打击乐声部等进行统一协调的编制，使各声部和乐器的分配尽可能科学化、合理化，使弱声组乐器的声音不被强声组乐器的声音所淹没。例如，小提琴、二胡等弱声乐器在乐队中一般要多一些。

基于掩蔽效应中所述的第二点和第三点，在调音的过程中，一般应将声音的高频段进行适当的提升。为什么不对低频段进行提升而只对高频段进行提升呢？这是因为，制作音响的设计师已经将低频段声音的送出功率设计到占全频声音比例的65%以上，已经弥补了中频对低频声的掩蔽作用。同时，根据第三点，低频声也会明显掩蔽高频声，因此，一般来说(即房间传输特性曲线较理想、混响时间较理想等情况下)，对高频段的声音进行适当的提升能够使声音的平衡度更加和谐，使整个声音更加明亮、通透、圆润、有"水分"。

基于掩蔽效应中所述的第四点，在进行户外或广场调音时，应适当地提升低频，以使较远的听众能够感受到音乐的浑厚、丰满与震撼。因为在户外或广场，听众离音源的距离都相对较远，高频声的方向性相对较强且穿透力也很强，在远距离的传播过程中，高频声的声能损耗相对低频声而言要小得多，因此，高频声可以传播到较远的地方，远处的听众对高频声可听得很清楚；而对低频声来说，其波长较长，方向性很弱，辐射面较大，远距离传播以后，其声能的损耗相对较大，因此，远处的听众对低频声的感受非常弱。所以，在户外或在广场中进行调音时，应适当提升低频声。

基于掩蔽效应中所述的第五点，在调音的过程中，一般应根据调音环境来适当调整延时器的延时时间，以适应人耳“先入为主”的听觉效应，避免出现前面提到过的声像定位不准的现象，从而消除可能出现的回声干扰，提高声音的清晰度。

2.3.3 哈斯效应对调音的影响

利用哈斯效应，可以在常规条件下模拟各种厅堂效果。电子工程师在分析出厅堂中直达声、近次反射声、混响声等各类成分后，可用人工延时混响技术，采用延时器、混响器等电子器件，合成出诸如音乐厅、大教堂、体育场、歌剧院、电影院、舞厅等不同听音环境的声音效果。其中著名的当属日本雅马哈开发的数字声场处理器(DSP)。DSP现已成为各种效果器中的核心芯片。因此，在调音的过程中，调音者可以通过对效果器的效果类型的选择及相应的参数调整得到满足调音现场需要的声音效果。效果器的具体调整方法请参见第4章相关内容。

另外，在剧场演出时，主扬声器一般都装在舞台口两侧，观众席的前排观众和后排观众听到舞台上演员演唱时送入人耳的声音强度是不一样的。前区座位声音响度大，而后排观众听到的声音响度小，整个剧场的声场不均匀度较大。为了减小前排和后排声压级之间的差异，在剧场中区侧部增加了扬声器，使后区的观众也能听到很强的响度。但是，这时出现了这样的情况：后区的观众看到演员在前面演唱，听到的声音却感到来自于侧面扬声器。因为中区侧部扬声器距离后排观众较近，根据哈斯效应，后排观众就感觉全部的声音都是从侧面扬声器传来的，结果就出现了这种听、视觉不统一，声像定位不准的现象。为了达到听、视觉的统一，就需要将中区侧部的扬声器做适当的延时，使舞台口两侧的主音响的声音和侧面音响的声音同时送入人耳。因此，在调音的时候，调音者应根据现场音响的分布情况，适当地对某些音响进行延时(即接延时器)，并调整好延时控制参数旋钮。

2.4 室内环境及其对调音的影响

2.4.1 室内环境声学

1. 室内声谐振现象

声音在空旷的环境中能够不受阻碍地自由传播，此时的声场称为自由声场。例如，声音在空旷的操场、专业的录音棚以及消声室里的传播，都属于自由声场。而声音在普通室内传播时，由于存在着反射、绕射、叠加、干涉等诸多现象而变得极为复杂，这时的声场是受到制约的声场，属于非自由声场。

在室内，相对的两面墙壁如果声反射很强，几乎没有吸收声能(墙壁相当于刚性物体)，而且墙壁间距恰好是声波中某一波长的整数倍，反射波与入射波正好形成两列反向传播的波，就会产生谐振现象，并伴随产生驻波(简正振动)，其频率称为简正频率。驻波的产生如图2-1所示。

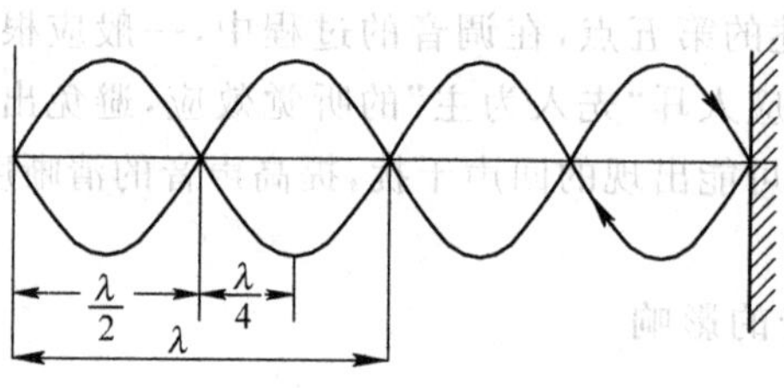

图 2-1　驻波的产生示意图

当室内存在简谐振现象，并且谐振的声波激励起了室内物体的固有频率谐振时，就会产生一种称为共振的现象。共振现象的产生会严重破坏声场的声效。即使没有产生共振现象，简谐振现象（简正振动）的存在同样会使声场的分布很不均匀，有些地方的声强很大，有些地方的声强很小，这样，一曲美妙动听的情景音乐就像是一幅图画被洒上许多墨迹一样，无法欣赏，也无法听清，形成了所谓的声染色。因此，为了避免室内声音产生简谐振动，必须对房间的结构尺寸做调整，使长、宽、高的比例形成无理数或至少不成整数倍关系（例如，取三边之比为 $2^{-2/3}:1:2^{2/3}$），一般选择 2∶3∶5，当然，其他的比例也是可以的。

除了合理设计房间的长度比例外，安装各种面的扩散体或在墙壁处装入带小口的共振吸收小腔（空腔的固有共振频率等于简正频率），也能避免因反射而形成驻波或产生共振声。

2. 反射声与混响

室内声源发出声波，向四周扩散，声波在空间传播过程中，一方面被空气介质少量吸收；另一方面碰到墙体介质，在墙体介面上产生反射，并且有部分声能进入墙面介质被墙面介质吸收。若入射声能为 $E_{入}$，被反射体吸收的声能为 $E_{吸}$，反射回空气介质的声能为 $E_{反}$，则反射体吸声系数为

$$\alpha=\frac{E_{吸}}{E_{入}}=\frac{E_{入}-E_{反}}{E_{入}}$$

通常，吸声系数小于 1，声波反射后反射波与入射波比较，能量损失了一部分，高频部分丢失得更多。反射声频谱结构及其时间衰减特性往往与原声大不相同，并且与反射物质性质密切相关。声波每反射一次，其能量便损失一次，幅度值也下降一次，直至最后衰减为零，被反射体吸收的声能转换成该物质的内能（或热能）。声波在传播过程中经过许多次反射衰减并传入人耳的声音称为混响声。平常提到的回声实际上是一种特殊的混响声，即人耳能够分辨出的延迟时间超过 50ms 的时间间隔较大的混响声。混响的概念在第 1 章中已介绍，这里，着重讨论一下混响时间的问题。反射声在经过多次的反射衰减后才传入人耳，而声音在空气中的传播速度是 340m/s，因此，这一过程是需要一定的时间的。那么，混响时间是如何定义的呢？一般定义的混响时间是声音最大值衰减 60dB 所需要的时间，记为 T_{60}。物理学家赛宾提出了有名的混响时间计算公式：

$$T_{60}\approx\frac{KV}{A}=\frac{KV}{\alpha\cdot S}$$

式中，V 为闭室的容积，单位为 m^3；A 为室内的总吸音量，单位为 m^2；K 为与空气温度有关的一个常量，常温下，$K\approx0.16s/m$；S 为闭室的表面积，单位为 m^2；α 为平均吸声

系数，可用下式表示：

$$\alpha = \frac{A}{S} = \frac{\sum \alpha_i S_i}{\sum S_i}$$

其中，α_i 为室内表面各种不同材料的吸声系数；S_i 为各种不同材料的面积。

由赛宾公式可以看出，混响时间与声源无关，却与房间的容积、表面积以及各种材料的吸声系数、物体摆设及人员的多少等因素有关，即混响时间是表示房间特性的一个客观量。

由于用赛宾公式对中小房间计算出的 T_{60} 与实际测量有较大的差别，目前工程上常用艾仑公式计算：

$$T_{60} = \frac{KV}{-S_T \ln(1-\alpha) + 4mV}$$

式中，V 为闭室容积；S_T 为闭室总表面积；$4m$ 为空气吸声系数（如表 2-4 所示）；α 为平均吸声系数。

表 2-4　空气吸声系数 4*m* 值（20℃）

频率/kHz	室内相对湿度			
	30	40	50	60
1	0.004	0.004	0.0035	0.03
2	0.012	0.010	0.100	0.09
4	0.033	0.029	0.024	0.022
6.3	0.084	0.062	0.050	0.043
8	0.120	0.096	0.088	0.080

因各种厅堂的用途不同，对其混响时间的要求也就不相同。最适合于厅堂使用目的的混响时间称为最佳混响时间。

最佳混响时间与人的感觉有很大的关系。大量的实验证明，通常认为的最佳混响时间，语言为 0.5～1.2s；音乐厅为 1.6～2.1s；剧院为 1.2～1.5s；室内音乐为 1.4～1.6s。图 2-2 为推荐的各种厅室（音乐厅、剧场、电影院、会议室、播音室）最佳混响时间标准，仅供参考。

3. 声聚焦与声散射

室内声源发声后，声波碰到墙壁、天花板、地板等障碍物均会产生反射，声反射遵从反射定律。若入射声波碰到的反射体是凹形表面，反射声则会集中在一起，形成声聚焦，这与光聚焦类似。声聚焦现象使声场分布不均匀，尤其在舞台上出现聚焦时会使扩声系统容易产生严重的啸叫、传声增益低，从而使扩声设备容易损坏。声聚焦现象如图 2-3(a) 所示。

为了增加厅堂里声扩散的均匀度，消除声聚焦现象，对于凹形墙面，必须加装柱形或球面结构体，使反射声散射，破坏其会聚特性（如图 2-3(b) 所示），许多剧场和演播室装饰成不同的柱面结构，便是出于这方面考虑。舞台若是弯月形墙体，必须在墙体上加装半球状反射面，使舞台上扩声均匀，减少话筒引起的啸叫。

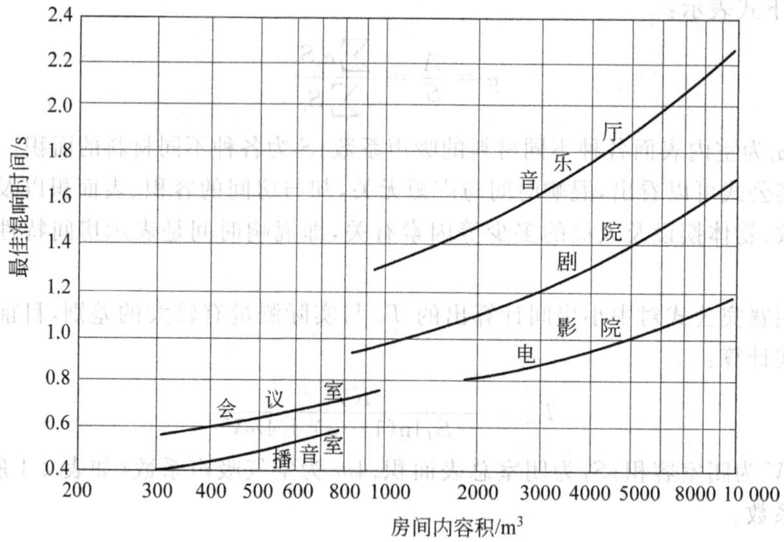

图 2-2　最佳混响度时间标准

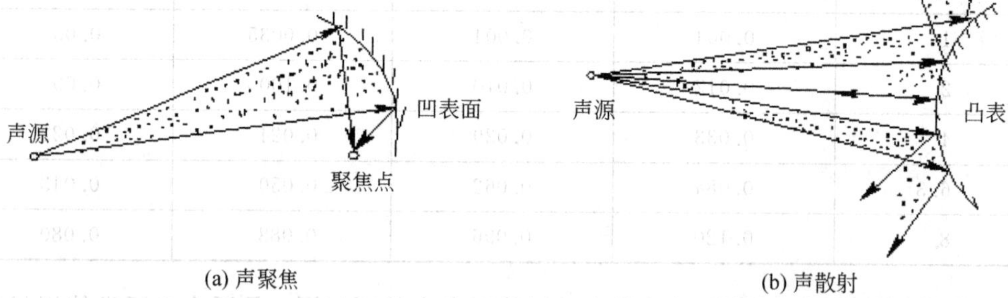

图 2-3　声聚焦及声散射

4. 回声与颤动回声

如果墙面的第一次反射声与直达声之间时间间隔大于50ms，或扩声两音响与听音者之间的距离大于17m时，听音者便会感觉到回声的存在。回声的存在，对舞台演出或演讲都是不利的，会使观众无法感受戏剧情节或听清演讲内容。如果两平行墙面或多边形墙面的吸声系数小，声反射强，反射声之间间隔大于50ms，则声源S发出声音后听音者会听见来回颤动的回声，这叫作颤动回声。颤动回声的出现很容易使听众烦躁不安，产生逆反心理。因此，许多大的房间，必须考虑墙面吸声问题，尽量避免反射声引起的颤动回声。颤动回声产生的原理如图2-4所示。

5. 声影区和死点

有些扩声环境由于内装修、装潢或建筑上的原因（例如大的顶梁柱、屏风或隔板等的存在），会使舞台的直达声受到阻碍，无法抵达障碍物后的听音者的耳朵里，形成声影区。在声影区里只能听到反射进来的反射声或从障碍物边缘传来的绕射声。如果两声源（如两台音响）发出声音的振幅相同，频率相等，相位差为零，则两声源在室内空间传播便会产生干涉现象，在空间某些点其合成振幅为零，形成所谓的死点。死点的出现将对室内

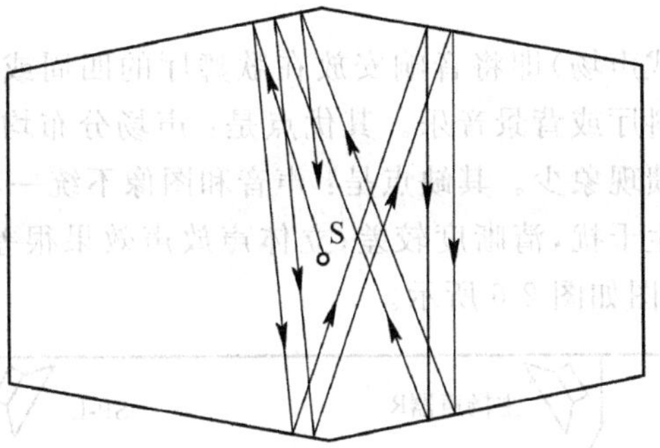

图 2-4　颤动回声产生的原理

听音者产生干扰。

6. 歌舞厅中的声场

歌舞厅中的声场也就是歌舞厅里的声强分布，它除了受声学环境的影响外，主要取决于音响的摆放位置。音响的摆放应当根据场所的形状、大小、混响时间以及使用目的等情况，按照以下几点要求来考虑。

(1) 应使厅堂内各处的声压分布均匀；

(2) 不产生使清晰度变差的特殊反射声；

(3) 有利于克服回输(反馈)，提高传声增益；

(4) 能使演奏者或讲话人传来的声音有方向感且自然；

(5) 扬声器的覆盖面要包括全部观众席；

(6) 音响一般不要紧靠墙面。

音响的摆放通常有以下三种安排形式。

1) 集中式安排

集中式安排(集中式声场)即将音响安放在舞台或歌台一侧。这种形式主要用于卡拉 OK 厅和小型多功能厅。其优点是：声像统一，看投影电视或大屏幕电视的画面与声源方位一致，符合人们的常规心理和感受；立体声放声效果好，临场感强；无扬声器之间的干扰；台上台下活跃区和寂静区明显。其缺点是：声场不均匀，传声增益不一样；声源功率要求大，容易产生声反馈。集中式安排示意图如图 2-5 所示。

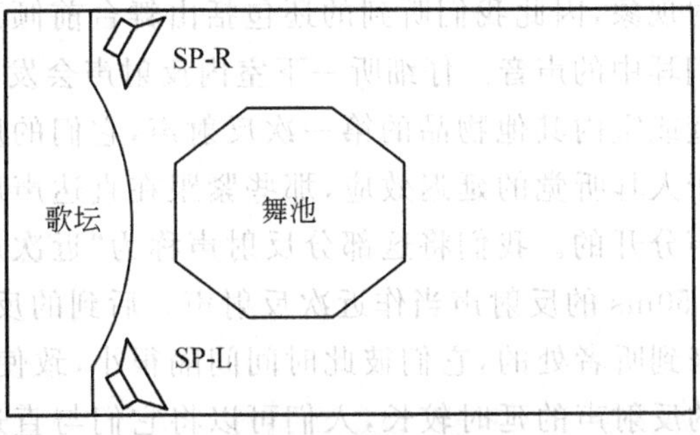

图 2-5　集中式声场

2）分散式安排

分散式安排（分散式声场）即将音响安放在歌舞厅的四周或顶棚上。这种安排形式多用于交谊舞厅、迪斯科厅或背景音乐。其优点是：声场分布均匀；传声增益大；功放和音响可以小一些；声反馈现象少。其缺点是：声音和图像不统一，使观众容易产生逆反心理；扬声器之间容易产生干扰，清晰度较差；立体声放声效果很差；活跃区和寂静区难于区分。分散式安排示意图如图 2-6 所示。

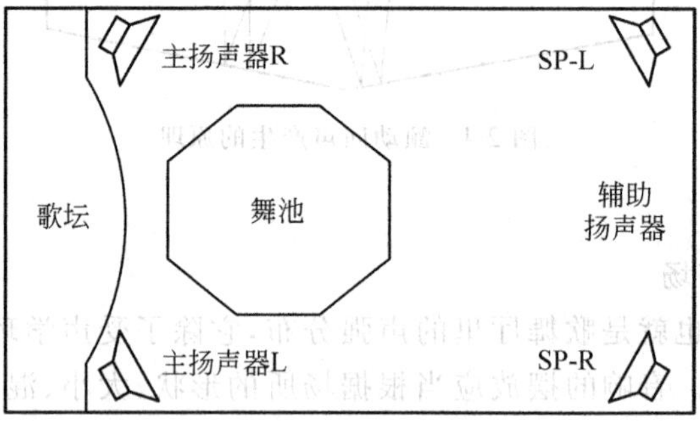

图 2-6 分散式声场

3）集中分散结合式

集中分散结合式利用分散式的优点，克服集中式的缺点，将扩声系统分为两套。主扩声系统将其音响放置在舞台上，辅助扩声系统的音响放在歌舞厅四周。这种扬声器音响布局多用于大型音乐厅、歌舞厅。

2.4.2 室内声场的组成对调音的影响

在室内声场中，我们听到的声音的组成是十分复杂的，主要由直达声、近次反射声及混响声组成。

所谓直达声，是指由声源直接传播到听者的声音（听音点的声音强度与声源距离的平方成反比衰减，声音频率越高，衰减越快）。直达声是最主要的声音信息。声音从舞台传到听众耳朵需要一定的时间，这个时间的长短取决于听众离舞台的远近。

由于声音具有反射现象，因此我们听到的还包括由舞台前倾顶、音乐厅墙壁或任何其他障碍物反射到我们耳中的声音。仔细听一下室内反射声会发现，其中那些先到人耳的反射声多是房间墙壁或室内其他物品的第一次反射声，它们的反射方向较明显，彼此时间间隔比较大。由于人耳听觉的延迟效应，那些紧跟在直达声后面来的反射声，人耳是不会将它们与直达声分开的。我们将这部分反射声称为“近次反射声”。在室内声学中，一般将延时不超过 50ms 的反射声当作近次反射声。后到的反射声则多是经过墙壁或室内物品多次反射来到听者处的，它们彼此时间间隔很小，致使人感到这些反射声混在了一起。由于后到的反射声的延时较长，人们可以将它们与直达声区分开来，我们称这部分反射声为“混响声”。室内声的组成如图 2-7 所示。

1. 直达声对调音的影响

直达声决定着声音的清晰度、临场感及亲切感。因此，一般对于各种会议或新闻播

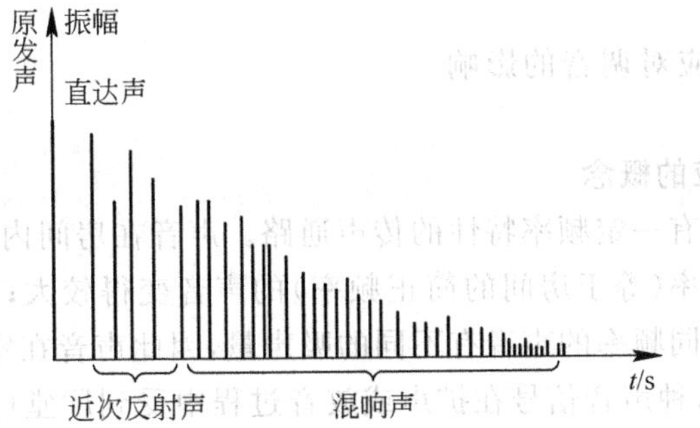

图 2-7　室内声的组成

报等主要用于语言方面的扩声，在调音的过程中，应不用或少用混响，以增强听众与发言者之间的临近感，使发言者的声音听起来清晰和亲切。如果这时加入了太多的混响，就会使发言者与听众之间产生较强的距离感，会破坏发言者与听众之间沟通时的亲和力。而对于迪斯科或摇滚音乐会的调音，则对直达声的注重度会稍低一些，这时听众并不太要求声音有多么清晰，而是要求有较强的声压级和强烈的节奏，有被音乐厚重地包裹其中的感觉，有一种热烈的大场面感，因此，调音者这时应将声音的音量开得大一些（90dB以上），并将混响也调得大一些（主要针对演唱话筒）。

2. 近次反射声对调音的影响

近次反射声是紧跟直达声后传入人耳的声音，因此，它对直达声有加重加厚的作用，能使声音变得更加饱满，更加淳厚，更加动听。对调音者来说，由于室内声学环境已固定，他唯一能做的，就是通过效果器 Erlevel 键及 Efflevel 键对近次（早期）反射声的大小进行控制，以得到较好的音效。在自然的情况下，近次反射声的幅度总是小于或近似等于直达声幅度。因此，在对效果器进行调整的时候，最好不要使近次反射声的幅度高于直达声的幅度。那么，究竟直达声与近次反射声的幅度比例关系为多少才是合理的呢？这要视实际情况而定，因为近次反射声主要还是受扩声环境的影响，环境不同，比例关系就会有差异，要耳听为主，看书为辅，自己凭感觉决定，调得好与不好，听力最关键。另外，也可通过效果器的 Predelay（预延时）键来控制直达声和近次反射声之间的时间间隔，从而产生不同的效果。

3. 混响声对调音的影响

混响声能使声音更加丰满，更加圆润，更有“水分”（磁性），更有层次感，更具感染力，并能展宽环境声场。对调音者而言，在扩声环境固定的情况下，可以通过对混响器或效果器以及与之相连的调音台的相关旋钮对混响进行控制。具体的调控方法可见后面的有关章节。混响时间过长，声音会“发浑”“发闷”，并且会感到声音嘈杂混乱。混响时间过短，声音发“干”，不丰满，缺乏生气。对混响的调整主要有两个方面：一是混响声量的大小；二是混响时间的长短。对混响的调整，应因人、因环境、因用途和目的适可而止。要想调好它，应理论加实际，在实践中反复摸索，反复体验。因为没有任何一本书会是完全适合调音者的。

2.4.3 室内传输响应对调音的影响

1. 室内传输响应的概念

房间可以看作是有一定频率特性的传声通路。声音在房间内传播时，一方面由于共振使得其中的某些频率(等于房间的简正频率)的声音变得较大；另一方面，由于室内各种不同的吸声体对不同频率的声音有不同的吸声量，因此声音在室内传输时频响并不均匀，如图 2-8 所示。这种声音信号在扩声或放音过程中受到厅堂(室内环境)电声特性影响后的频率响应，称为室内传输响应。为了保证声音在室内传输的均匀性，在音响系统中，经常使用房间均衡器对其进行校正。

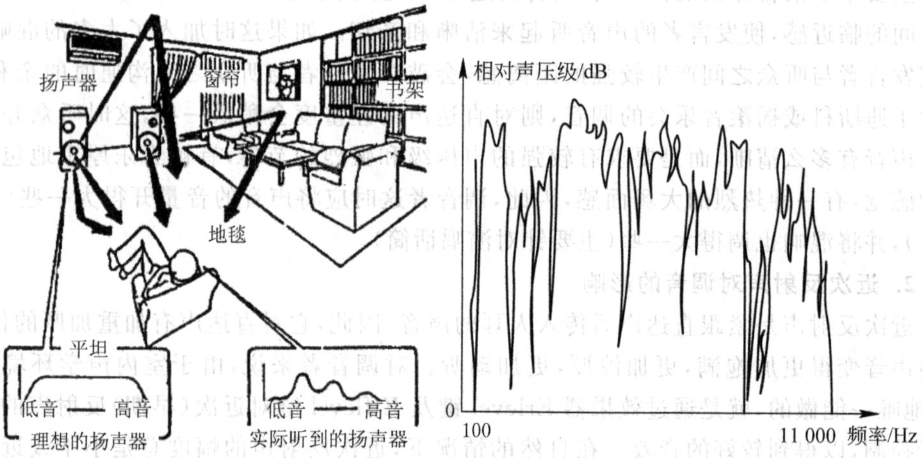

图 2-8 室内传输响应

2. 吸声量与吸声物质

物体反射和吸收声音的情况与物质本身的结构和特性有关。常采用吸声系数 α 反映物体吸声状况。当 α 为 0 时，表示全反射声音；当 α 为 1 时，表示全吸收声音。实际物体的吸声系数均在 0～1 之间。吸声量 $A=S\cdot\alpha$，其参数含义在讲述混响时间时已提到过。因此我们应该知道，吸声量不仅影响室内传输响应，而且影响了混响时间。从中我们也就知道了传声环境在进行装修的过程中，选材和合理的设计是多么的重要。

目前，市场上出售的吸声材料品种很多，结构也很多。从其吸声机理上区分，吸声物质大致可分为以下几类。

(1)多孔性吸声材料。这种材料内部有大量相互沟通的小孔隙，形成多孔性。声波入射在其表面，沿着小孔进入材料内部，通过空气分子振动，与材料分子摩擦，使声能被消耗，形成材料内能。这种材料有玻璃棉、矿棉、泡沫海绵、毛毡等。

(2) 纺织物吸声材料。纺织物是由大量物质纤维、棉絮等交织在一起形成的。这些纤维中间留有孔隙，在声波作用下，声能转换成其间的摩擦热能。纺织物主要对中高频声音的吸声较好，若加大加厚布料，其吸声频率可延伸到低频段。这种吸声材料很普遍，棉布、绒布等布料都属于此类。

(3) 弹性吸声材料。弹性物质在声波的声压作用下做弹性运动，使声能转换成弹性势能，势能又转换成动能，最后由于摩擦作用，形成物体的热能。这种减弱声能方式与多孔材料不同。弹性吸声材料有橡胶垫、海绵垫等。

(4) 成型吸声板。成型吸声板是利用多孔吸声材料制成的胶合板式结构。这种吸声材料多用于天花板、墙面。其吸声原理与非成型多孔吸声材料类似，主要有矿棉板、纤维板、复合板等。

(5) 薄板穿孔组合共振吸收腔。这种结构利用薄板材料打孔与空腔体形成共振体，共振频率可通过腔体大小调节。入射声波频率与腔体共振频率相同时，空腔将该频率大量吸收，在空腔内共振，通过共振，使腔内空气分子不断与腔壁碰撞，将共振声能转化成热能。这种结构在许多大厅、教堂、礼堂的墙体中普遍采用。近代建筑结构吸声方砖就是空腔吸声的一种应用。

各种吸声材料的吸声系数如表 2-5 所示。

表 2-5 各种吸声材料的吸声系数

材料结构	厚度/cm	容重/(kg/m³)	对各种频率的吸声系数					
			125Hz	250Hz	500Hz	1kHz	2kHz	4kHz
大理石、水磨石、花岗石			0.01	0.01	0.010	0.02	0.02	0.02
水泥地、混凝土墙			0.01	0.01	0.02	0.02	0.02	0.02
砖墙			0.04	0.04	0.05	0.06	0.07	0.05
普通木板(贴墙)			0.05	0.06	0.06	0.10	0.10	0.10
实铺木地板			0.04	0.04	0.03	0.03	0.03	0.02
玻璃窗户			0.35	0.25	0.18	0.12	0.07	0.04
甘蔗板(贴墙)	1.3	200	0.12	0.19	0.28	0.45	0.49	0.70
刨花板(距墙 5cm)	1.5		0.35	0.27	0.20	0.15	0.25	0.39
木板			0.16	0.15	0.10	0.10	0.10	0.10
地毯铺在地板上			0.11	0.13	0.28	0.45	0.29	0.29
丝绒(距墙 1cm)		611g/m	0.06	0.26	0.43	0.50	0.46	0.35
丝绒(距墙 2cm)		611g/m	0.08	0.28	0.44	0.51	0.29	0.36
矿棉	8	±150	0.30	0.64	0.73	0.78	0.94	0.94
矿棉	4	300	0.32	0.40	0.53	0.55	0.61	0.66
玻璃丝	5	100	0.38	0.81	0.38	0.81	0.83	0.74
超细玻璃棉	2	20	0.05	0.10	0.30	0.65	0.65	0.65
超细玻璃棉	10	20	0.25	0.60	0.85	0.87	0.87	0.85
空皮软椅			0.44	0.64	0.60	0.62	0.58	0.50
站立观众			0.33	0.41	0.44	0.46	0.46	0.46
坐在皮革椅上观众			0.06	0.74	0.88	0.96	0.93	0.85

续表

材料结构	厚度/cm	容重/(kg/m³)	对各种频率的吸声系数					
			125Hz	250Hz	500Hz	1kHz	2kHz	4kHz
三夹板(距墙 5cm,龙骨间距 50×45cm)	0.3		0.21	0.73	0.21	0.10	0.08	0.12
五夹板(距墙 5cm,龙骨间距 50×45cm)	0.5		0.11	0.26	0.15	0.04	0.05	0.10
穿孔三合板(孔径 0.5cm,孔间距 4cm,距墙 10cm)			0.04	0.54	0.29	0.09	0.11	0.19
穿孔石膏板(孔径 40.6cm,孔间距 2.2cm,距墙 18cm)	0.6		0.10	0.50	0.35	0.20	0.20	0.20

3. 声学效果的调节

这里的声学效果调节,主要是针对传声环境的后处理,是通过对室内装饰材料及房间均衡器的调整,使室内反射声的声能密度、频率成分及其分布发生变化,以达到较好扩声效果的一种处理方式。

1) 对装饰材料的处理

当传声环境装修完成以后才发现室内的建筑声学不够理想时,经常会采用如下方法来改善室内的声学特性。

(1) 挂帘、铺地毯、挂纺织物装饰画。应用幕布挂帘可以调节室内吸声量,当挂帘展开时,挂帘吸声特性发生作用,幕布不平,从其表面反射的声音形成扩散反射声音,从墙面反射回来,被幕布再次吸收。幕布采用厚绒布,距离墙面 20cm,对低频声也能起到很好的吸收作用。铺地毯,可以调节房间整个环境总的吸声量,以得到最佳的混响时间,同时也可消除地面与房顶之间可能出现的谐振现象。挂纺织物装饰画既能美化环境,又能使光滑的墙面增加漫反射,以减少出现声聚焦、声染色等现象的可能,同时也可对混响时间起到调整的作用。墙面挂帘示意图如图 2-9 所示。

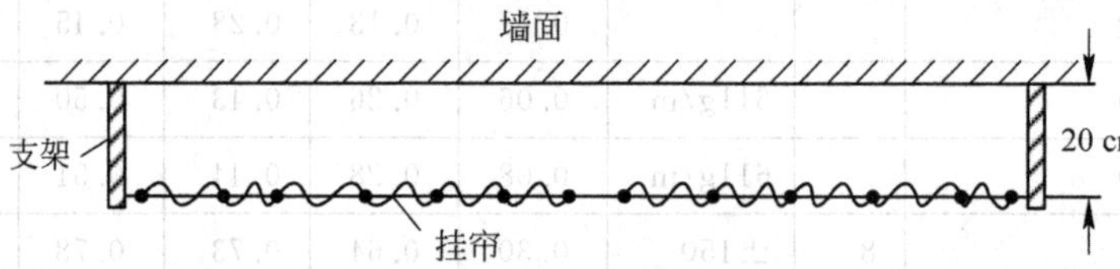

图 2-9　墙面挂帘示意图

(2) 挂便携式吸声板。这种板由穿孔硬木板、无机纤维层和空腔组成,如图 2-10 所示。板高 1.8m,板宽 0.3m。应根据需要确定墙面所挂块数和所挂位置。这种市面上可以买到的定型板对低频吸声效果非常好。当然,完全可以亲自动手,制作多块符合自己要求的美观的便携式吸声板,并可将之拼合并适当着色,以起到较好的装饰性效果。

(3) 放旋转式吸声体。这种吸声体由两面组成,一面是具有强吸声的平面结构板,另一面是具有强反射的柱形结构材料,如图 2-11 所示。根据需要,可以以中心轴为轴心对吸声体各部分进行旋转。若需要减弱反射声,则应将吸声面对着声源;若要求声场均匀,则将柱面对着声源。由于此吸声体体积较大,故适用于大房间使用。此吸声体的摆放位

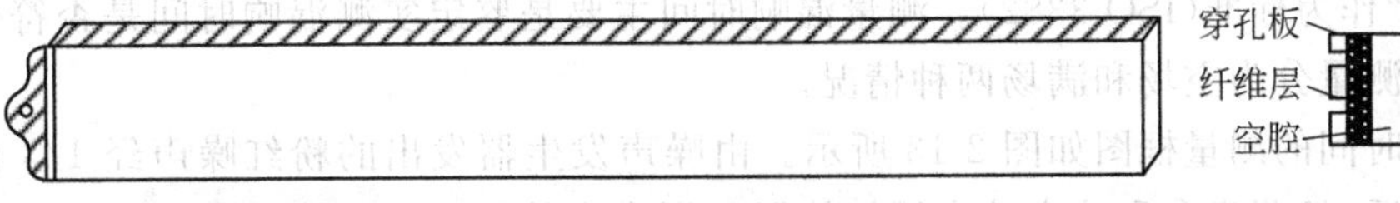

图 2-10　便携式吸声体

置一定要精选，应既能起到调节声效的作用，又不影响室内的美观。

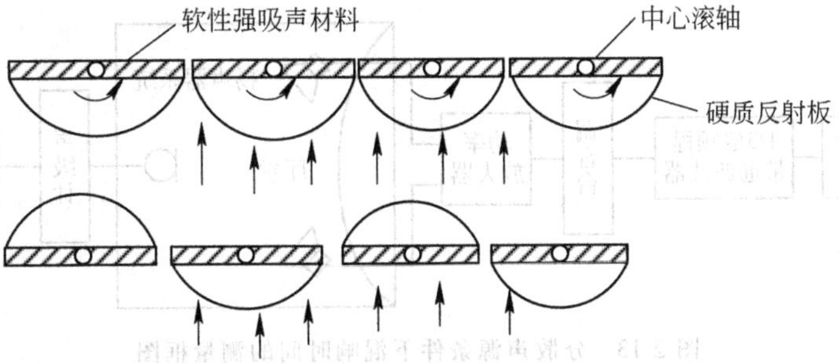

图 2-11　旋转式吸声体

(4) 装带铰链的吸声板。这种板的结构分为两部分：一是可固定在墙面上的软性吸声材料板；二是可活动的双层板。双层板的外层为吸声层，内层为反射板层，如图 2-12 所示。根据需要翻动活动板可以起到不同的调整效果。目前，许多录音棚均装有这种带铰链的吸声板。

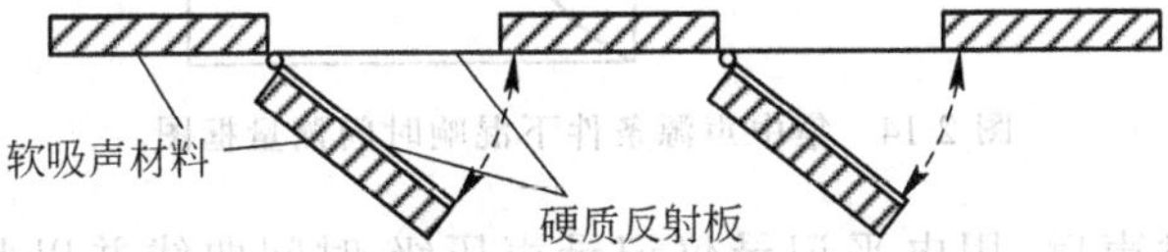

图 2-12　铰链式吸声体

2) 调音时对房间均衡器的处理

房间均衡器，顾名思义，就是对房间的传输特性曲线进行平衡处理的电子设备。房间均衡器应在正式的演出之前就调整好，在演出的过程中不再对房间均衡器进行随意的调整，因为房间的传输特性曲线在演出前后不会发生大的变化。如果有变化，我们在对房间传输特性曲线进行测量时就应将其影响因素(听众人数)考虑进去。房间的传输特性曲线(频率响应曲线)的测量参见 2.6 节。当我们将房间的传输特性曲线测量出来之后，对房间均衡器的调整将变得极为简单，即用房间均衡器的推子对房间的传输特性曲线做镜像调整。这样的调整最终使得房间的实际传输特性曲线接近平直，从而改善房间的频率传输特性，美化声学效果。

2.5　厅堂音质的测量

1. 混响时间及频率特性的测量

混响时间是描述所有类型厅堂声学特性最常用的物理量。国际上已把“会堂中混响时间测量"作为标准(ISO-3382)。测量混响时间主要是鉴定实测混响时间是否符合最佳设计值。测量分为空场和满场两种情况。

混响时间的测量框图如图 2-13 所示。由噪声发生器发出的粉红噪声经 1/3 倍频程带通滤波后,经调音台和功率放大器馈给置于厅堂内的扬声器系统使其发声。调节扩声系统输出,使被测点的信噪比至少达 35dB(在满场情况下,低频信噪比可以酌情减少)。在观众厅内预定测量点上进行测量,也可按如图 2-14 所示使用舞台集中声源进行测量。

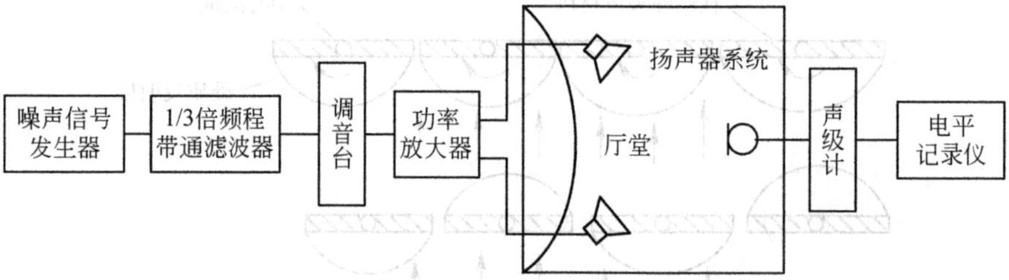

图 2-13　分散声源条件下混响时间的测量框图

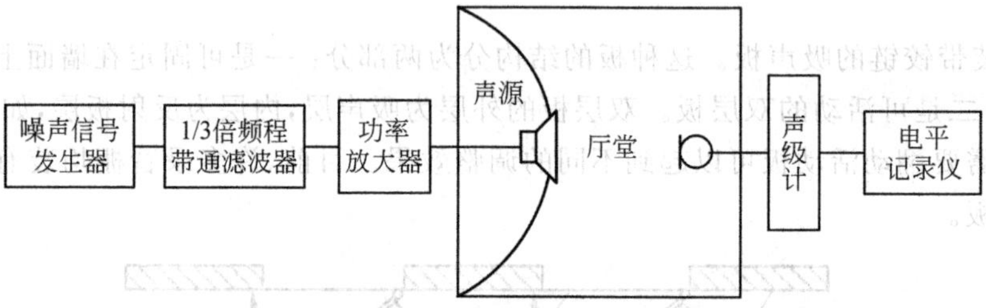

图 2-14　集中声源条件下混响时间测量框图

当声源停止发声后,用电平记录仪记录声压级-时间曲线并以此曲线量得混响时间 T_{60}。

按倍频程或 1/3 倍频程取点(至少应为 125Hz、250Hz、500Hz、1000Hz、2000Hz 和 4000Hz 这 6 个点)分别测量混响时间,即可得混响时间的频率特性。

在实际测量中,最好选用无指向性的扬声器作声源,声信号经倍频程或 1/3 倍频程滤波。测量声源应放在实际声源(如舞台、讲台等)附近,但也可以允许变换若干个位置(如乐池)。在混响时间很长的厅堂中(如 1000Hz 以下大于 1.5s),声源也可用脉冲声。当利用脉冲声时,要注意高低频两端声压级足够高(高于本底噪声 35dB 以内)才能采用。

还应指出的是,厅堂内各点的混响时间是不同的,因此厅堂内的混响时间是指有效使用区域混响时间的平均值,测量时应注意选择有代表性的测量点进行测量,然后计算其平均值,或将各代表点测得的混响时间标注在厅堂座位平面图上以供使用。

对混响时间及其频率特性的要求也随厅堂用途及其体积大小、可容纳人数不同而异。国内典型厅堂的混响时间及其频率特性见表 2-6。

2. 声场分布的测量

声场分布特性又称声场不均匀度,是指厅堂内各处声压级的不均匀性。声场分布的理想状态是各处声压级一致或相近,起码声压不要有太大的起伏。声场分布的测量按如图 2-15 所示线路进行。测量是用 1/3 倍频程窄带粉红噪声信号激发无指向性扬声器,使

表 2-6 著名厅堂混响时间

名 称	用途	体积/m^3	人数	各频率混响时间/s					
				125Hz	250Hz	500Hz	1000Hz	2000Hz	4000Hz
天桥剧场	歌剧	8200	1560	1.50	1.58	1.76	1.85	1.64	1.16
				0.94	0.90	1.07	1.28	1.09	1.18
首都剧场	话剧	6000	1200	1.23	1.23	1.14	1.20	1.28	1.18
				0.71	0.69	0.74	0.80	0.79	0.72
人民剧场	京剧	6800	1400	2.60	2.10	1.90	1.? 0	1.55	1.10
后勤礼堂	多功能	10 500	2000	2.50	2.45	2.00	1.45	1.30	1.05
民族宫剧场	多功能		1150	2.10	2.75	2.70	2.65	2.045	1.80
北京剧场	话剧	2700	970	2.28	1.61	1.60	1.55	1.82	1.75
科学会堂学术报告厅				1.15	1.00	1.30	1.50	1.80	1.60
人民大会堂		91 400	10 000	2.5	2.4	2.4	3.1	3.5	3.1
首都体育馆	多功能	168 500	18 000	2.3	2.5	2.6	2.6	2.4	2.0
首都影院	宽银幕	6000		1.2	1.2	1.1	1.1	1.3	1.25
大型音乐播音室		3200		1.48	1.20	1.10	1.10	1.10	1.10
小型音乐播音室		195		1.10	1.00	0.90	0.90	0.90	0.90
戏剧录音室		50		0.45	0.45	0.45	0.45	0.45	0.45
语言播音室		20		0.30	0.30	0.30	0.30	0.30	0.30
中央音乐学院礼堂		4870	900	1.7	1.65	1.5	1.4	1.25	1.2
杭州饭店礼堂		5276	626	2.04	1.66	1.5	1.4	1.25	1.2
北京音乐厅		4376	864	1.12	1.05	1.11	1.25	1.18	0.87
成都锦江礼堂		25 600	3406	1.82	1.49	1.31	1.68	1.76	1.42
上海文化广场		122 000	12 500	2.3	1.8	1.9	1.9	1.7	1.6
上海体育馆		140 000	18 000	2.0	1.9	1.1	1.8	1.7	1.6
青岛大会堂		11 000	2000	1.78	1.83	1.83	1.43	1.34	1.33

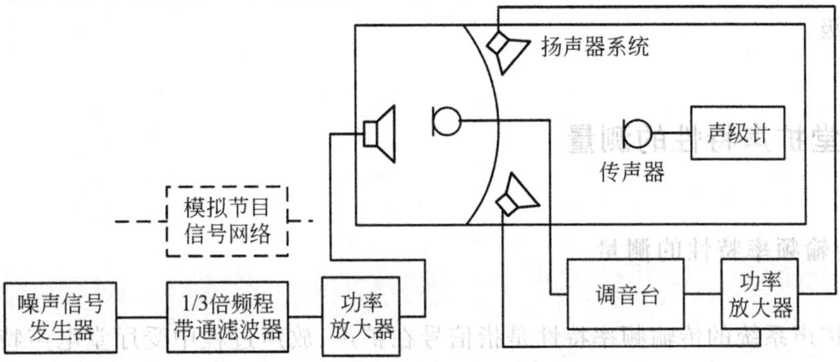

图 2-15 声场分布测量框图

厅堂中达到一定的声压级，声压级的大小至少应满足 30dB 信噪比的要求。测量信号的中心频率一般按倍频程取点，通常取 125Hz、250Hz、500Hz、1000Hz、2000Hz 和 4000Hz。在某一中心频率测量时，将测量传声器的位置移至所选择的各代表性测量点处以测量其声压级，作出座位平面的声压场布置图。各测量点中最高声压级与最低声压级之差即为该厅堂的声场不均匀度。测出各中心频率的不均匀度，列表或画成曲线来表征该厅堂的不均匀度频率特性。

在测量点选取时，在对称厅堂中，可选 3 或 4 行，它们是中间行走道，中左(或中右)一行及左行(或右行)走道为测量点，隔一排或两排选一测量点。测量声源应位于实际声源附近。

3. 总噪声的测量

厅堂总噪声是指空场条件下，各种设备(例如通风、调温等产生噪声的设备)、扩声系统及可控硅调光系统等开启以及外界噪声干扰所形成的不需要的声音的总和。它是厅堂音质的重要方面，也是测量厅堂其他特性的基础。

厅堂总噪声测量框图如图 2-16 所示。图中置于舞台的传声器用来接收噪声信号，经调音台、功率放大器馈给扬声器使其发声，扬声器所发出的声连同原本底噪声一起再被传声器接收、放大。测量传声器在选定的代表点接收总噪声，经声频频谱分析仪进行频谱分析后馈给电平记录仪记录。由于频谱分析仪与电平记录仪同步，因此实际记下的是该总噪声的频率特性曲线。该测量也可用声级计以 A 计权以获得总噪声级。

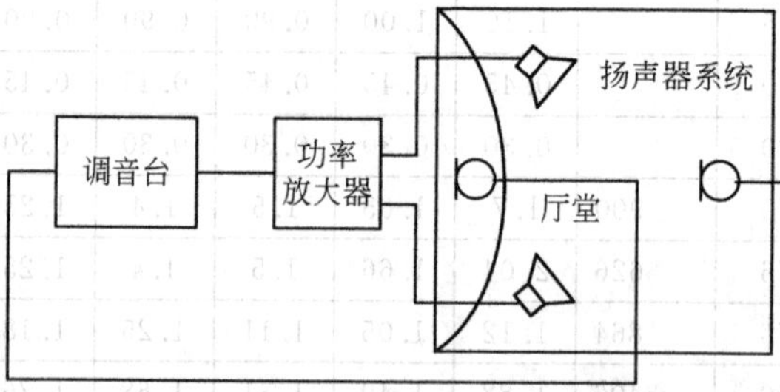

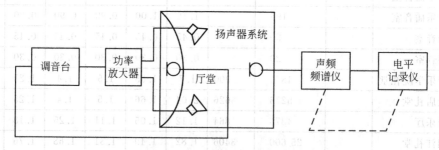

图 2-16　厅堂总噪声测量框图

测量代表点的选择可参考声场分布测量总的选取方法，如为对称厅堂，可按对称轴测量其一半，画出总噪声分布图。厅堂中各测量点中最大噪声级为该厅堂的总噪声级。

在测量总噪声的同时，关闭扩声系统设备，按测量总噪声的测量方法测量，可计算出本底噪声级。

2.6　厅堂扩声特性的测量

2.6.1　传输频率特性的测量

厅堂扩声系统的传输频率特性是指信号在扩声、放声过程中受厅堂电声特性影响后的频率响应。可用声输入法和电输入法两种方法进行测量。

1. 声输入法

声输入法测量厅堂扩声频率特性的线路如图 2-17 所示。粉红噪声发生器发出的粉红噪声信号经 1/3 倍频程滤波后经功率放大器馈给测量声源使其放声。声音由两只传声器接收,其中测量传声器Ⅰ接收后经测量放大器馈给粉红噪声信号发生器的压缩输入,以保持测量声源的输出声压的恒定;另一传声器(作为实用传声器)接收后经调音台、功率放大器反馈给两路扬声器系统发声以形成室内声场。置于听众席的测量传声器Ⅱ将信号馈给电平记录仪记录所接收的声压值。将 1/3 倍频程滤波器与电平记录仪同步,随 1/3 倍频程滤波器在各中心频率的移动,电平记录仪在记录纸上记录出厅堂内声压频率响应曲线,该曲线即为厅堂扩声频率特性。

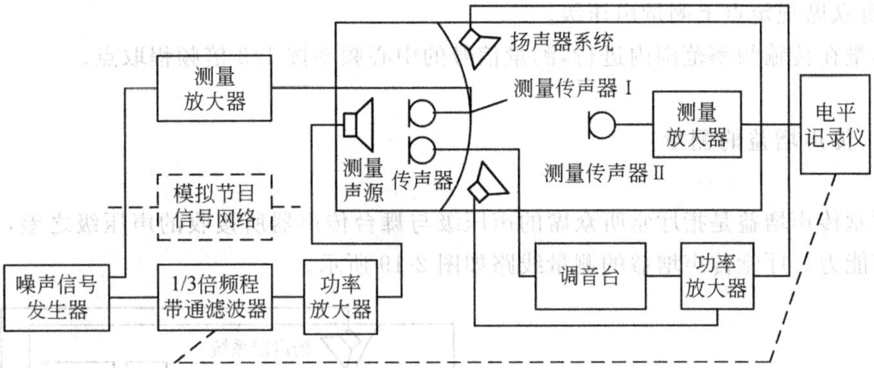

图 2-17 声输入法测量厅堂扩声频率特性线路图

测量时,听众席的测量传声器Ⅱ应距离地面 1.1~1.2m,应使用无指向性传声器,调音台的输出应置于额定状态。

测量时,首先关闭测量声源系统,调节扩声系统增益,使之达到最高可用增益(最高可用增益是指在所属厅堂内产生声反馈自激临界增益减去 6dB 时的增益)。然后开启测量系统,将 1/3 倍频程粉红噪声加到测量声源上,调节测量系统输出,使被测点的信噪比达 15dB 以上。测量传声器与测量声源的距离规定如下。

(1) 对语言扩声时为 0.5m;

(2) 对音乐扩声时为 5m。

传声器应置于设计规定的使用点上,在设计规定的使用点不明时,传声器可置于舞台大幕线的中点。

应该指出,在整个厅堂范围的听众席位置上,各处的扩声频率特性也有所差别,必要时,可选取有代表性的多个点进行测量。

2. 电输入法

如图 2-18 所示为电输入法测量厅堂扩声频率特性的线路图。

本法较之声输入法可大大简化,主要取消了舞台上的测量声源和传声器,将粉红噪声信号或模拟节目信号直接经调音台、功率放大器后馈给扬声器系统放声,用声级计进行点测。

测量时扩声系统置于最高可用增益状态。

1/3 倍频程粉红噪声信号直接馈入扩声系统调音台输入端,调节噪声源的输出,使测

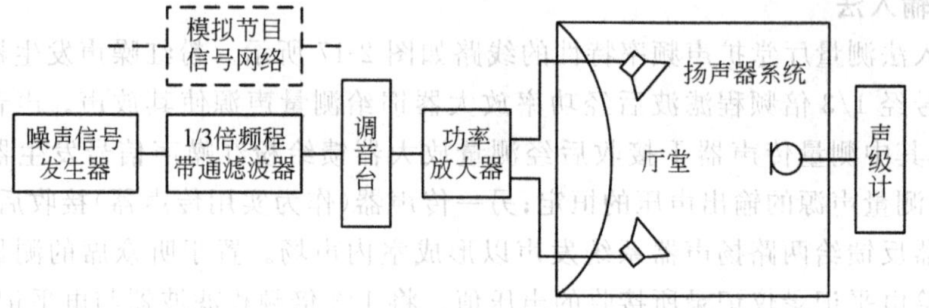

图 2-18　电输入法测量厅堂扩声频率特性的线路图

量点的信噪比达到 15dB 以上。改变 1/3 倍频程滤波器的中心频率，保持各频段电平恒定，在听众席规定点上测量声压级。

测量在传输频率范围内进行，测量信号的中心频率按 1/3 倍频程取点。

2.6.2　传声增益的测量

厅堂传声增益是指厅堂听众席的声压级与舞台传声器所接收的声压级之差，即该厅堂扩声能力。厅堂传声增益的测量线路如图 2-19 所示。

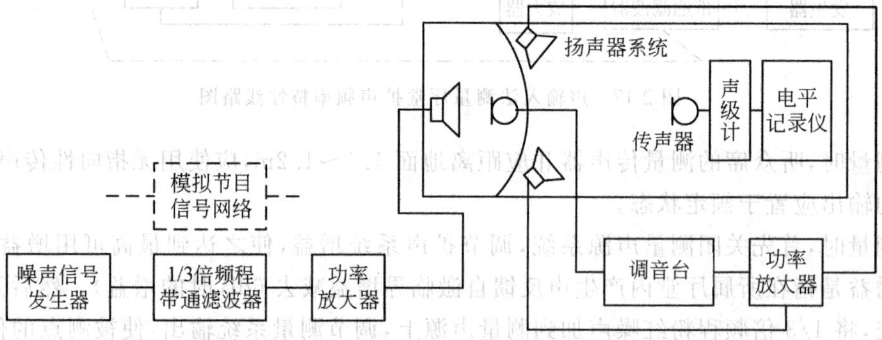

图 2-19　厅堂传声增益的测量线路图

测量系统声源置于舞台中心线上离台唇 3m 处，扩声系统传声器置于声源中心线上前 0.5m 处。测量信号将用 1/3 倍频程滤波器滤出窄带粉红噪声。调节测量系统输出，使在扩声系统传声器膜片上达到 90dB 声压级。调节调音控制台及功率放大增益，使扩声系统刚好处于声压反馈的临界点。然后降低调音控制台的增益使之比反馈临界点低 6dB，以获得安全增益，用声压计在听众席上若干测量点上测量声压级。听众席上实测的声压级与扩声系统的传声器接收的 90dB 声压级之差即为传声增益。按 1/3 倍频程中心频率取点测出一组传声增益，成为传声增益-频率关系曲线，即为传声增益频率特性。

测量时，测量传声器应为无指向性传声器，在离地面 2m 处进行测量。

2.6.3　反馈系数的测量

在室内扩声系统中，作用到传声器上的信号除了直接来自扬声器外，尚有经室内表面反射的混响声。反馈声压在系统中所产生的相应电压与自然声加反馈声压所产生的总的相应的电压的比值称为反馈系数。

反馈系数的测量线路如图 2-20 所示。

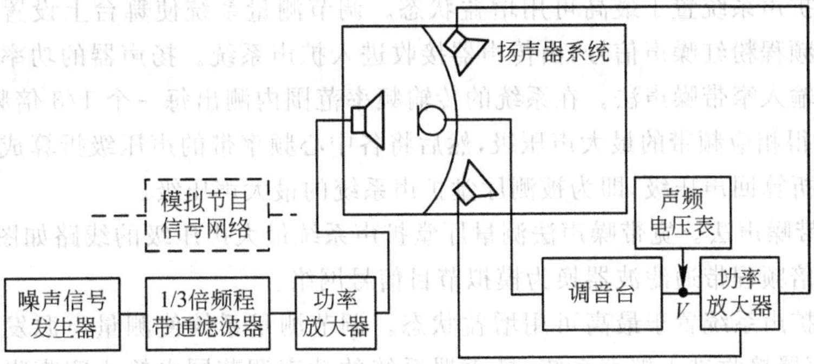

图 2-20　反馈系数的测量线路图

具体测量步骤如下。

(1) 关闭测量系统，调节扩声系统增益，使之达到最高可用增益。

(2) 接通测量系统，输出 1/3 倍频程粉红噪声信号，调节测量系统的输出，使测量点的信噪比不小于 15dB。然后用声频电压表或测量放大器测量 V 点的电压 U_1（代表自然声压加反馈声压）。

(3) 关闭测量系统，断开 V 点。在功率放大器输入电压为 U_1 的 1/3 倍频程粉红噪声信号，然后用电压表测量调音台的输出电压 U_2（代表反馈电压）。U_2 与 U_1 的比值即为反馈系数。

测量时，测量声源、扩声系统传声器位置及指向性等均用传声增益测量方法。

测量信号的中心频率按 1/3 倍频程中心频率取点。

2.6.4　最大声压级的测量

最大声压级是指厅堂可获得的最大声压级。

测量最大声压级可用电输入法和声输入法进行。

1. 电输入法

(1) 窄带噪声法。1/3 倍频程粉红噪声信号直接送入扩声系统调音台输入端，扩声系统置于最高可用增益状态。调节噪声发生器输出，使扬声器系统的输入电压相当于四分之一设计使用功率（当设计使用功率不明时可按额定功率计算）的电平值。在系统传输频率范围内，测出每一个 1/3 倍频程带声压级，加上 6dB 即为相应频带的最大声压级。然后将各声压级折算成声压值后进行算术平均再折算回声压级即为最大声压级。

(2) 宽带噪声法。宽带噪声法测量最大声压级的线路如图 2-18 所示，只是将 1/3 倍频程滤波器换为模拟节目信号网络。

测量时，经过计权网络的模拟节目信号直接送入扩声系统调音台输入端，扬声器系统的功率调节同窄带噪声法。用声级计在厅堂内规定测量点上进行测量，把测得的值分别加上 6dB，把各中心频率带的声压级折算成声压值后进行算术平均再折算回声压级即为该厅堂折声系统最大声压级。

2. 声输入法

(1) 窄带噪声法。窄带噪声法测量厅堂扩声系统最大声压级的线路如图 2-15 所示。

测量时扩声系统置于最高可用增益状态。调节测量系统使舞台上设置的测量声源发出 1/3 倍频程粉红噪声信号，由传声器接收进入扩声系统。扬声器的功率调节及测量频率均同电输入窄带噪声法。在系统的传输频率范围内测出每一个 1/3 倍频带声压级，加上 6dB 获得相应频带的最大声压级，然后将各中心频率带的声压级折算成声压后加以算术平均再折算回声压级，即为被测厅堂扩声系统的最大声压级。

(2) 宽带噪声法。宽带噪声法测量厅堂扩声系统最大声压级的线路如图 2-15 所示，只是将 1/3 倍频程带通滤波器换为模拟节目信号网络。

测量时扩声系统置于最高可用增益状态。调节测量系统使测量声源发出模拟节目信号，经传声器接收进入扩声系统，扬声器系统的功率调节同电输入窄带噪声法。用声级计在厅堂内的规定测量点上进行测量，把测得的值分别加上 6dB，将各中心频率带的声压级折算成声压值后进行算术平均再折算回声压级即为该厅堂的最大声压级。

上述 4 种测量最大声压级的方法都是可行的，测量时可根据情况任选一种，但在测量结果中应注明使用的是哪种方法。

应该指出的是，厅堂中各点的最大声压级是不一样的，应该选取有代表性的几个点加以平均。选取测量点时，在对称厅堂中可任选 3 或 4 行，它们是中间行走道、中左(或中右)一行走道以及左行(或右行)走道为测量点，隔一排或两排选一测量点。

2.6.5 系统失真的测量

系统失真是指扩声系统及其厅堂影响的非线性谐波失真。

1. 窄带噪声法

系统失真的测量线路如图 2-21 所示。

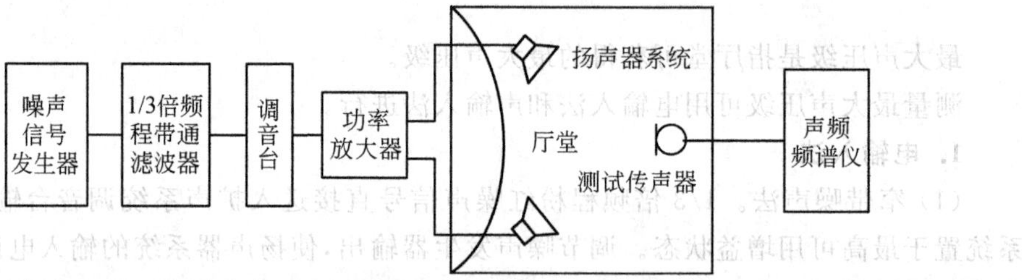

图 2-21　系统失真测量线路图

中心频率为 f 的 1/3 倍频程粉红噪声信号 U_f 馈入扩声系统调音台输入端。调节扩声系统增益，使扬声器系统的输入电压相当于四分之一设计使用功率(当设计使用功率不明时可按额定功率计算)的电平值。在厅堂内的规定测量点上，通过测量传声器用声频频谱分析仪测量中心频率 f、$2f$、$3f$ 的信号。按下式计算总谐波失真系数：

$$k = \sqrt{\frac{U_{2f}^2 + U_{3f}^2}{U_f}} \times 100\%$$

式中，k 为总谐波系数，用百分数表示；U_f 为基频电压，单位为 V；U_{2f} 为二次谐波电压，单位为 V；U_{3f} 为三次谐波电压，单位为 V。

2. 宽带噪声法

如图 2-22 所示为宽带噪声法测量系统失真的线路图。

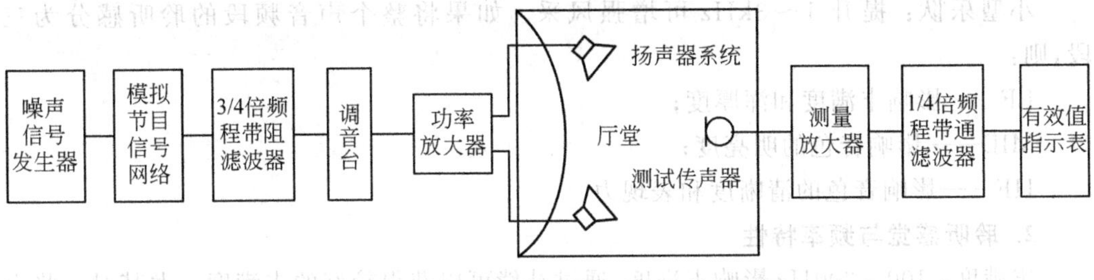

图 2-22 宽带噪声法测量系统失真的线路图

经过计权网络的宽带噪声信号送入扩声系统调音台输入端。扩声系统的功率调节与用窄带法测量系统失真的步骤相同。利用 1/4 倍频程带通滤波器将从测量放大器接收到的信号按频段分别检出，以总声压信号为 0dB 制作出总频谱图。然后，在输入端接入 3/4 倍频程带阻滤波器，使它与带通滤波器中心频率同步。利用有效值指示表检出由 1/4 倍频程带通滤波器所接收的相应阻频段的失真信号制作成失真特性曲线。总频谱图与失真曲线的组合反映了非线性特性。

非线性失真的大小也可用百分数表示。

当测量由声输入到声输出的非线性畸变有困难（例如，产生标准测量信号有困难或无条件在厅堂中提取声音的直达声信号）时，允许测量由电输入到声输出的非线性畸变作为系统的非线性失真，但应注明这是由电到声的失真。

2.7 常见乐器的频率特性

1. 乐器的频率特性

弦乐器：基音的中心频率为 260Hz，影响音色的丰满度；6～10kHz 影响明亮度和清透度；提升 1Hz～2.5kHz 可使拨弹声音清晰。

钢琴：25～50Hz 为低音共振频率，64～125Hz 为常用的低音区，2～5kHz 影响临场感。

低音鼓：低音为 60～100Hz，敲击声为 25Hz。

小鼓：250Hz 的频率影响鼓声的饱满度，影响临场感的频率是 5～6kHz。

手风琴：琴身声为 240Hz，声音饱满。

电吉他：240Hz 声音丰满，2.5kHz 声音明亮。

小号：120～240Hz 影响音色的丰满度，5～8kHz 影响音色的清脆度。

男歌手：高音 160～523Hz 为基音区，低音 80～358Hz 为基音区。

女歌手：高音 200～1100Hz 为基音区，低音 200～700Hz 为基音区。

语音：120Hz 影响丰满度，隆隆声为 200～240Hz，齿音为 6～10kHz，临场感为 5kHz。

交响乐：8kHz 影响亮度。要使声音突出，将 800Hz～2kHz 提升 6～8dB 即可。

小提琴：196～1320Hz 为基音区，泛音为扩展到 12kHz 以上。

中提琴：基音区为 123.47～763.59Hz，泛音为 10kHz 以上。

大提琴：基音频率为 65～520Hz，泛音频率为 8kHz。

小型乐队：提升 1～3kHz 可增强风采。如果将整个声音频段的聆听感分为三段，则：

LF——影响丰满度和浑厚度；

MID——影响音色的明亮度；

HF——影响音色的清晰度和表现力。

2. 聆听感觉与频率特性

丰满度：100～300Hz 影响丰满度，通过补偿可以获得较好的丰满度。尤其对一些声音较弱的乐器提升 6～9dB 后其音色、音量都可以得到改善。一般情况下提升 3～6dB，最大时为 6～9dB。

明亮度：800Hz～2kHz 影响最大，提升 6dB 即可增加其明亮度。提升太多会使声音变得尖锐或者单薄。

清晰度：很多乐器的清晰度可以通过提升其泛音的频率得到改善。例如，弦乐器基音在 40～200Hz，其泛音影响最强的频率为 1kHz 左右，一般在基音频率的 4～6 倍频率影响最大。构成音色的泛音的频谱曲线一般可测 16 个或 24 个泛音。

打击乐器的清脆度：可以提升 1～2kHz 来加强。提升尤其对于小军鼓更有好处，一般有 3～6dB 的提升就够了。

语音：可以使用低切来消除低频率噪声的干扰，如电源 50～60Hz 的交流声和可控硅的干扰声。因为语音的基音区域在 200～300Hz 之间，因此不会影响其声音的传输。可以利用高切来消除音源中的高频率噪声，如电唱机和旧磁带的高频杂音。

Disco 厅：在 Disco 舞厅中对 LF 要进行极高的提升以达到强大的声压级，并造成强劲、热烈的气氛。为此，往往会采用电子分频器和低音功放与超低音响来单独推动 150Hz 频率以下的声音。

聆听感觉与频率特性的关系图如图 2-23 所示。

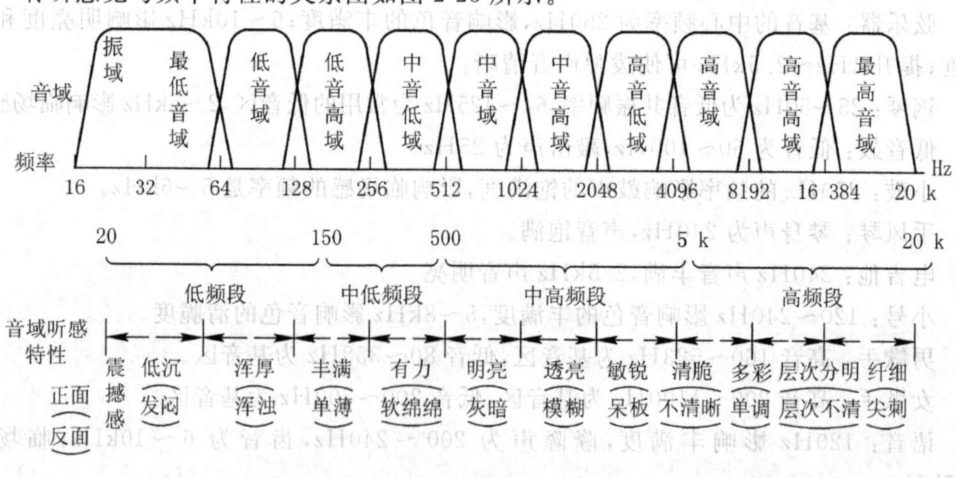

图 2-23 聆听感觉与频率特性的关系图

3. 频率对音色的影响

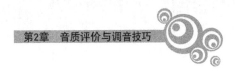

常用音源频率对音色的影响如表2-7所示。

表2-7 常用音源频率对音色的影响

音 源	明显影响音色的频率
小提琴	200～440Hz影响丰满度，1～2kHz拨弦声频带，6～10kHz影响明亮度
中提琴	150～300Hz影响音色的力度，3～6kHz影响表现力
大提琴	100～250Hz影响音色的丰满度，3kHz影响音色的明亮度频率
贝司提琴	50～150Hz影响音色的丰满度，1～2kHz影响音色的明亮度
长笛	250Hz～1kHz影响音色的丰满度，5～6kHz影响音色的明亮度
黑管	150～600Hz影响音色的丰满度，3kHz影响音色的明亮度
双簧管	300Hz～1kHz影响音色的丰满度，5～6kHz影响音色的明亮度，提升1～5kHz可使音色明亮华丽
大管	100～200Hz使音色丰满、深沉感强，2～5kHz影响音色的明亮度
小号	150～250Hz影响音色的丰满度，5～7.5kHz是明亮度清脆感频带
圆号	提升60～600Hz可使音色圆润和谐自然，强吹使音色辉煌
长号	提升100～240Hz可增加音色的丰满度，提升500Hz～2kHz可使音色变得辉煌
大号	30～200Hz影响音色的力度和丰满度，提升100～500Hz可使音色深沉、厚实
钢琴	27.5～4.86Hz是音域频率，音色随频率的提高(增加)而变得单薄，20～50Hz是共振峰频率(箱体)
竖琴	32.7～3136Hz是音域频率，小力度拨弹能使音色柔和，大力度拨弹能使音色泛音丰满
萨克斯管	600Hz～2kHz影响音色的明亮度，提升此频率可使音色华彩清透
萨克斯管'B	100～300Hz影响音色的淳厚感，提升此频率可使音色更好
吉他	提升100～300Hz可增加音色的丰满度，提升2～5kHz可增强音色的表现力
低音吉他	60～100Hz低音丰满，60Hz～1kHz影响音色的力度，2.5kHz是拨弦度声频率
电吉他	240Hz是丰满度频率，2.5kHz是明亮度频率，拨弦声3～4kHz
电贝司	80～240Hz是丰满度频率，600Hz～1kHz影响音色的力度，2.5Hz是拨弦声频率
手鼓	200～240Hz是共鸣声频，5kHz是敲击声频率，8kHz是鼓皮泛音声频
小军鼓(响弦鼓)	240Hz影响音色的饱满度，2kHz影响音色的力度(响度)，5kHz影响弦音色的音频
通通鼓	360Hz影响音色的丰满度，8kHz为硬度频率，泛音可达15kHz
低音鼓	60～100Hz是低音力度频率，2.5kHz是敲击声频率，8kHz是鼓皮泛音声频
地鼓(大鼓)	60～150Hz是力度音频、丰满度，5～6kHz是泛音频率
钹	200Hz铿锵有力度，7.5～10kHz音色尖利
镲	250Hz强劲、铿锵、锐利，7.5～10kHz尖利，12～15kHz镲边泛音“金光四溅”

续表

音　源	明显影响音色的频率
歌声(女)	1.6～3.6kHz 影响音色的明亮度,提升此频率可以使音色鲜明通透
歌手(男)	150～600Hz 影响歌声力度,提升此频率可以使歌声共鸣感强。增强力度
语音	800Hz 是危险频率,过于提升会使音色发“硬”、发“愣”
沙哑声	提升 64～261Hz 可以改善沙哑声
女声带杂音	提升 64～315Hz,衰减 1～4kHz 可以消除女声带杂音(声带窄的音质)
喉音重	衰减 600～800Hz 可以改善喉重音
鼻音重	衰减 60～260Hz,提升 1～4kHz 可以改善鼻音声
齿音重	高于 6kHz 可产生严重齿音
咳音重	高于 4kHz 可产生严重咳音现象(电台频率偏离时的音色)

2.8　乐队的布局及乐器的拾音

2.8.1　乐队的类型

1. 民族乐队

民族乐队也称民族管弦乐队,由以下各组乐器组成。

(1) 吹奏乐器组:笛、唢呐、笙、管等。

(2) 拉奏乐器组:高胡、二胡、大胡、板胡等。

(3) 弹奏乐器组:柳琴、琵琶、中阮、大阮、三弦、筝、扬琴等。

(4) 打击乐器组:各种鼓、锣等。

2. 管弦乐队

管弦乐队又称交响乐队,其常用乐器有以下几种。

(1) 弦乐器组:4 种提琴。

(2) 木管乐器组:短笛、长笛、双簧管、英国管、单簧管、大管。

(3) 铜管乐器组:圆号、小号、长号、大号。

(4) 打击乐器组:定音鼓、大鼓、小军鼓、锣、三角铁、钹等。

有时还要根据需要增加一些乐器。交响乐队按规模分为单管、双管、三管、四管编制,有四五十人至百人不等。这里的所谓三管或四管编制,是指一个乐队中每样木管乐器各配有三只或四只,以便保持它们之间的音量平衡。另外,为保持整个乐队的音量平衡,乐器件数一般按下列大概比例配置:弦乐器组 60%,木管乐器组 15%,铜管乐器组 15%,打击乐器组 10%。

3. 铜管乐队

铜管乐队是以铜管乐器为主,辅之以萨克斯管组成的乐队,也称军乐队。后来因为加入大量木管乐器，故又称吹奏乐队或管乐队。乐队音响宏大、雄壮，富有战斗、凯旋气质，常常在室外演奏。

4. 爵士乐队

爵士乐队是专门演奏爵士音乐的乐队，常以小型为主，例如早期的爵士乐三重奏，由钢琴、低音提琴和打击乐器各一人组成。传统的爵士乐队通常由5～8人组成，旋律分别由小号、长号、萨克斯管和单簧管等乐器担任。伴奏部分有各种鼓、钹以及低音提琴、吉他、钢琴等。

5. 电声乐队

电声乐队是以电声乐器为主组成的小型乐队。电声乐器主要分为4大件：电子音响合成器（电子琴）、电子鼓（架子鼓）、电子匹克吉他、电子节奏低音吉他。有时根据需要，再加入小号、长号、单簧管、萨克斯管和沙锤等。电声乐队的特点是编制小，音色非常丰富，节奏极为多样。特别是电子合成器，根据频谱分析原理，可以制造出各种音色，其中包括人声、各种乐器声甚至令人出奇的非常别致的音色，它已成为轻音乐乐队的一个重要组成形式，可为通俗歌曲伴奏，备受青少年喜爱。

乐队的编制问题其实是一个十分重要的问题，但这一问题更多涉及的是音乐本身的问题，主要由乐队指挥来完成，考虑到本书的主要目的是教会读者调音，因此不再讲述乐队的编制问题。

2.8.2 乐队的布局

由于各种乐器的声功能不同，要想把乐队演奏的音乐完美地送入人们的耳中，就要为各种不同的乐器选择一个合适的位置，这样才能使这种乐器的声音充分地得以体现，也使乐音中的和声得以均衡，使各个声部都能不被遗漏地表现出来。这就是指挥和调音师要设计和选择的，也是调音师拾音和扩声的业务范畴之内的具体技术内容。乐队的布局，根据乐队的编制和场地的实际情况会有一些必要的变化。如图2-24～图2-28所示是一些布局的例子，希望能给读者以启示。

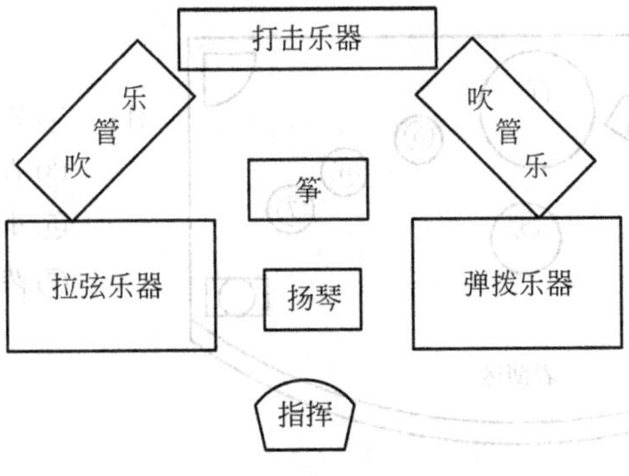

图2-24　民族音乐的演出布局

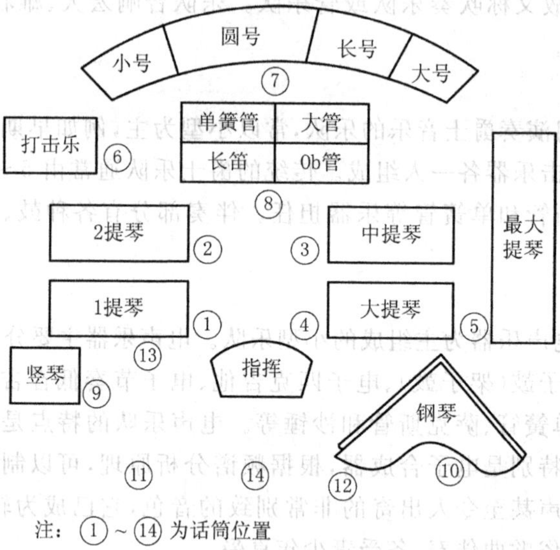

图 2-25　交响音乐的演出布局(北影制片厂乐队)

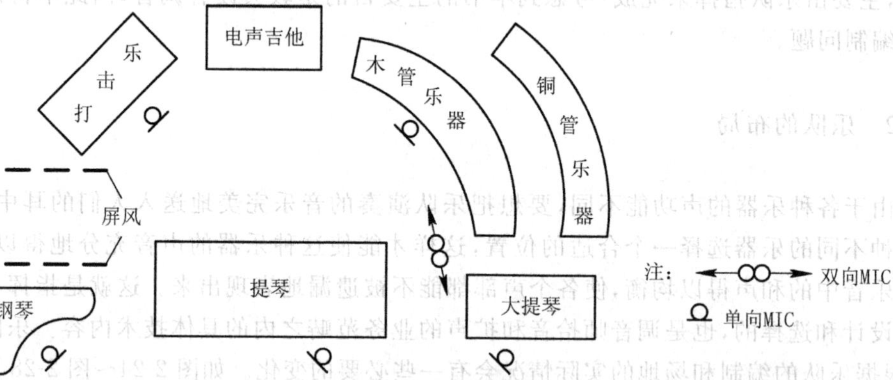

图 2-26　音乐录音的乐队位置

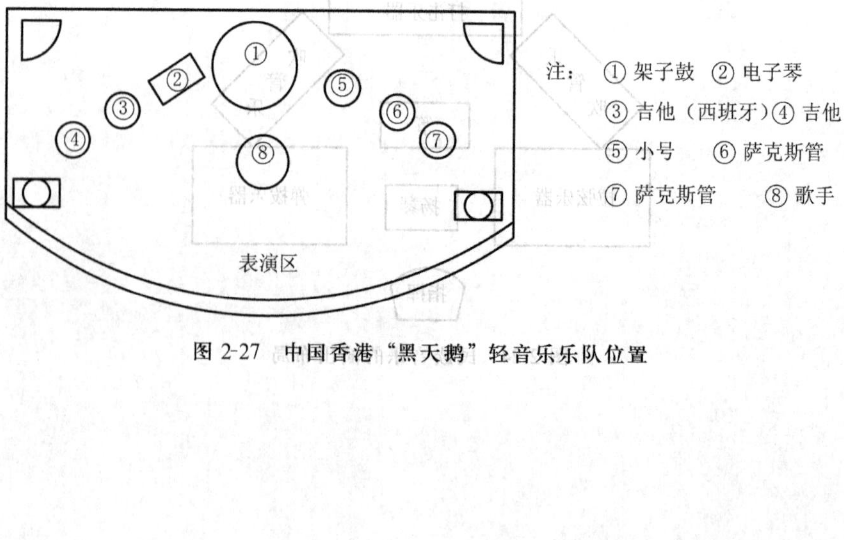

图 2-27　中国香港“黑天鹅”轻音乐乐队位置

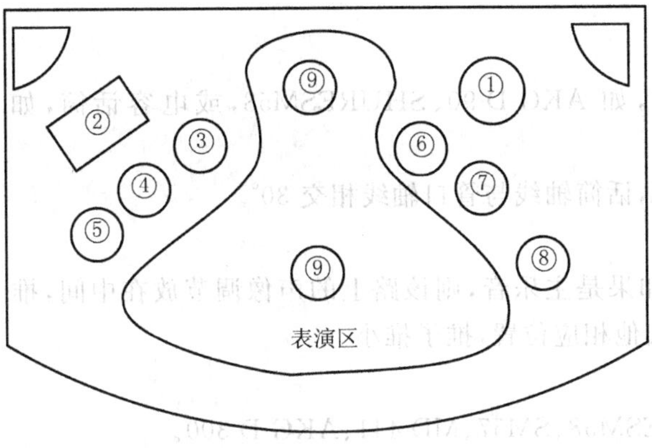

图 2-28　日本 Fuimot 轻音乐乐队位置

2.8.3　乐器的拾音

1. 弦乐器的拾音

1）提琴

拾音话筒：电容话筒或铝带话筒，如 AKG-C-1000、CRI-3 等话筒。

拾音位置：斜上方，正对且距离共鸣箱 f 孔 1～2m，与琴码呈 15°角。在 15°角以内高频特性好，在 15°角以外声音柔和，应控制在 35°角以内；拾音位置为小提琴远些，大提琴、大低提琴近些。

混响时间：1s 左右。小提琴旁边最好加反射板，大提琴下面的地板上铺地毯以保证音色的优良。

调节：在调音台上利用 EQ 钮做音质补偿，按相应的频段进行提衰。在效果器上调节混响时间及比例。若作为主乐音，则将该路上的推子推大，将声像调节放在中间位置。若作为伴奏乐，则适当调节声像位置，将推子推小。

2）竖琴

拾音话筒：使用 CR 型(电容)话筒或优质 CD 型话筒。

拾音位置：正对且距离琴弦 30～50cm(CR 型话筒)或 10～20cm(CD 型话筒)。

混响时间：0.6s。

3）钢琴

拾音话筒：电容话筒。

拾音位置：后距琴弦斜上方 1～2m，话筒零轴对准琴键中央 C 部，其余两个话筒相距 50cm，并排放置。

混响时间：0.6s。

调节：钢琴的动态范围大，声压级应根据不同乐曲和演奏强弱注意各音域区的平衡并在调音台上做 EQ 调节，还应注意该路上的推子大小调节和声像调节。如果作为主乐音，则推子推大，声像调节放在中间位置。如果作为伴奏乐，则推子推小，声像调节适当放在其他位置上。

2. 吹奏乐器的拾音

1）萨克斯管

拾音话筒：可选用优质动圈话筒，如 AKG-D-90、SHURESM58，或电容话筒，如 SHURE、SM98。

拾音位置：话筒距离管口 0.5～1m，话筒轴线与管口轴线相交 30°。

混响时间：约 2.5s。

调节：在调音台上控制混合比例，如果是主乐音，则该路上的声像调节放在中间，推子推大。如果是伴奏乐，则 PAN 放在其他相应位置，推子推小。

2）小号

拾音话筒：电动式话筒，如 SHURESM58、SM57、MD-441、AKG-D-300。

拾音位置：放在小号轴线下方，喇叭口平行线与话筒零轴线呈 15°～30°夹角。

混响时间：1.5s。

调节：同萨克斯管类似。

3）长号

拾音话筒：电动式话筒，如 SHURESM57，或驻极体话筒，如 AT-818。

拾音位置：对准喇叭口且偏离吹口 15°左右，距离管口 0.35～0.5m。如果高频过强，可调整话筒的角度和距离。

混响时间：约 1.2s。

调节：在调音台上控制混合比例，根据发声频率进行音质补偿。如果是主乐音，则该路上的声像调节在中间位置，推子推大。如果作为伴奏乐，则声像调节放在其他适当位置，推子推小。

4）大号

拾音话筒：CD 型话筒。

拾音位置：距离管口 50cm～1.5m。

混响时间：约 1s。

调节：与长号相同。

3. 打击乐

1）鼓

拾音话筒：动圈式话筒，如 SHURESM58。当然，用专用鼓拾音话筒（如 T&STA-8300、TA-8350）则更好。

拾音位置：距离鼓膜 10cm，话筒零轴线与鼓面呈 75°。单面鼓皮的大鼓对准鼓角，伸入鼓内；通鼓对准鼓角；地通鼓对准鼓边缘；军鼓对准鼓边缘。

混响时间：0.7s 左右。

调节：在调音台上控制低频声提衰量，注意混合比例。

2）钗

拾音话筒：可用动圈式话筒或驻极体话筒，也可用电容式话筒。

拾音位置：距离钗 10cm 处。踩钗斜上方放话筒，对准钗的边缘；吊钗与立钗对准钗边缘。

混响时间：0.6s。

调节：调节调音台以进行均衡补偿，使钗音真实、质感强，还要注意对钗音的混合比例的控制。

以上介绍的拾音位置，不是一成不变的，应根据自己使用的话筒进行灵活而适当的调整，现在的话筒参数差异很大，本书所给数字仅供读者参考。调音工作者必须遵循耳听为实的原则来进行拾音或调音。

2.9 人声的拾音

1. 近距离拾音

拾音话筒最好采用电动式近讲话筒。话筒和口形距离为 1～5cm，适合于低语调的主持人和通俗歌曲的演唱者。

近距离拾音最适合低音语调主持人的语音拾音，其声音的特点是有较强的真实感和亲切感。因为音源和话筒很近，是绝对的直达声，所以音色纯净、清晰度高。

2. 中距离拾音

话筒和音源的距离为 5～10cm，适合于民族唱法。

中音语调的主持人话筒和口形相距 5cm，民族唱法相距 5～10cm。中音语调主持人的声音特点是轻松、活泼、开朗、爽快，可使整个歌厅的气氛比较活跃。

民族歌曲要求发声、吐字，共鸣要清晰、明亮、纯净，具备民族风格与特色。

3. 远距离拾音

拾音话筒最好采用电容式话筒，因为电容式话筒的频带相对动圈式话筒而言要宽一些。远距离拾音主要是针对经过专业训练的美声唱法歌手或合唱组进行的，他们的发声谐波数量较多，幅度也相对较强，音色的泛音结构比较丰满，因此频带宽度也相对较宽，所以必须使用电容话筒才能满足需要。

话筒和音源的距离为 10～50cm，其中，动圈式(CD)话筒为 10～20cm，电容式(CR)话筒为 15～50cm。

另外，如果是专门针对大合唱，现在的话筒生产厂家已为用户提供了专用话筒，这类专用的远距离拾音话筒的拾音距离还要长一些，在 1～2.5m 范围内。

对于人声的拾音，尤其是对于演唱者的拾音，主要是依靠演唱者自己把握，调音师只起建议和指导的作用，从某种意义上说，演唱者也是自己的调音师。在演唱的过程中，演唱者应根据自己声音的强弱和歌声所表达情感的变化，灵活适时地改变拾音的距离和拾音的角度，从而将声音更加完美地演绎出来。

2.10 对人声的调音

2.10.1 对主持人的调音

主持人多为女性，她们的声音一般比较清晰流畅，明亮而细腻，富有较强的感染力。

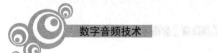

在对主持人声音的调音过程中，应注意以下几点。

(1) 明确发声的基音频率范围：200Hz～1.2kHz。这一频段是语音的重要频段，可根据实际情况对这一频段提升3～6dB。

(2) 采用近距离拾音话筒。话筒离口很近，虽可增加声音的亲切感和细腻感，但却常会出现近讲效应，低频过强。此时，应适当对LF段进行衰减处理，一般在100Hz附近衰减6dB左右即可。

(3) 女性主持人的音调一般较高，为了避免重放声出现声音发尖、发躁的情况，可对于HF段中6kHz以上的频率进行适当的衰减，3～6dB即可。

(4) 为了增强节目主持的真实感和亲切感，原则上应不使用效果器来增加混响，利用厅堂的自然混响声就可以了。但如果声音听起来确实太干，也可适当增加一点儿效果声，但切记不要太多。

2.10.2 对歌手的调音

专业歌手有响亮的歌喉，发声、吐字、气息、共鸣等演唱基本功都具有一定的水平，并且每个人都有一定的演唱风格。因此，在对歌手的演唱进行调音之前，调音者应尽可能多地了解该歌手的风格流派、音域宽度、音色特点和动态范围，同时还应熟悉其歌曲及其意境，以便在调音时能与之协调一致。当然，歌手所用话筒必须高档，其频响要宽、失真要小、动态范围要大。注意，话筒的灵敏度适当即可，并非越高越好。

另外有一点特别需要提醒读者，本书在讲解调音的过程中所提出的处理方法，均是在声场环境比较理想的情况下来讲的，它只是一种原则性的东西，不是绝对的。声场的环境和所使用的器材发生了变化后，这些处理方法只能参考，不能照搬硬套。

1. 对专业男歌手的调音

男歌手的基音频率一般在64～523Hz之间，其泛音可扩展到7～9kHz。为了使歌手的声音坚实而有力度，浑厚而不致模糊，明亮而不刺耳，根据男声的声音特点，对男歌手的调音可按如下方法来进行。

(1) 对64～100Hz做小幅提升，以增加男歌手声音的浑厚度。

(2) 如果歌手声音的浑厚度足够，则可在100Hz适当衰减，以增加歌手声音的清晰度。

(3) 如果歌手的力度不足，可在250～330Hz做适当的提升，如果歌手力度本来就很足，则不做此处理。

(4) 根据需要，可在1kHz频率附近做一点儿提升，这样可增强泛音的表现力，增加声音的明亮度及亲切感。为了使歌手的感情色彩更加具有感染力，可在4～8kHz频段内进行约3dB的提升。

(5) 对10kHz以上的频段最好采用平直处理的方法。

(6) 加入适量的混响效果声，以使歌手的演唱更加轻松自如。舒缓而幽远的抒情歌曲，混响时间可加长一点儿，而强有力的快节奏歌曲，混响时间应适当短一些。

(7) 加入适量的激励声，以使歌手的声音更加透明和圆润。

2. 对专业女歌手的调音

女歌手的基音频率一般在160Hz～1.2kHz这一范围，其泛音可扩展至9～10kHz。为了使歌手的声音圆润而清晰，明亮而具有弹性，细腻而丰满，且无刺耳的感觉，根据女声的声音特点，对女歌手的调音可按如下方法来进行。

(1) 对160Hz以下的频段不做提升处理，使其平直即可。

(2) 在女声主要音域250～523Hz做适当的提升处理。这一频段为女声的低中音区，适当地提升这一频段，会增加基音的力度和丰满度。

(3) 对2～4kHz提升3～6dB，可使声音透亮、清晰，音域宽厚，亲切感人。

(4) 降低6kHz左右的成分，以减弱可能出现的齿音。

(5) 如果在女声的高频部分出现了S音，则可在7～10kHz衰减3dB，以消除S音。

(6) 根据女声的音色情况，适当提升或衰减10kHz以下的频段，以使音色更加完美。一般情况下，可对这一频段进行平直处理。

(7) 加入适量的混响声，以使歌手的声音更加丰满淳厚、轻松圆润、立体感强。舒缓而幽远的抒情歌曲，混响时间可加长一点儿，欢快而富有弹性的歌曲，混响时间应适当短一些。

(8) 加入适量的激励声，以使歌手的声音更加明亮、细腻、富有感染力。

3. 对普通人演唱时的调音

普通人在歌厅里进行演唱，多为娱乐消遣，他们中的大多数人没有受过专门的基本训练，缺乏演唱的技巧，甚至有嗓音不好或不会正确使用话筒的人。同时，由于这些人对音乐的喜好以及嗓音的音色情况千差万别，因此，在对这些人的演唱进行调音时应注意以下几个方面的问题。

(1) 随时留意声音的声压级，以便快速做出正确的反应。普通人在歌厅里演唱，情况变化很大，有时前一位演唱者声音极弱，需要将推子推得很高，但下一位却可能是一位乘着酒兴要狂唱《好汉歌》的人，调音者如不留意，很可能引起严重的啸叫，甚至烧坏音响。

(2) 适当加大混响声，以掩盖普通人嗓音的缺陷。根据作者的实践经验，大多数的普通人在演唱时，都较喜欢混响声大一点儿。

(3) 男声如果出现喉音和沙哑，可将300Hz以下的频率进行较大的衰减。

(4) 女声如果出现声带噪声或气息噪声，可在600Hz附近适当衰减。

(5) 对普通人的演唱进行调音，应在音量推子推得不太高的同时，将激励声的推子推高一些，以增加声音的穿透力和色彩，但前提条件是不会发生啸叫。

(6) 可在MF频段提升3～6dB，以增强声音的明亮度和清晰度。

(7) 大多数的普通演唱者都喜欢音量大一些，为了增强声音的响度，可将200～300Hz范围的频率加以提升。

(8) 对8kHz以上的频率采用平直处理的方法。

2.10.3 对童音的调音

(1) 童音不分男声女声，其音域基本上与女歌手的音域一致，因此，对童音的EQ(均衡)调音处理的手法与调整女歌手的方法相仿。

(2) 在发声方面，大多数的儿童不如成年人的发声中气足，因此，童音的音量推子一般较成年人的高。

(3) 儿童发声的谐波数量和幅度较成年人而言相对弱一些，因此加入激励声是十分必要的。

(4) 童音清脆，清晰度高，为增加童音的圆润度和淳度，混响声可比成年人多一些。

2.11 伴奏音乐与歌声的比例

CD碟片或卡拉OK音带上的伴奏音乐在各声部和打击乐方面于录制时已调整好，调音师将伴奏带的音量大小与歌声的比例控制得合适即可。

1. 总原则

调音师控制伴奏带的音量大小与歌声的比例的总原则是以歌声为主，突出歌声。

(1) 为了迎合人们的心理和欣赏习惯，人们总是爱听歌声，因此歌声是第一位。

(2) 为了歌声的美感和歌词的清晰不被乐队声掩盖，特别是歌厅中大扬声器扩声时，往往歌词不清，因此突出歌词非常必要。

(3) 人们在聆听歌曲时，心理感觉的顺序是：首先听到歌词，而后才感受到音乐的旋律变化和感情。因此要给歌词以足够的音量才能满足人们的心理要求，也就是说，歌声音量比例要大于伴奏音乐。但这并不是说音乐不重要，有时音乐的分量比歌词还重。

(4) 当放前奏曲或过门音时，可以将音乐声放大，在歌声进入之前渐渐拉下来，以突出歌声，为了加深歌声的印象，往往第一句开得响一点儿，可以在200～500Hz提升3～6dB。

2. 乐队伴奏音乐与歌声(人声)的比例

乐队伴奏音乐与歌声的比例有以下几种。

3∶7——美声、民族唱法、戏曲。

4∶6——通俗唱法。

5∶5——摇滚乐。

以上是一些较有名气的调音师的表现手法，无统一规定。某一个时期通常以某种聆听习惯为一种表现手法。

3. 演员的素质与音量

一个好的声乐歌手，尤其是通俗歌手要会使用话筒，这样才会取得和谐自然、优美的艺术魅力。例如，通俗歌手当演唱至弱音区时便会低下头将话筒置于离口形很近的位置，使微弱歌声、语气等都拾入话筒的极头。当歌曲进入高潮亦即感情很强劲的曲段时，演员便将话筒远离口形，使音量自然减量进入话筒。这个小小的距离调整对音量起着很大的作用，因为距离的平方与声功能成反比例(或者说声功能的衰减量与距离的平方成反比)。因此可看出，歌手也是自己的调音师。

4. 音量的调整

一支歌曲有时动态范围很大。当歌曲进行到高潮时，演员很激动，情绪很饱满，声级很强，容易产生过荷失真，此时音量需要压下来一些。当歌曲进行到深情细腻的弱声时，又需要把音量提升起来。

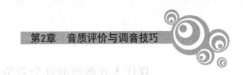

要掌握这种调音手法，要求调音师对歌曲要熟悉，对歌手的演唱特点也要了解，而且要有调音经验。否则，调音师的调音跟不上演员的演唱，便不易获得理想的聆听效果。

当然，音响系统中有自动音量控制电路 AGC，但是 AGC 控制是有一定范围的，因此，要想调出理想、满意的聆听效果，还要将手动控制和自动控制两种方法相结合。

2.12　音乐酒廊与咖啡厅的调音

交响乐、轻音乐和通俗音乐在酒廊或咖啡厅作为背景音乐使用时，与在家里对这些音乐进行欣赏不同，只是烘托环境气氛，营造浪漫情调的一种手段，因此，音量推子要低，使在酒廊和咖啡厅里的人能够自由交谈，又能够对它们进行欣赏。

此外，在家庭音乐欣赏与发烧音响调音时遵循以上原则，也可取得理想的聆听效果，但音量应稍大一些。

1. 交响乐

交响乐是一种传统的、正统的音乐形式，在选题作曲上很考究，在和声与配器方面都进行了仔细的推敲，因此乐曲的音乐结构一般都很合理。

交响乐的编制是经过上百年的实践而制定的，是比较科学的。其组成如下。

弦乐声部：V_1、V_2、$V_{中}$、$V_{大}$、$V_{倍}$（V 为提琴）。

木管乐声部：单簧管、双簧管、长笛、大管。

筒管乐声部：小号、圆号、长号、大号。

击打乐声部：定音鼓、军鼓、镲、铃、钟、三角铁、钗、板。

因此，交响乐的声功能也是比较均衡的。在为交响乐做 EQ 处理时应尽量保持其原有风格与特色，不宜做过量的调整。在 EQ 上进行处理时，可在 0～3dB 的幅度中进行选择，这样可保持乐队和指挥的不同风格。

2. 轻音乐

轻音乐一般都是具有旋律优美、感情丰富、浪漫愉快等特点的抒情曲（例如萨克斯轻音乐曲），其音乐音响具有田园风味和悠扬的旷野感。因此，在 EQ 调整上应保持和发挥其最佳音色频段。EQ 幅度可在 0～5dB 范围内进行选择，也可采用 ECHO、REV 和环绕声的处理。

3. 通俗音乐

通俗音乐门类范围很大，像爵士、摇滚等流派都具有其自身特有的风格。总体来说，这类音乐的音响声功能较大，处理手段的幅度也较大，允许在音乐音响中进行夸张的艺术处理。因此在 EQ 调整幅度上可在 0～7dB 范围内进行选择。

2.13　摇滚乐的调音

1. 摇滚乐的产生和发展

现代摇滚乐是从黑人音乐发展而来的，现在已被世界各国所接受。

现代人在激烈的社会竞争中会受到各个方面的压力，有金钱上的压力、感情上的压力、工作上的压力以及环境上的压力等。因此，人们会寻找一种自我解脱、自我发泄的方式。于是，一种节奏激烈的、可使人从中随心所欲发泄感情的音乐——摇滚乐应运而生，摇滚也就成为现代音乐中的一支流派。摇滚乐的组成如下。

歌手——主旋律。

键盘乐器——副旋律。

吉他——主旋律与和声声部。

贝司——节奏音型。

鼓——制造节奏。

2. 摇滚乐的特点

音乐特点：音量大，节奏强。

社会体现：人生、信仰、时代、观念、情感。

音响特点：感情激烈、声场声压级很高。

与人体健康的矛盾：长时间在摇滚音乐环境中停留，对人体、神经、内脏等方面都有严重的伤害，因此需要适“度”。

3. 摇滚乐分类及特征

摇滚乐可分为以下两类。

(1) 重金属音乐：强音响、震耳欲聋、声嘶力竭，属硬摇滚。

(2) 轻摇滚：抒情摇滚，属城市民谣派。

摇滚乐特征多是注重音量、低音和频响，对噪声级要求不严，甚至需要一定的噪声。

4. 摇滚音乐对音响系统的要求

摇滚音乐最大的特点就是大音量、强节奏，其和弦有强大的震撼力，使人们在心理上可以摆脱来自社会各方面的压力。摇滚乐也能给人们在精神上以足够的刺激，还可以释放激烈的内心情感。因此要求播放摇滚音乐的音响系统有以下特点。

(1) 大动态、大功率：使用大功率功放和音响可以使声压级达 110dB 以上的强大响度。

(2) 使用超重低音音响：只有选用 150Hz 以下的强大超重低音，才能产生很大的声音能量，才能有效地提高声场的声压级，因此超重低音一般都单独使用一台大功率功放推动两只超重低音音响来完成。

(3) 采用分散式的声场：在迪斯科舞厅的舞台两侧除安置左、右主音响外，还要在舞厅后区安装多只音响，音响方向要对准舞池中心。使用多台辅助的功率放大器推动这些辅助音响，构成分散式声场。这样就增多了功率放大器和音响的数量，从而使迪斯科舞厅的声压级大大提高。

(4) 用空中吊装音响：为了减少音响在声场中的掠射吸声，也就是减少被人们的衣服和头发的吸声，以免声音受到很大损失，迪斯科舞厅中的音响多采用空中吊装的方法来安装，以消除掠射吸声现象。人们常常采用大功率声柱构成声阵，使声音的辐射构成一个横向的椭圆形空间，这样声音的辐射面积大，射程距离远。在一些大型迪斯科舞厅中还有使用声墙的方法，即采用多只音响组成一面墙，射向舞池中央。还有在迪斯科舞厅中心吊装一部音响组成的类似花篮式的音响组合，从舞厅中心向四面八方辐射。

5. 对摇滚音乐的调音

对摇滚音乐的调音需要注意如下几个问题。

(1) 只要设备(尤其是功率放大器)不过载,推子应尽可能高一些,以产生强有力的大功率的声压级。

(2) 可将 LF 频段进行适当的提升,以增强音乐的力度和震撼感。

(3) 适当加入一些激励声,以增强音乐的穿透力。

(4) 不要加入混响,因为摇滚音乐的声压级本来就很大,房间中的自然混响已经很强了,再加入混响,会使音乐的清晰度降低太多,同时,会使人产生烦躁感。

2.14 声像的统一协调

卡拉 OK 厅的图像要和音乐有机地结合起来,协调成为一个统一的艺术整体。每一句歌词都配合画面、人物动作、风情等,并紧密地结合起来,提高艺术魅力。例如,夕阳西下,落日余晖、晚霞洒满一望无际的草原,一对情侣挽手并肩,迤逦而行,一派动人的美景。此时,声音应相应地辽阔、舒展。同时,歌声也要配合画面,音量要开得小一些。

当画面进入激情阶段时,人物特写非常投入,此时歌声就要实一些,音量也相应开大一些,以达到情景交融的境界。因为听众是看着画面聆听歌声的,歌声的虚实大小要和画面感情相融合,以达到听、视觉的统一。

音色加工手段的幅度可以夸张一些,对混响、延迟和激励强度可以根据画面感情的需要进行有变化的处理。例如,VCD 歌碟中的曲目《好大的风》,其歌曲奔放、强劲,画面动势强、变化多,特写和不平衡的构图广泛,在感情上有很大的冲动。因此在音质上的处理幅度也可以变化较大,甚至左(L)、右(R)声道的音量都可以进行强、弱的调整,使声像的意境协调一致。

另外,声像的统一有一个功放输出的左右声道与音响的左右输入声道的对应问题特别需要注意。如果连接错误,在放影碟时,可能就会发现出现了这样的情境:我们看见画面上一架飞机从左向右飞行,而我们听到的却是有一架飞机从右向左飞行。

声像的统一协调是十分重要的,但是对这一点一定要认真理解,灵活合理地运用。曾看见有调音者在进行广场演出的调音,当他看见演唱者从舞台的左边走向舞台的右边时,他就将调音台的演唱话筒的声像定位旋钮(PAN)由最左边调到了最右边,声像倒是统一协调了,但远处的听众却感到纳闷,怎么一会儿一只音响有歌手的声音,一会儿又没有歌手的声音呢?可能是出现了什么接触不良的问题吧?这里,调音者的调整是不当的,因为此时的演唱声是主乐音,而不是辅乐音,他应当将 PAN 放在中间的位置。即便是要进行调整,也应该在中间位置附近小范围来调整,不能使其中任何一只音响出现不出(演唱)声的情况。

习　题

1. 声音的三要素是什么？
2. 分析等响度曲线可以发现其主要特点有哪些？
3. 写出最佳混响时间的计算公式。
4. 对歌舞厅中音响摆放位置的要求有哪些？
5. 混响时间的长短主要由哪几个因素决定？
6. 室内声场由哪几部分组成？
7. 混响声对调音的影响主要有哪些？
8. 简述室内传输响应的概念。
9. 吸声物质大致可分为哪几种？
10. 在房间装修完成以后，对房间声学特性进行修改并且不会对室内的墙体造成破坏的方法主要有哪些？
11. 掩蔽效应的内涵主要包括哪 5 点？
12. 请写出至少 6 种你认为较能全面评价音质的音质评价术语。
13. 乐队的类型主要有哪 5 大类？
14. 摇滚音乐对音响系统的要求主要有哪些？
15. 论述你对调音的理解。
16. 如何测定房间或厅堂的混响时间？
17. 如何用声输入法测定传输频率特性？
18. 简述传声增益、反馈系数的概念及其相互关系。
19. 对所在单位或部门的音乐厅堂进行声场分布的测量。

第3章　音频数字化

思政素材 3

声学和模拟音频技术设计的主要是数学上的连续函数，但数字音频研究的是各个离散的值。也就是，一个波形的幅度可以用一系列数字表示，这些数字让我们能够非常高效地处理音频信息。使用数字技术可以极大地增强对信息的处理能力。音频录音、信号处理和重放硬件的设计属性一直都在跟随着数字技术的发展。软件编程在实际音频环境中的引入是革命性的。因此，数字音频本质上是一种用数字表达的技术。为了正确理解它，我们要对各种数制进行一个回顾。

3.1　数字化基础

3.1.1　数制

在数字音频中，处理的是信息和数字。数字为信息的编码、处理和解码提供了一种神话般的方法。在数字音频中，数字完全表示了音频信息。我们通常把数字看成符号。这种符号的使用是很有益的，因为数字符号是非常多能的，它们的含义可以根据我们使用它们的方式而改变。

例如，某人有一辆牌照为 EW153DB 的 2007 年保时捷 911Carrera 系列的 997GT3，最大动力输出为 415hp/7600rpm、41.3kgm/5500rpm。描述这辆汽车用了几个数字，每个数字都有它所代表的含义，997GT3 是汽车的型号，2007 是生产年份，车牌照编号 EW153DB 是一个经过编码的信息，它能让超速罚单准确地寄到车主的账户上。这些不同的数字仅仅因为它们被随意地赋予了语境含义才变得有用，如果上下文语境被混淆，那么用数字编码的信息也将会出错，它可能是一辆牌照为 2007 的汽车，它生产于415 年，发动机排量为 997。

多位数码中，每位的构成方法以及从低位到高位的进位规则称为数制。对于数制的选择是一个偏好问题，因为任意整数都可以用任意基数来表示。选择一种数制其实就是选择我们认为使用多少个不同的符号最方便。在人们使用最多的进位记数制中，表示数的符号在不同的位置上时所代表的数的值是不同的。

数制的组成包括基码、基数和位权值。

1. 基数

数制所使用数码的个数。例如，二进制的基数为 2；十进制的基数为 10。

2. 位权

数制中某一位上的1所表示数值的大小(所处位置的价值)。例如,十进制的123,1的位权是100,2的位权是10,3的位权是1。二进制中的1011,第一个1的位权是8,0的位权是4,第二个1的位权是2,第三个1的位权是1。

现在人们常用的数制有二进制、八进制、十进制、十六进制。

3. 十进制

十进制是人们日常生活中最熟悉的进位记数制。在十进制中,数用0,1,2,3,4,5,6,7,8,9这10个符号来描述。记数规则是“逢十进一”和“借一当十”。对于任意一个十进制数都可以按位权展开:

$$(N)_{10} = \sum_{i=-m}^{n-1} a_i \times 10^i$$

式中,a_i为十进制数的任意一个数码;n、m为正整数,n表示整数部分数位,m表示小数部分数位。

4. 二进制

在计算机系统中采用的进位记数制是二进制。在二进制中,数用0和1两个符号来描述。记数规则是“逢二进一,借一当二”。二进制数可以按位权展开为:

$$(N)_2 = \sum_{i=-m}^{n-1} a_i \times 2^i$$

式中,a_i为0或1数码;n、m为正整数,2^i为i位的位权值。

例如:

$$(1101.01)_2 = 1 \times 2^3 + 1 \times 2^2 + 0 \times 2^1 + 1 \times 2^0 + 0 \times 2^{-1} + 1 \times 2^{-2}$$

5. 八进制和十六进制

八进制数有0~7共8个数码,基数为8,八进制数表示为:

$$(N)_8 = \sum_{i=-m}^{n-1} a_i \times 8^i$$

例如:

$$(16.4)_8 = 1 \times 8^1 + 6 \times 8^0 + 4 \times 8^{-1}$$

十六进制数有0~9、A~F共16个数码符号,其中,A~F 6个符号依次表示10~15。

例如:

$$(A6.C)_{16} = 10 \times 16^1 + 6 \times 16^0 + 12 \times 16^{-1}$$

3.1.2 二进制

二进制是计算技术中广泛采用的一种数制。二进制数据是用0和1两个数码来表示的数。它的基数为2,进位规则是“逢二进一”,借位规则是“借一当二”。当前的计算机系统使用的基本上是二进制系统,数据在计算机中主要是以补码的形式存储的。计算机中的二进制则是一个非常微小的开关,用“开”来表示1,“关”来表示0。

1679年3月15日,哲学家兼数学家戈特弗里德·威廉·冯·莱布尼茨设计出了二进制记数系统。

二进制的优点如下。

(1) 电路中容易实现。当计算机工作的时候，电路通电工作，于是每个输出端就有了电压。电压的高低通过模数转换即转换成了二进制：高电平是由 1 表示，低电平由 0 表示。也就是说，将模拟电路转换成为数字电路。这里的高电平与低电平可以人为确定，一般地，2.5V 以下即为低电平，3.2V 以上为高电平。二进制数码只有两个("0"和"1")，电路只要能识别低、高就可以表示"0"和"1"。

(2) 物理上最易实现存储。二进制在物理上最易实现存储，通过磁极的取向、表面的凹凸、光照的有无等来记录。对于只写一次的光盘，将激光束聚成 1～2um 的小光束，依靠热的作用融化盘片表面上的碲合金薄膜，在薄膜上形成小洞(凹坑)，记录下"1"，原来的位置表示记录"0"。

(3) 便于进行加、减运算和计数编码。易于进行转换，二进制与十进制数易于互相转换。简化运算规则：两个二进制数和、积运算组合各有三种，运算规则简单，有利于简化计算机内部结构，提高运算速度。电子计算机能以极高速度进行信息处理和加工，包括数据处理和加工，而且有极大的信息存储能力。数据在计算机中以器件的物理状态表示，采用二进制数字系统，计算机处理所有的字符或符号也要用二进制编码来表示。用二进制的优点是容易表示，运算规则简单，节省设备。人们知道，具有两种稳定状态的元件(如晶体管的导通和截止，继电器的接通和断开，电脉冲电平的高低等)容易找到，而要找到具有 10 种稳定状态的元件来对应十进制的 10 个数就困难了。

(4) 便于逻辑判断(是或非)。适合逻辑运算：逻辑代数是逻辑运算的理论依据，二进制只有两个数码，正好与逻辑代数中的"真"和"假"相吻合。二进制的两个数码正好与逻辑命题中的"真(True)""假(False)"或称为"是(Yes)""否(No)"相对应。

(5) 用二进制表示数据具有抗干扰能力强，可靠性高等优点。因为每位数据只有高低两个状态，当受到一定程度的干扰时，仍能可靠地分辨出它是高还是低。

二进制中原码、反码、补码的概念如下。

原码：原码表示法在数值前面增加了一位符号位(即最高位为符号位)：正数该位为 0，负数该位为 1(0 有两种表示：+0 和 -0)，其余位表示数值的大小。

原码优点：简单直观；例如，用 8 位二进制表示一个数，+11 的原码为 00001011，-11 的原码就是 10001011。

反码：正数的反码与其原码相同；负数的反码是对其原码逐位取反，但符号位除外。规则是从低位到高位逐列进行计算。0 和 0 相加是 0，0 和 1 相加是 1，1 和 1 相加是 0 但要产生一个进位 1，加到下一列。如果最高位相加后产生进位，则最后得到的结果要加 1。

补码：正数的补码与其原码相同；负数的补码是在其反码的末位加 1。

补码的优点如下。

(1) 减法运算可以用加法来实现，即用求和来代替求差。

(2) 数的符号位可以同数值部分作为一个整体参与运算。

(3) 两数的补码之和(差)＝两数和(差)的补码。

3.1.3 二进制单位

字：在计算机中，一串数码是作为一个整体来处理或运算的，称为一个计算机字，简称字。字通常分为若干个字节(每个字节一般是 8 位)。在存储器中，通常每个单元存储一个字，因此每个字都是可以寻址的。字的长度用位数来表示。

字节：是指一小组相邻的二进制数码。通常是 8 位作为一个字节。它是构成信息的一个小单位，并作为一个整体来参加操作，比字小，是构成字的单位。在微型计算机中，通常用多少字节来表示存储器的存储容量。

字长：同一时间处理二进制数的位数叫字长，即计算机的每个字所包含的位数。根据计算机的不同，字长有固定的和可变的两种。固定字长，即字长度不论什么情况都是固定不变的；可变字长，则在一定范围内其长度是可变的。

比特(位)：数据存储的最小单位。在计算机中的二进制数系统中，位简记为 b，也称为比特(bit)，每个 0 或 1 就是一个位。计算机中的 CPU 位数指的是 CPU 一次能处理的最大位数。

比特率(动态)：VBR(Variable BitRate，动态比特率)，采取了一种全新的，全程动态调节技术的压缩方法。当在低音段时，VBR 会自动采用较低的比特率如 32kb/s 对音质进行压缩；当在高音段时会用较高的比特率如 224kb/s 对音质进行压缩；当在极高端时则采用最高 320kb/s 进行压缩。VBR MP3 就是在控制文件大小的情况下，最大限度地提高了 MP3 的音质。

比特率(静态)：CBR(Constants Bit Rate，固定码率)就是静态(恒定)比特率，CBR 是一种固定采样率的压缩方式。优点是压缩快，能被大多数软件和设备支持；缺点是占用空间相对大，效果不十分理想，现已逐步被 VBR 的方式取代。

1B = 8b

1KB = 1024B

1MB = 1024KB

1GB = 1024MB

注意：*在计算存储介质大小时，需要用 2 的 n 次方来换算*($1KB=2^{10}B$)。

bps：即 bits per second，常用于表示数据机及网络通信的传输速率。

百兆传输，其实实际传输文件大小只有 10MB=100Mb。

注意：在计算传输速率时，直接用 1000 来换算(1Mb=1000kb=1 000 000b)。

Bps：即 Bytes per second，计算机一般都以 Bps 显示速度，但有时会与传输速率混淆，例如 ADSL 宣称的带宽为 1Mbps，但在实际应用中，下载速度没有 1MB，只有 1Mbps/8=128kBps 也就是说与传输速度有关的 b 一般指的是 bit，与容量有关的 B 一般指的是 Byte。

3.2 模拟与数字

1. 模拟信号

定义：指信息参数在给定范围内表现为连续的信号。或在一段连续的时间间隔内，其代表信息的特征量可以在任意瞬间呈现为任意数值的信号。

特性：主要是与离散的数字信号相对的连续的信号。模拟信号分布于自然界的各个角落，如每天温度的变化，而数字信号是人为抽象出来的在时间上不连续的信号。模拟信号是指用连续变化的物理量表示的信息，其信号的幅度，或频率，或相位随时间做连续变化，如目前广播的声音信号或图像信号等。

优势：主要优点是其精确的分辨率，在理想情况下，它具有无穷大的分辨率。与数字信号相比，模拟信号的信息密度更高。由于不存在量化误差，它可以对自然界物理量的真实值进行尽可能逼近的描述。另一个优点是，当达到相同的效果时，模拟信号处理比数字信号处理更简单。模拟信号的处理可以直接通过模拟电路组件（例如运算放大器等）实现，而数字信号处理往往涉及复杂的算法，甚至需要专门的数字信号处理器。

劣势：主要缺点是它总是受到杂讯（信号中不希望得到的随机变化值）的影响。信号被多次复制，或进行长距离传输之后，这些随机噪声的影响可能会变得十分显著。

噪声效应会使信号产生有损。有损后的模拟信号几乎不可能再次被还原，因为对所需信号的放大会同时对噪声信号进行放大。如果噪声频率与所需信号的频率差距较大，可以通过引入电子滤波器，过滤掉特定频率的噪声，但是这一方案只能尽可能地降低噪声的影响。因此，在噪声的作用下，虽然模拟信号理论上具有无穷分辨率，但并不一定比数字信号更加精确。

2. 数字信号

定义：指自变量是离散的、因变量也是离散的信号，这种信号的自变量用整数表示，因变量用有限数字中的一个数字来表示。

特性：数字通信的信号形式和计算机所用信号一致，都是二进制代码，因此便于与计算机联网，也便于用计算机对数字信号进行存储、处理和交换，可使通信网的管理、维护实现自动化、智能化。

数字通信采用时分多路复用，不需要体积较大的滤波器。设备中大部分电路是数字电路，可用大规模和超大规模集成电路实现，因此体积小、功耗低。

采用数字传输方式，可以通过程控数字交换设备进行数字交换，以实现传输和交换的综合。另外，电话业务和各种非话业务都可以实现数字化，构成综合业务数字网。

优势：便于加密处理便于存储；处理和交换设备便于集成化；微型便于构成综合数字网和综合业务数字网；抗干扰能力强；无噪声积累。

数字音频相比传统的模拟音频技术，其优势是非常明显的。数字音频技术具备数字信号的特点，相比模拟音频技术而言，在存储、处理、传输和复制方面都有明显的优势。

(1) 便于存储：在音频存储方面，模拟音频采用传统的方法存储在磁带或唱片介质中。磁带或唱片等介质对环境温度和湿度等条件有严格的要求，长期受温度和湿度等的影响易损坏，造成音频质量下降甚至音频信息的丢失。例如磁带，长时间存放容易产生磁带间的粘连而影响音频质量。一盘磁带经过多次播放，由于磁带和磁头间的机械摩擦导致磁带上的部分磁粉脱落，也能造成音频质量的下降。因此，磁带听久了，其音质就比不上新磁带。而数字音频将声音保存在光存储介质或磁存储介质中，对环境的要求相对来说就要低很多，可以长期保存而不损坏，一张 DVD 光盘可记录数小时的高质量声音，一块大容量硬盘甚至可以记录长达好几天的声音。

(2) 方便后期处理：在音频处理方面，模拟音频技术记录下的声音很难进行复杂的二次加工，所以音乐的录制一般都需要一次完成，后期很难对音乐中的错误进行修正。数字音频所提供的声音处理方法，可对诸如歌手唱错的歌词、唱跑调的音高或唱错节奏的乐段等一切错误进行天衣无缝的修整。

(3) 传输和复制实现无失真：在声音压缩方面，模拟音频技术在尽量不损失音质的情况下，最多可以实现 1∶2 的压缩比率，也就是相同长度的一段磁带，记录比原来多一倍的声音信号。而数字音频在这方面是绝对的领先者，拿大家熟悉的 MP3 来说，在尽量不损失音质的前提下，压缩比率高达 1∶13，随后出现的 WMA、MP3 Pro 和 OGG 等音频压缩格式的压缩比率甚至更高。出色的数字音频压缩技术使得音乐能够快速地在因特网上传播。

劣势：占用信道频带较宽。

3.3 模数转换

我们听到的声音音频是模拟信号，而声音在信号的传输当中需要进行模拟信号和数字信号的相互转换，在发送设备把模拟信号转换为数字信号即 A-D 转换，在接收设备需要进行 D-A 转换，如图 3-1 所示。

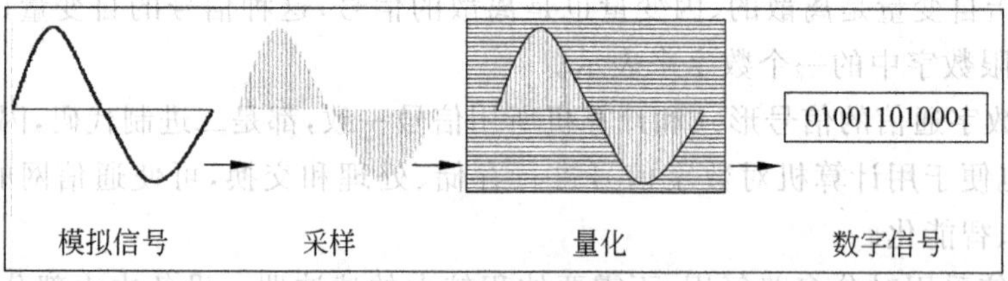

图 3-1 模数转换过程

采样与量化是一个音频数字化系统中的两个基本要素。

使用时间采样和幅度量化，把无限可变的模拟波形及时编码成时间上的各个幅度值。

3.3.1 采样

1. 定义

采样是将时间上、幅值上都连续的模拟信号，在采样脉冲的作用，转换成时间上离散(时间上有固定间隔)、但幅值上仍连续的离散模拟信号，所以采样又称为波形的离散化过程。

2. 采样定理

美国工程师哈里·奈奎斯特是大多数音频工程师公认的采样定理的创始人，该定理奠定了现代数字音频规则的基础。

奈奎斯特采样定理：

在进行模拟/数字信号的转换过程中，当采样频率 fs. max 大于信号中最高频率 fmax 的二倍时(fs. max>2fmax)，采样之后的数字信号完整地保留了原始信号中的信息，一般实际应用中保证采样频率为信号最高频率的 2.56～4 倍。

采样定理指出，一个带宽受限的连续信号可以用一个离散的采样点序列替代，这种替代不会丢失任何信息。采样定理也描述了如何用这些采样点重建出原始的连续信号。

此外，采样定理还明确指出，采样频率必须至少为信号最高频率的二倍。

使用离散时间采样可以对一个带宽受限信号进行采样和重建，并且不会由于采样过程而带来任何信息的丢失，如图 3-2 所示。

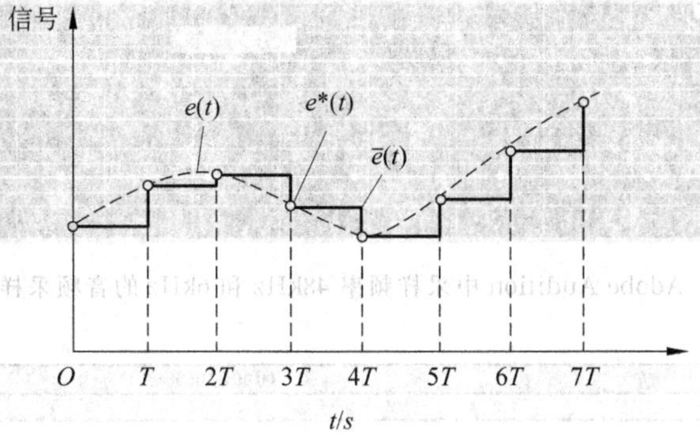

图 3-2 采样

采样频率：也称为采样速度或者采样率，定义了每秒从连续信号中提取并组成离散信号的采样个数，它用赫兹(Hz)来表示。采样频率的倒数是采样周期或者叫作采样时间，它是采样之间的时间间隔。通俗地讲采样频率是指计算机每秒钟采集多少个声音样本，是描述声音文件的音质、音调，衡量声卡、声音文件的质量标准。

采样速率(周期)：采样频率的倒数，决定了每个采样点之间的时间间隔。

采样频率越高(采样速度越大)，即采样密度越大，采样点越多。AU 软件中，在初始创建音轨文件时可进行设置，对同一段音频放大后可直观观察。如图 3-3 所示为在 AU 中，采样频率 48kHz 和 6kHz 的音频采样点对比。

数字化系统采样频率决定了该系统的高频上限。所以，对采样频率的选择是数字化系统最重要的设计准则之一，它决定了该系统的音频带宽。

如果采样频率不够大，数字化的音频波形就与原始声波的形状相差很远，音质就会与原来不同。一个频率响应为 0～24kHz 的音频信号在理论上需要一个 48kHz 的采样频率才能正确地进行采样，如图 3-4 所示。

当然，一个系统可以根据需要使用任意的采样频率。若是高于奈奎斯特频率可以使用低通滤波器来移除那些高于半采样频率界限的频率。

音频信号的频率上限可以根据需要向上扩展，只要使用合适的采样频率即可。例如，根据具体的应用情况，所用的采样频率可以为 8～192kHz。当然，需要在数字电路运行速度与存储或传输媒体的容量之间做出折中。更高的采样频率需要电路以更快的速度运行，也需要传输更大数量的数据，两者最终都归结为经济问题。

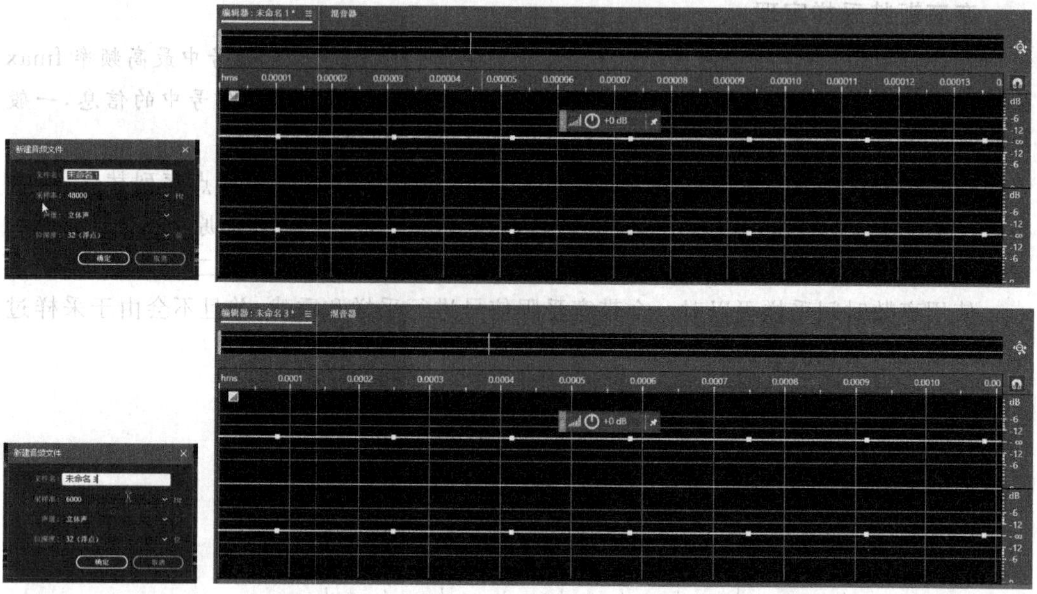

图 3-3　Adobe Audition 中采样频率 48kHz 和 6kHz 的音频采样点对比

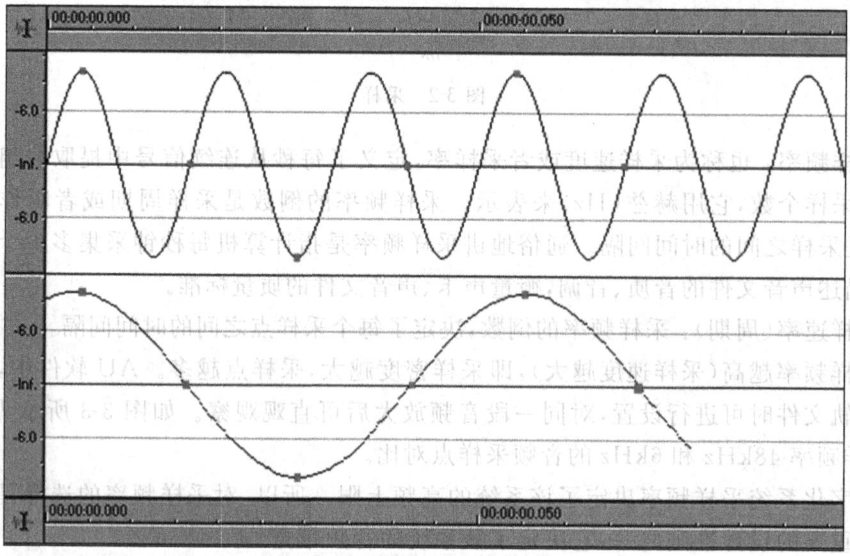

图 3-4　采样频率与声音质量

例如，制造商根据 CD 光盘的尺寸、播放时间以及这种媒体的成本选择了 44.1kHz 作为 CD 光盘使用的采样频率。另一方面，DVD-音频和蓝光光盘则能使用高至 192kHz 的采样频率。

拓展了解：常用的采样频率

8000Hz——电话所用采样率，对人的说话已经足够。

11 025Hz——电话音质，能分辨出通话人的声音。

22 050Hz——无线电广播所用采样率。

32 000Hz——miniDV 数码视频 Camcorder、DAT(LP mode)所用采样率。

44 100Hz——音频 CD，也常用于 MPEG-1 音频(VCD，SVCD，MP3)所用采样率。

47 250Hz——Nippon Columbia(Denon)开发的世界上第一个商用 PCM 录音机所用采样率。

48 000Hz——miniDV、数字电视、DVD、DAT、电影和专业音频所用的数字声音所用采样率。

50 000Hz——20 世纪 70 年代后期出现的 3M 和 Soundstream 开发的第一款商用数字录音机所用采样率。

50 400Hz——三菱 X-80 数字录音机所用采样率。

96 000 或者 192 000Hz——DVD-Audio、一些 LPCM DVD 音轨、BD-ROM(蓝光盘)音轨和 HD-DVD(高清晰度 DVD)音轨所用采样率。

2. 8224MHz——SACD、索尼和飞利浦联合开发的称为 Direct Stream Digital 的 1 位 sigma-delta modulation 过程所用采样率。

3.3.2 量化

如图 3-5 所示，对某时刻的信号波形进行采样，只有同时记录时间和幅度，才能还原信号波形。对一个随时间不断变化的事件进行测量时，只有把测量的时刻与测得的数值同时记录下来，这个测量才是有意义的。

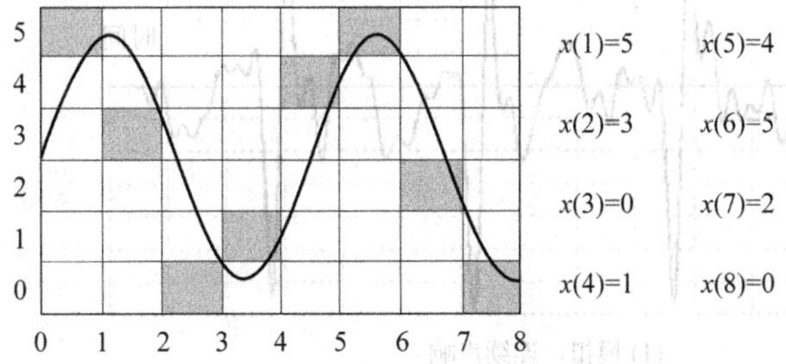

图 3-5 某时刻的信号波形

采样表示了对时间的测量，而量化则表示了测量所得的数在音频的情形中，就是波形位于采样时刻的幅度。

1. 定义

在数字信号处理领域，量化指将信号的连续取值(或者大量可能的离散取值)近似为有限多个(或较少的)离散值的过程。

为了实现以数字码表示样值，必须采用“四舍五入”的方法把样值分级“取整”，使一定取值范围内的样值由无限多个值变为有限个值，这一过程称为量化，如图 3-6 所示。

量化后的采样信号与量化前的采样信号相比较，当然有所失真，且不再是模拟信号。这种量化失真在接收端还原模拟信号时表现为噪声，并称为量化噪声。量化噪声的大小取决于把样值分级“取整”的方式，分的级数越多，即量化级差或间隔越小，量化噪声也越小。

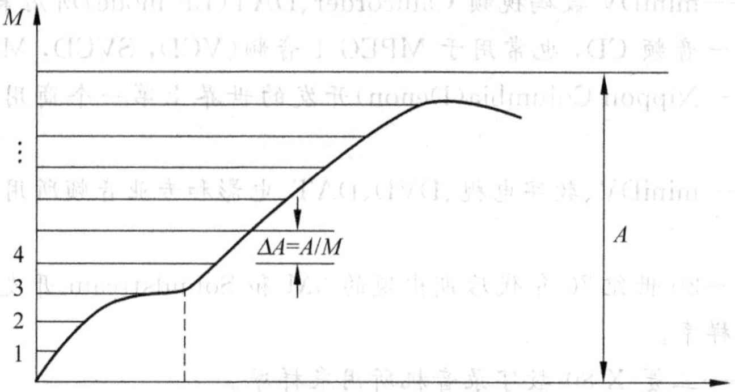

图 3-6 量化等级的划分

模拟波形上数量无限的幅度点必须用有限数量的量化级量化，这就产生了误差。从理论上说，对限带信号进行采样是一个无损过程，但在采样时刻选择幅度值却肯定不是无损过程。不管如何选择尺度或编码，数字化永远也不能对一个连续的模拟函数进行完美编码。一个模拟波形具有无限数量的幅度值，但一个量化器只有有限数量的幅度间隔。位于两个间隔之间的模拟数值只能用分配给该间隔的单一数字表示。因此被量化的数值仅仅是对真实值的一个近似。

如图 3-7 所示是声音模拟信号的采样与振幅量化。

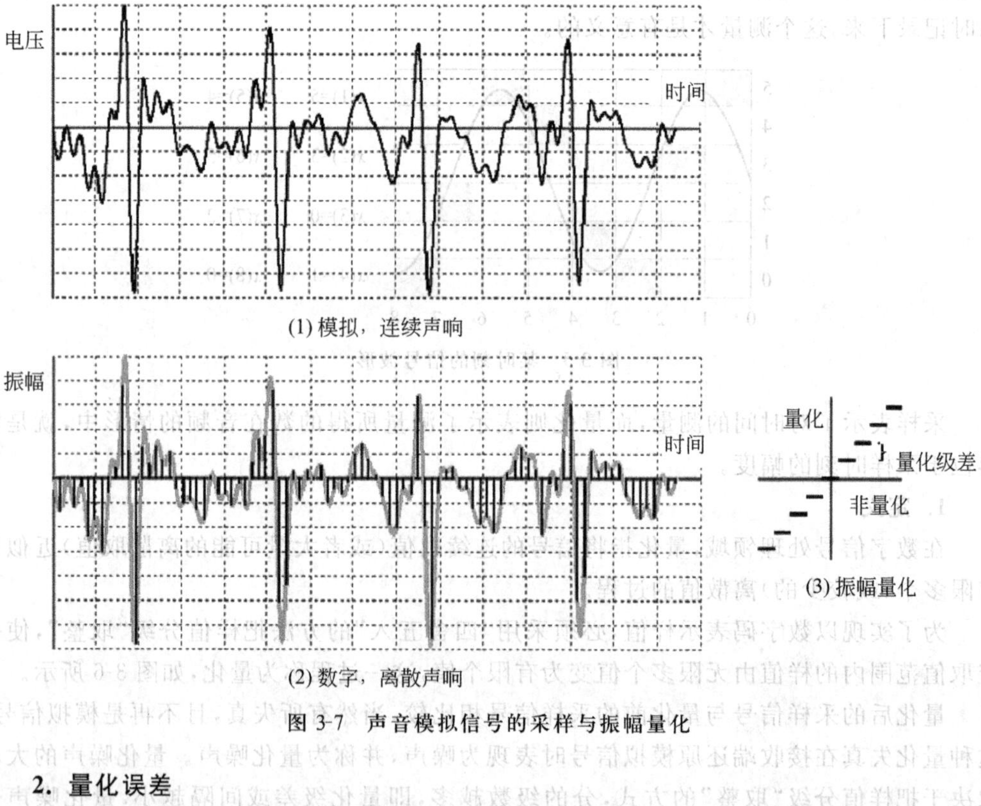

图 3-7 声音模拟信号的采样与振幅量化

2. 量化误差

量化误差是位于采样时刻的真实模拟值与所选的量化分度值之间的差，如图 3-8 所示。

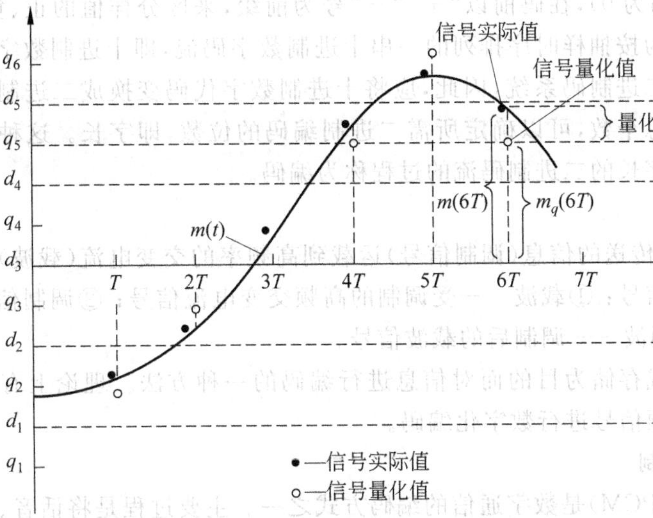

图 3-8 信号实际值和量化值间的量化误差

量化误差的大小与输入信号的幅度是无关的，但与量化间隔的大小是相关的。间隔的数量越大，失真越低。

量化是对模拟音频事件进行测量以形成一个数量值的方法。数字系统使用的是二进制。取值的数量取决于二进制数据字的长度，即量化位数。

采样频率和量化位数是常用于表示声卡性能的两个参数。量化位数是对模拟音频信号的幅度轴进行数字化，它决定了模拟信号数字化以后的动态范围。字长决定了可用量化间隔的数量，这个数量可以通过把字长作为指数来计算出相应的 2 的幂次而得到。换句话说，一个 nb 的字将产生 2^n 个量化级。例如，16b 就是指把波形的振幅划为 2^{16} 即 65 536 个等级。

和采样频率一样，比特率越高，越能细致地反映声音的轻响变化。例如，20b 就可以产生 1 048 576 个等级，表现交响乐这类动态十分大的音乐已经没有什么问题了。

大多数制造商都赞同 16～20b 能提供足够的表示精度。不过，这并不排除使用更长的数据字长或是其他的信号处理来优化量化。例如，DVD 和蓝光格式就可以采用 24b 的字长。

每增加一个比特就会使信号误差比提升大约 6dB，即提升一倍，因此也就降低了量化误差。例如，理想情况下 15b 量化将产生大约 92dB 的信号误差比，而 16b 量化则提高到 98dB。

3.3.3 编码

1. 编码

量化后的抽样信号在一定的取值范围内仅有有限个可取的样值，且信号正、负幅度分布的对称性使正、负样值的个数相等，正、负向的量化级对称分布。若将有限个量化样值的绝对值从小到大依次排列，并对应地依次赋予一个十进制数字代码(例如，赋予样值

0 的十进制数字代码为 0)，在码前以“+”“−”号为前缀，来区分样值的正、负，则量化后的抽样信号就转化为按抽样时序排列的一串十进制数字码流，即十进制数字信号。简单高效的数据系统是二进制码系统，因此，应将十进制数字代码变换成二进制编码。根据十进制数字代码的总个数，可以确定所需二进制编码的位数，即字长。这种把量化的抽样信号变换成给定字长的二进制码流的过程称为编码。

2. 调制

在发送端，将要传送的信息(调制信号)运载到高频率的交变电流(载波)上的过程即是调制。涉及三种信号：①载波——受调制的高频交变电流信号；②调制信号——调制载波的信号；③已调波——调制后的载波信号。

调制是以传输或存储为目的而对信息进行编码的一种方法。理论上有很多种调制方法可以用于对音频信号进行数字化编码。

3. 脉冲编码调制

脉冲编码调制(PCM)是数字通信的编码方式之一。主要过程是将话音、图像等模拟信号每隔一定时间进行取样，使其离散化，同时将抽样值按分层单位四舍五入取整量化，同时将抽样值按一组二进制码来表示抽样脉冲的幅值，如图 3-9 所示。

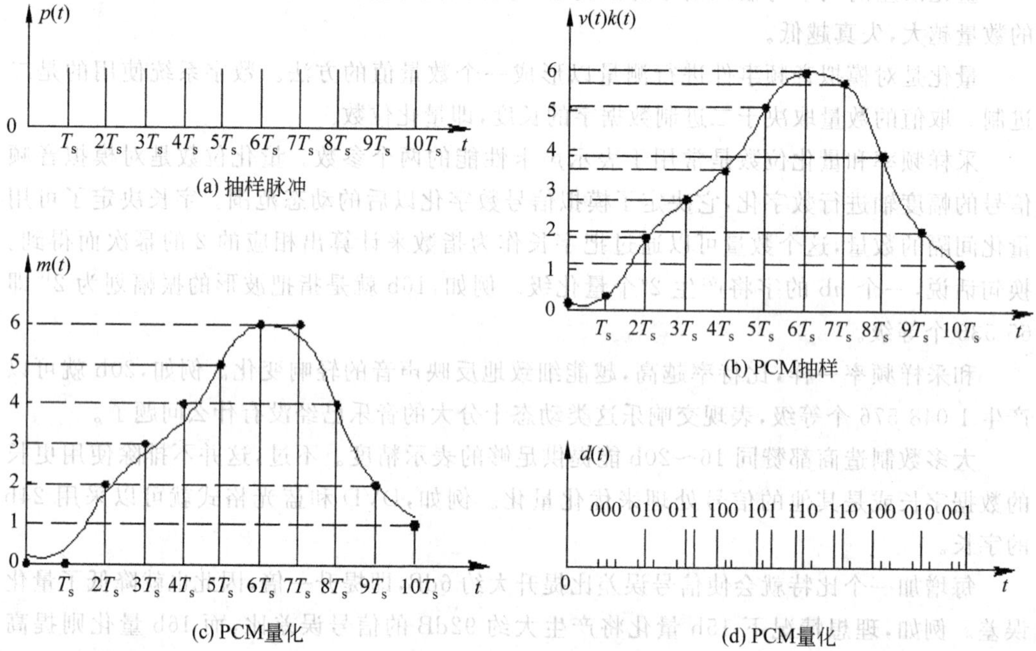

(a) 抽样脉冲　(b) PCM抽样　(c) PCM量化　(d) PCM量化

图 3-9　脉冲编码调制

PCM 通过抽样、量化、编码三个步骤将连续变化的模拟信号转换为数字编码。

在计算机应用中，能够达到最高保真水平的就是 PCM 编码，被广泛用于素材保存及音乐欣赏，CD、DVD 以及我们常见的 WAV 文件中均有应用。因此，PCM 约定俗成地成为无损编码，因为 PCM 代表了数字音频中最佳的保真水准，但实际上并不意味着 PCM 就能够确保信号绝对保真，PCM 也只能做到最大程度的无限接近。

我们习惯性地把 MP3 列入有损音频编码范畴，是相对 PCM 编码的。强调编码的相对性的有损和无损，是为了告诉大家，要做到真正的无损是困难的，就像用数字去表达圆周率，不管精度多高，也只是无限接近，而不是真正等于圆周率的值。

PCM编码的最大的优点就是音质好，最大的缺点就是体积大。

1）原理

脉冲编码调制就是把一个时间连续，取值连续的模拟信号变换成时间离散，取值离散的数字信号后在信道中传输。脉冲编码调制就是对模拟信号先抽样，再对样值幅度量化、编码的过程。

抽样，就是对模拟信号进行周期性扫描，把时间上连续的信号变成时间上离散的信号。该模拟信号经过抽样后还应当包含原信号中所有信息，也就是说能无失真地恢复原模拟信号。它的抽样速率的下限是由抽样定理确定的。抽样速率采用8kb/s。

量化，就是把经过抽样得到的瞬时值将其幅度离散，即用一组规定的电平，把瞬时抽样值用最接近的电平值来表示。一个模拟信号经过抽样量化后，得到已量化的脉冲幅度调制信号，它仅为有限个数值。

编码，就是用一组二进制码组来表示每一个有固定电平的量化值。然而，实际上量化是在编码过程中同时脉冲编码调制工作原理完成的，故编码过程也称为模/数变换，可记作A/D。

话音信号先经防混叠低通滤波器，进行脉冲抽样，变成8kHz重复频率的抽样信号（即离散的脉冲调幅PAM信号），然后将幅度连续的PAM信号用“四舍五入”办法量化为有限个幅度取值的信号，再经编码后转换成二进制码。对于电话，CCITT规定抽样率为8kHz，每抽样值编8位码，即共有$2^8=256$个量化值，因而每话路PCM编码后的标准数码率是64kb/s。为解决均匀量化时小信号量化误差大，音质差的问题，在实际中采用不均匀选取量化间隔的非线性量化方法，即量化特性在小信号时分层密，量化间隔小，而在大信号时分层疏，量化间隔大。

2）信道比特率

一个以48kHz频率采样、16b字长量化的音频信号包含48kHz×16b，或768kb/s。在加上了同步、错误纠正和调制等系统开销数据后，一个单声道音频通道的信道比特速率可能会达到1Mb/s。显然，除非降低比特率，否则数字音频录音和传输需要相当可观的数据吞吐能力。

3）码流/比特率

要算一个PCM音频流的码率是一件很轻松的事情，即采样率值×采样大小值×声道数(b/s)。一个采样率为44.1kHz，采样大小为16b，双声道的PCM编码的WAV文件，它的数据速率则为44.1k×16×2=1411.2kb/s。我们常说128k的MP3，对应的WAV的参数，就是这个1411.2kb/s。这个参数也被称为数据带宽。将码率除以8，就可以得到这个WAV的数据速率，即176.4KB/s。这表示存储一秒钟采样率为44.1kHz，采样大小为16b，双声道的PCM编码的音频信号，需要176.4KB的空间，一分钟则约为10.34MB，这对大部分用户是不可接受的，尤其是喜欢在计算机上听音乐的朋友。

要降低磁盘占用，只有两种方法，降低采样指标或者压缩。降低指标是不可取的，因此专家们研发了各种压缩方案。由于用途和针对的目标市场不一样，各种音频压缩编码所达到的音质和压缩比都不一样。

传统立体声 PCM 录音机的编码部分包括输入放大器、抖动发生器、输入低通滤波器、采样保持电路、模拟-数字转换、多路复接器、数字处理(错误纠正)和调制电路,以及一个存储媒体(光盘或硬盘)。

4) 抖动放大器

抖动是为了移除量化所产生的人为造声而加入到输入音频信号中的一个噪声信号。

抖动会导致音频信号在相邻的各量化级之间不断变化。这种动作解除了量化误差与信号之间的相关性,移除了误差所产生的种种影响,并能对低于一个量化增量大小的信号幅度进行编码。

不过,虽然抖动减少了失真,但它为音频信号加入了噪声,从听感上,抖动是有益的,因为相比失真来说,人耳更容易容忍噪声。

5) 低通滤波器

为了确保遵守奈奎斯特定理,数字音频系统必须对音频输入信号进行带宽限制,消除高于奈奎斯特频率的高频内容。

6) 采样保持电路

能完成两个简单但关键的操作:对模拟波形进行时间采样,把采样点的模拟数值保持下来。

7) 模数转换器

通常是指一个将模拟信号转变为数字信号的电子元件。

8) 多路复接

多路复接用来形成一个串行比特流。A/D 转换器的输出可以是并行数据。例如,两个 16b 数据字可以被同时输出。数据复接器把这种并行数据转换成串行数据。多路复接电路接收的是并行数据字,输出时则是串行地每个时刻输出 1b,从而形成一个连续的数据流。

9) 还音过程

在一个线性脉冲编码调制(PCM)系统中,还音电路的功能很大程度上就是对录音过程的反向操作。还音的各项功能包括时基校正、解调制、解复接、错误纠正、数字-模拟转换、输出采样保持电路以及输出低通滤波。

3.4 编解码器

3.4.1 音频压缩编码的基本原理

原理:音频压缩技术指的是对原始数字音频信号流(PCM 编码)运用适当的数字信号处理技术,在不损失有用信息量,或所引入损失可忽略的条件下,降低(压缩)其码率,也称为压缩编码。它必须具有相应的逆变换,称为解压缩或解码。音频信号在通过一个编解码系统后可能引入大量的噪声和一定的失真。

时域冗余:直接针对音频 PCM 码流的样值进行处理,通过静音检测、非线性量化、差分等手段对码流进行。特点是算法复杂度低,声音质量一般,编解码延时最短(相对其他技术)。

频域冗余：一个频率的声音能量小于某个阈值之后，人耳就会听不到，这个阈值称为最小可闻阈。当有另外能量较大的声音出现的时候，该声音频率附近的阈值会提高很多，即所谓的掩蔽效应。

听觉冗余：听觉阈是指人耳在音频范围内，能够听到的最弱声音的临界线。听觉阈将随噪声、干扰声等的增大而提高，编码时可将听觉阈以下的部分去掉，达到降低码率的目的。

3.4.2 有损压缩

利用了人类对图像或声波中的某些频率成分不敏感的特性，允许压缩过程中损失一定的信息；虽然不能完全恢复原始数据，但是所损失的部分对理解原始图像的影响缩小，却换来了大得多的压缩比。有损压缩广泛应用于语音、图像和视频数据的压缩。

也称为感觉编码，编码的艺术与技术把人耳的听觉特性和信号处理的工程实现结合在一起。

有损方法的一个优点就是在有些情况下能够获得比任何已知无损方法小得多的文件大小，同时又能满足系统的需要。

利用人耳听觉的心理声学特性(频谱掩蔽性和时间掩蔽性等)以及人耳对信号幅度、频率、时间的有限分辨能力，编码时凡是人耳感觉不到的频率不编码、不传送，即凡是对人耳辨别声音信号的强度、声调、方位没有贡献的部分(称为不相关部分或无关部分)都不编码和传送。对感觉不到的部分进行编码时，允许有较大的量化失真，并使其处于听阈(即人耳所能听到的最低音量)以下，人耳仍然感觉不到。音频的压缩就是利用这些特点来工作的。

MPEG 音频压缩编码：一种高压缩比的音频压缩算法，而音质由于采用多声道和使用低复杂性的描述方式，使其比几乎所有的传统编码方式在同规格的情况下更胜一筹。不过直到 2006 年，使用这一格式储存音频的并不多，可以播放该格式的 MP3 播放器更是少之又少，前所知仅有苹果 iPod，而手机支持 AAC 的相对要多一些，此外计算机上很多音频播放软件都支持 AAC 格式，如苹果 iTunes。

杜比 AC-3 音频压缩算法：原理上是它将每一声道的音频根据人耳听觉特性划分为许多最优的狭窄频段，利用音响心理学“听觉掩蔽效应”，删除人耳所听不到或可忽略的部分，并采用数字信号压缩编码。同时，利用狭窄频段的划分使部分频段噪声在编码时可被几乎全部滤除，使其余噪声的频谱靠近在信号频谱附近，而这些噪声可被信号所抑制。因此杜比 AC-3 系统实际上是一种具选择性及强抑噪的系统。不难理解杜比 AC-3 的特点：以较低的码率支持全音频多声道，并具优良的回放音质和效果。

常见格式如 MP3、JPEG、RM、RMVB、WMA、WMV 等都是有损压缩。

回顾心理声学相关知识

人耳灵敏度：1～5kHz

听觉门限与遮蔽：就是强的声音信号把弱的声音信号覆盖，导致我们无法察觉。而且，当两个声音在时间和频率上很接近时，屏蔽效应就会很强。因此，可以在编码时对被屏蔽的部分不编码、不传送。这样，音质依然没有大的损失，人耳也不易察觉。例如，在夜总会里交谈是痛苦的。

人耳生理机能与临界频带：对于人类的听觉来说，对声音的感知特性并不是以线性频率为尺度来变化的，而是可以用被称为临界频带的一系列有限的频段来表达的。简单地说，把整个频带划分成几段，在这每个频段里，人耳的听觉感知是相同的，即心理声学特性都是一样的。

3.4.3 无损压缩

所谓无损压缩格式，是利用数据的统计冗余进行压缩，可完全恢复原始数据而不引起任何失真，但压缩率是受到数据统计冗余度的理论限制，一般为2∶1～5∶1。这类方法广泛用于文本数据，程序和特殊应用场合的图像数据（如指纹图像，医学图像等）的压缩。

APE：作为一种无损压缩音频格式，通过Monkey's Audio这个软件可以将庞大的WAV音频文件压缩为APE，体积虽然变小了，但音质和原来一样。通过Monkey's Audio解压缩还原以后得到的WAV文件可以做到与压缩前的源文件完全一致。所以APE被誉为"无损音频压缩格式"，Monkey's Audio被誉为"无损音频压缩软件"。

FLAC：无损音频压缩编码。FLAC是一套著名的自由音频压缩编码，其特点是无损压缩。不同于其他有损压缩编码如MP3及AAC，它不会破坏任何原有的音频资讯，所以可以还原音乐光盘音质。

常见的像MP3、WMA等格式都是有损压缩格式。相比于作为源的WAV文件，它们都有相当大程度的信号丢失，这也是它们能达到10%的压缩率的根本原因。

而无损压缩格式，就好比用Zip或RAR这样的压缩软件去压缩音频信号，得到的压缩格式还原成WAV文件，和作为源的WAV文件是一模一样的。但是如果用Zip或RAR来压缩WAV文件，必须将压缩包解压后才能播放。而无损压缩格式则能直接通过播放软件实现实时播放，使用起来和MP3等有损格式一模一样。总而言之，无损压缩格式就是能在不牺牲任何音频信号的前提下，减少WAV文件体积的格式。

我国的音频压缩技术标准：数字音视频编解码技术标准AVS，DRA技术。

AVS：AVS标准是《信息技术先进音视频编码》系列标准的简称，包括系统、视频、音频、数字版权管理等4个主要技术标准和一致性测试等支撑标准。目前音视频产业可以选择的信源编码标准有4个：MPEG-2、MPEG-4、MPEG-4AVC、AVS。从制定者分，前三个标准是由MPEG专家组完成的，第四个是我国自主制定的。从发展阶段分，MPEG-2是"第一代"信源标准，其余三个为"第二代"标准。从主要技术指标——编码效率比较：MPEG-4是MPEG-2的1.4倍，AVS和AVC相当，都是MPEG-2的两倍以上。

DRA：DRA是Digital Rise Audio的缩写。是广州广晟数码技术有限公司（Digital Rise Technology）开发的一项数字音频编码技术，目前是音频编码的国家标准。2007年1月被批准成为中国电子行业标准（标准号SJ/T 11368—2006）。DRA音频标准可应用于数字电视、数字音频广播、数字电影院、激光视盘机、网络流媒体、IPTV及移动多媒体等领域。DRA音频标准同时支持立体声和多声道环绕声的数字音频编解码，它的最大特点是用很低的解码复杂度实现了国际先进水平的压缩效率。

3.4.4 常见编解码器

人们对实现更低的比特率有着强烈的渴望，因为低比特率编码为数字音频和视频开启了如此众多的崭新应用。为了响应这些需求，音频工程师们已经设计出了多种有损和无损编解码器。

一些编解码器使用了处于保密状态的独有设计，另一些编解码器则在各种标准中进行了描述并能提供许可授权，还有其他一些编解码器是开放源代码的。

1. MPEG-1 音频标准

国际标准化组织(International Organization for Standardization，ISO)和国际电工委员会(International Electrotechnical Commission，IEC)于1988年成立了活动图像专家组(Moving Picture Experts Group，MPEG)，旨在为音频和视频开发数据缩减技术。

MPEG工作组已经开发了几种编解码器标准。最先提出的是ISO/IEC国际标准11172“在数字存储媒体上为运动图像及其相伴音频进行高至1.5Mb/s的编码”。该标准于1992年11月最终定案。它通常被称为MPEG-1，是针对高质量音频的感觉编码的第一个国际标准。

MPEG-1标准最初的开发是为了支持在CD的1.41Mb/s带宽下用CD播放音频和视频。不过，音频标准支持了一定范围的比特率，最大的音频比特率被定为1.856Mb/s。一张70分钟的CD光盘传输速率大约在1.4Mb/s。而MPEG-1采用了块方式的运动补偿、离散余弦变换(DCT)、量化等技术，并为1.2Mb/s传输速率进行了优化。MPEG-1随后被Video CD采用作为核心技术。VCD的分辨率只有约352×240，并使用固定的比特率(1.15Mb/s)，因此在播放快速动作的视频时，由于数据量不足，令压缩时宏区块无法全面调整，结果使视频画面出现模糊的方块。因此MPEG-1的输出质量大约和传统录像机VCR相当，这也许是Video CD在发达国家未获成功的原因。MPEG-1音频分为三代，其中最著名的第三代协议被称为MPEG-1 Layer 3，简称MP3，已经成为广泛流传的音频压缩技术。为了互联网上的高质量声音的传播，MPEG-1音频技术在每一代之间，在保留相同的输出质量之外，压缩率都比上一代高。第一代协议MP1被应用在LD(镭射影碟)作为记录数字音频以及飞利浦公司的DGC上；而第二代协议MP2后来被应用于欧洲版的DVD音频层之一。

MPEG-1 audio layer 1。

类型：Audio。

制定者：MPEG。

所需频宽：384kb/s(压缩4倍)。

特性：编码简单，用于数字盒式录音磁带，2声道，VCD中使用的音频压缩方案就是MPEG-1层Ⅰ。

优点：压缩方式相对时域压缩技术而言要复杂得多，同时编码效率、声音质量也大幅提高，编码延时相应增加。可以达到“完全透明”的声音质量(EBU音质标准)。

缺点：频宽要求较高。

应用领域：VoIP。

版税方式：Free。

MPEG-1 具有以下特点：随机访问、灵活的帧率、可变的图像尺寸、定义了 I-帧、P-帧和 B-帧、运动补偿可跨越多个帧、半像素精度的运动矢量、量化矩阵、GOP 结构、slice 结构。

数据结构和压缩模式：MPEG-1 可以按照分层的概念来理解，一个 MPEG-1 视频串行，包含多个 GOP，每个 GOP 包含多个帧，每个帧包含多个 slice。

帧是 MPEG-1 的一个重要基本元素，一个帧就是一个完整的显示图像。帧的种类有以下 4 种。

(1) I-图像/帧（节点编码图像）参考图像，相当于一个固定图像，且独立于其他的图像类型。每个图像组群由此类型的图像开始。编码时独立编码，仅适用帧内编码技术，因而解码时不参考其他帧，类似 JPEG 编码。

(2) P-图像/帧（预测编码图像）包含来自先前的 I 或 P-画格的差异信息。编码时使用运动补偿和运动估计，采用前向估计，参考之前的 I-帧或者 P-帧去预测该 P 格。

(3) B-图像/帧（前后预测编码图像）包含来自先前和/或之后的 I 或 P-画格的差异信息。编码也使用运动补偿和运动估计，预估采用前向估计、后向估计或是双向估计，主要参考前面的或者后面的 I 格或者 P 格。

(4) D-图像/帧（指示编码图像）用于快速进带。仅由 DC 直流分量构造的图像，可在低比特率的时候做浏览用。实际编码中很少使用。

2. MPEG-2 音频标准

MPEG-2 音频标准被设计用于从互联网下载到高清晰度数字电视 HDTV 传输等各种应用。

MPEG-2 音频是在 1994 年 11 月为数字电视而提出来的，其发展分为以下三个阶段。

第一阶段是对 MPEG-1 增加了低采样频率，有 16kHz，22.05kHz，以及 24kHz。

第二阶段是对 MPEG-1 实施了向后兼容的多声道扩展，将其称为 MPEG-2 BC，支持单声道、双声道、多声道等编码，并附加"低频加重"扩展声道，从而达到五声道编码。

第三阶段是向后不兼容，将其称为 MPEG-2 AAC 高级音频编码。AAC 以在低比特率下相对较高的保真度而闻名。比如，大约 64kb/s 每声道。它也能在 320kb/s 或 384kb/s 的总体数据率下提供高质量的 5.1 声道编码。采样频率可以为低至 8kHz，而高至 96kHz 范围内的 1～48 个通道可选的高音质音频编码。

MPEG-2 所能提供的传输率在 3～10Mb/s，其在 NTSC 制式下的分辨率可达 720×486，PAL 制式下分辨率可达 720×576。MPEG-2 也可提供广播级的视像和 CD 级的音质。MPEG-2 的音频编码可提供左右中及两个环绕声道，以及一个加重低音声道，剖析 MPEG-2 视频编码器可多达 7 个伴音声道（DVD 可有 8 种语言配音的原因）。由于 MPEG-2 在设计时的巧妙处理，使得大多数 MPEG-2 解码器也可播放 MPEG-1 格式的数据，如 VCD。

同时，由于 MPEG-2 的出色性能表现，已能适用于 HDTV，使得原打算为 HDTV 设计的 MPEG-3，还没出世就被抛弃了（MPEG-3 要求传输速率在 20Mb/s-40Mb/s 间，但这将使画面有轻度扭曲)。除了作为 DVD 的指定标准外,MPEG-2 还可用于为广播、有线电视网、电缆网络以及卫星直播提供广播级的数字视频。

3. MPEG-4 AAC 编码

随着时间的推移,MP3 越来越不能满足需要了,比如压缩率落后于 OGG、WMA、VQF 等格式,音质也不够理想(尤其是低码率下),仅有两个声道……于是,诺基亚、苹果等公司展开合作,共同开发出了被誉为"21 世纪的数据压缩方式"的 Advanced Audio Coding(AAC)音频格式,以取代 MP3 的位置。其实 AAC 的算法在 1997 年就完成了,当时被称为 MPEG-2 AAC,因为还是把它作为 MPEG-2(MP2)标准的延伸。2000 年,MPEG-4 标准出现后,AAC 重新集成了其特性,加入了 SBR 技术和 PS 技术,为了区别于传统的 MPEG-2 AAC 又称为 MPEG-4 AAC。

AAC+也称为 HE-AAC。HE 意思是 High Efficiency(高效性)。HE-AAC 混合了 AAC 与 SBR 技术。SBR 代表的是 Spectral Band Replication(频段复制)。SBR 的关键是在低码流下提供全带宽的编码而不会产生多余的信号。传统认为音频编码在低码流下意味着减少带宽和降低采样率或产生令人不快的噪声信号。SBR 解决问题的方法是让核心编码去编码低频信号,而 SBR 解码器通过分析低频信号产生高频信号和一些保留在比特流中的指导信号(通常码流极低,2kb/s)。这就是采用无 SBR 解码器的原因,这样带宽(频率响应)会被严重浪费。这也是为什么被叫作 Spectral Band Replication 的原因,它只是增加音频的带宽,而非重建。

HE-AAC+PS(即 AAC+SBR+PS)。PS=Parametric Stereo,PS 技术就是从立体声音轨里提取出能够表征立体声信息的一系列参数,并把这些参数记录在压缩后的码流内,然后编码器使用一个单声道音轨来表征原立体声音轨,并对这个单声道音轨进行编码,在编码时使用 AAC+SBR。解码器在解码的时候,利用这个单声道音轨以及记录在码流里的立体声信息参数就能还原出原始的立体声音轨,从而进一步提高了编码效率(压缩比)。这类视频在播放的时候虽然显示是单声道,因为确实只记录了一个单声道的信息,但是回放出来却一定是立体声,因为单声道码流里包含立体声参数。

AAC 所采用的运算法则与 MP3 的运算法则有所不同,AAC 通过结合其他的功能来提高编码效率。AAC 的音频算法在压缩能力上远远超过了以前的一些压缩算法(比如 MP3 等)。它还同时支持多达 48 个音轨、15 个低频音轨、更多种采样率和比特率、多种语言的兼容能力、更高的解码效率。号称"最大能容纳 48 通道的音轨,采样率达 96kHz,并且在 320kb/s 的数据速率下能为 5.1 声道音乐节目提供相当于 ITU-R 广播的品质"。AAC 可以在比 MP3 文件节省大约 30%的储存空间与带宽的前提下提供更好的音质。

1) 压缩算法

作为一种高压缩比的音频压缩算法,AAC 通常压缩比为 18∶1,也有资料说为 20∶1,远胜 MP3,而音质由于采用多声道,以及使用低复杂性的描述方式,使其比几乎所有的传统编码方式在同规格的情况下更胜一筹。不过直到 2006 年,使用这一格式储存音频的并不多,可以播放该格式的 MP3 播放器更是少之又少,前所知仅有苹果 iPod,而手机支持 AAC 的相对要多一些,此外,计算机上很多音频播放软件都支持 AAC 格式,如苹果 iTunes。

2）运算法则

但是在空间上和结构上 AAC 和 MP3 编码出来后的风格不太一样，喜欢与否属于仁者见仁智者见智的事情。

ACC 与 MP3 编码对比如表 3-1 所示。

表 3-1　ACC 与 MP3 编码对比

	AAC	MP3
比特率	512kb/s(双声道)	32～320kb/s
采样频率	96kHz	48kHz
声道数	5.1	2
采样精度	32b	16b

因为 AAC 是一个大家族，共分为 9 种规格，以适应不同场合的需要，也正是由于 AAC 的规格繁多，导致普通计算机用户感觉十分困扰。

MPEG-4 AAC LC(Low Complexity)是最常用的规格，叫“低复杂度规格”，简称 LC-AAC，这种规格在中等码率的编码效率以及音质方面，都能找到平衡点。现在的手机比较常见的 MP4 文件中的音频部分就包括该规格音频文件。

ACC 的优点是相对于 MP3，AAC 格式的音质更佳，文件更小；不足之处是 AAC 属于有损压缩的格式，与时下流行的 APE、FLAC 等无损格式相比音质存在“本质上”的差距。加之，传输速度更快的 USB 3.0 和 16GB 以上大容量 MP3 正在加速普及，也使得 AAC 头上“小巧”的光环不复存在了。

总的来讲，AAC 可以说是极为全面的编码方式，一方面，多声道和高采样率的特点使得它非常适合未来的 DVD-Audio；另一方面，低码率下的高音质则使它也适合移动通信、网络电话、在线广播等领域，真是全能的编码方式。

4. ATRAC 编解码器

有专利权的 ATRAC(Adaptive Transform Acoustic Coding，自适应变换声学编码)算法是一种有损压缩格式，是一项基于听觉心理学领域的研究和不损伤可闻声质量的数码音频译码压缩技术。它的主要任务是：①把 16 位、44.1kHz 的立体声音频进行压缩；②使硬件执行简单便宜，适合便携的播放和录制使用。

1992 年，索尼公司终于推出新一代便携式录放机——也就是人们今天所使用的 MD 随身听，而在 MD 中使用的压缩算法就是 ATRAC。因为 MD 使用了 ATRAC 压缩技术，大大节省了空间，所以 CD 的碟片要 120mm 大小，而 MD 只需 64mm 就可以录下 74min 的音乐。

音乐 MiniDisc 所采用的 ATRAC1 规格，分为立体声(292kb/s)及单声道(146kb/s)两种格式。初代 MiniDisc 录放音机所使用的 ATRAC1 芯片称为 ATRAC Version 1。由于早期 MiniDisc 读写错误率较高，故在碟片上写入两份同样的资料作为备份；ATRAC Version 1 实际上只用了规格一半的流量来记录音乐，因而音质不佳、充满噪声。因为这件事情使得大众对于 ATRAC 的音质有所成见，对于 ATRAC 的普及化推广具有颇大的影响，并使其在众家解码器之中变得恶名昭彰。但 Sony、Sharp 等制造商仍不断各自改进ATRAC1芯片版本与编码技术，至今各家编码音质均相当优异，一般人已不易分辨ATRAC1与PCM之间的差异。

ATRAC格式同时也被Sony Cinema Products Corporation所开发的剧院音响系统SDDS(Sony Dynamic Digital Sound)所采用。SDDS可收录5.1或7.1声道，合计最大流量达1280kb/s，比起定位相同的杜比数位(Dolby Digital)与数位剧院系统(DTS)音质要好。但由于混音设备昂贵，因此SDDS并不如其他5.1声道规格来得普及。

Sony公司研发ATRAC初版(为避免混淆，称作ATRAC1)后，又接续开发了相关的有损压缩技术ATRAC2、ATRAC3、ATRAC3plus，以及无损的ATRAC Advanced Lossless。事实上，这5种压缩技术除了名称类似外，彼此之间并不尽相同。Sony公司于2005年秋季将这些技术名词总称为ATRAC。

ATRAC1，通常记作ATRAC。为减轻运算处理负担，ATRAC1编码时先使用两次正交镜像滤波器QMF(Quadrature Mirror Filters)，将输入的音讯分割为三个子频带：第一次分离出高频(11.025～22.05kHz)，第二次分离剩余的中低频(0～5.5125kHz、5.5125～11.025kHz)。子频带再用MDCT(Modified Discrete Cosine Transform，变址离散余弦变换)切割分块，并依据人耳对音频的敏感度而调整资料块的分配量，也是所谓的自适应。压缩时，ATRAC根据听觉心理学，忽略人耳听觉极限之外的音讯，以及被大音量屏蔽的细小声音，以达到资料压缩的目的。ATRAC1没有明定如何流量分配等细节，便于日后微调改善音质。

ATRAC1被局限在MD机领域中使用，而且正当MD不断发展的同时，另一音频格式——MP3异军突起。MP3压缩算法全称MPEG(Movie Picture Experts Group)1 Layer 3，其压缩比是1∶12，比ATRAC算法更高，采样自由度更高，可由用户自行从32～320kb/s选择，而因为ATRAC算法是固定采样率的，因此MP3算法可选择较低的采样从而节省存储空间，比较常用的就是128kb/s的采样率，所占有的数据空间只有ATRAC算法的一半，而且音质相对还可以应付，因此用户为了以音质换取存储空间从而选择MP3，这使得靠互联网起家的MP3格式大有赶超MD之势，尤其是韩国世韩公司成功推出第一台MP3随身听后，各种MP3随身听的产品如雨后春笋一样横扫随身听市场。作为电子巨人的索尼公司当然不能坐视不理，这就引出了ATRAC3算法。

ATRAC3算法采样率分别采用132kb/s、66kb/s两种，可以比原先的ATRAC算法提供2倍甚至4倍的存储容量，虽然高频部分与ATRAC略有差别，但音质基本能保持ATRAC的水准。

可惜的是市场不是索尼公司一厢情愿的事，首次使用ATRAC3算法的NETWORK WALKMAN推出后反应平平，其中原因除了价格比MD随身听昂贵之外，完善的版权保护系统对于习惯了使用能“自由”传播的MP3用户而言，似乎不能一下子接受这样的限制。

5. AC3(Dolby Digital)编解码器

1994年，日本先锋公司宣布与美国杜比实验室合作研制成功一种崭新的环绕声制式，并命名为“杜比AC-3”(Dolby Surround Audio Coding-3)。1997年年初，杜比实验室正式将“杜比AC-3环绕声”改为“杜比数码环绕声”(Dolby Surround Digital)，我们常称为Dolby Digital。

杜比 AC-3 提供的环绕声系统由 5 个全频域声道和 1 个超低音声道组成，被称为 5.1 声道。5 个声道包括左前、中央、右前、左后、右后。低音声道主要提供一些额外的低音信息，使一些场景，如爆炸、撞击等声音效果更好。前置的左、右音响，中置音响产生极有深度感和定位明确的音场，用两个后置或侧置的环绕音响和超低音响表现宽广壮阔的音场，而 6 个声道的信息在制作和还原过程中全部数字化，信息损失很少。全频段的细节十分丰富，具有真正的立体声。

杜比数码是一种高级音频压缩技术，它最多可以对 6 个比特率最高为 448kb/s 的单独声道进行编码。

杜比数字 AC-3 是根据感觉来开发的编码系统多声道环绕声。它将每一种声音的频率根据人耳的听觉特性区分为许多窄小频段，在编码过程中再根据音响心理学的原理进行分析，保留有效的音频，删除多余的信号和各种噪声频率，使重现的声音更加纯净，分离度极高。

杜比数字 AC-3 具有很好的兼容性，它除了可执行自身的解码外，还可以为杜比定向逻辑解码服务。因此，已生产的杜比定向逻辑影视软件都可以使用杜比数字 AC-3 系统重现。由于杜比数字 AC-3 系统的编码非常灵活，所以它的格式很多。它已被美国采用作为高清晰电视(HDTV)音频系统，最新 DVD 机也包含杜比数字 AC-3。因此杜比 AC-3 环绕声系统可能是极有发展前途的技术。

杜比数字编解码器在 DTV、DBS、DVD-视频和蓝光等各种应用中被广泛用于传送多声道音频，如表 3-2 所示。

表 3-2　杜比数字编辑码器应用

Codec	HD(高清)DVD			Blu-ray			DVD			DVD-Audio		
	相关播放器支持能力	声道(最多可支持)	最高码率	相关播放器支持能力	声道(最多可支持)	最高码率	相关播放器支持能力	声道(最多可支持)	最高码率	相关播放器支持能力	声道(最多可支持)	最高码率
Dolby Digital	强制使用	5.1	504 kb/s	强制使用	5.1	640 kb/s	强制使用	5.1	448 kb/s	指定播放器	5.1	448 kb/s
Dolby Digital Plus		7.1	3 Mb/s	选择性支持	7.1	1.7 Mb/s	N/A					
Dolby TrueHD		8	18 Mb/s		8	18 Mb/s						

6. DTS

数字影院系统编解码器(Digital Theater Systems，DTS)，也被称为相干声学，用于为多种配置的多声道音频进行编码。

数字影院系统由 DTS 公司(DTS Inc.，NASDAQ：DTSI)开发，为多声道音频格式中的一种，广泛应用于 DVD 音效上。其最普遍的格式为 5.1 声道。

DTS 公司的初期创办者之一是电影导演史提芬史匹堡，他在公司成立之前，感到当时的戏院音响系统已经水平不再，并认为在音响质量是最重要的大前提下已不再理想。

DTS 音响格式于 1991 年研发，比另一主流格式杜比数字晚 4 年面世。DTS 的最普遍及基本的声道配置为 5.1 声道，和杜比数字的配置相近，都是把 5 条主要(全局)声道和一条低频声道编码。DTS 采用声音的相关性高效地压缩数据，使采样率在 24b 下达到 192kHz。与 CD 相比，CD 采用线性 PCM 编码，在 16b 下采样率仅为 44.1kHz。DTS 的面世电影为斯皮尔伯格 1993 年的作品《侏罗纪公园》，相比起杜比数码在一年后以《蝙蝠侠归来》面世。

除了标准 DTS 5.1 编码外，DTS 也开发出数种不同技术，在其应用范围内和杜比实验室竞争。包括支持 6.1 声道的 DTS-ES，DTS-HD 与杜比数字为主要竞争对手。要实现 DTS 音效输出，需在硬件上及软件上符合 DTS 的规格，多数会在产品上标示 DTS 的商标。DTS 现已发展为蓝光的必备音频标准，并在电影数字传输和与其他各种互联网相关的消费电子平台上获得了广泛的应用。

随着 2012 年 DTS 收购 SRS Labs，其在发展迅速的网络娱乐行业中提供端对端音频解决方案的领导地位更为稳固。目前，DTS 的身影遍及家庭影院、DVD 播放器、电视、机顶盒、高清媒体播放器、汽车音响系统、智能手机、环绕声音乐软件和任何能够播放蓝光碟片的设备。DTS 成立于 1993 年，总部设于美国加州好莱坞，于 2002 年入驻中国。

3.5 数字音频格式

数字音频的编码方式对应数字音频格式。

1. CD 格式：天籁

当今世界上音质最好的音频格式是什么？当然是 CD 了。因此要讲音频格式，CD 自然是打头阵的先锋。在大多数播放软件的“打开文件类型”中，都可以看到 *.cda 格式，这就是 CD 音轨了。标准 CD 格式也就是 44.1k 的采样频率，速率 88k/s，16 位量化位数，因为 CD 音轨可以说是近似无损的，因此它的声音基本上是忠于原声的，因此如果你是一个音响发烧友，CD 是你的首选，它会让你感受到天籁之音。CD 光盘可以在 CD 唱机中播放，也能用计算机里的各种播放软件来重放。一个 CD 音频文件是一个 *.cda 文件，这只是一个索引信息，并不是真正包含声音信息，所以不论 CD 音乐的长短，在计算机上看到的“*.cda 文件”都是 44B 长。注意：不能直接复制 CD 格式的 *.cda 文件到硬盘上播放，需要使用像 EAC 这样的抓音轨软件把 CD 格式的文件转换成 WAV，这个转换过程如果光盘驱动器质量过关而且 EAC 的参数设置得当，可以说基本上是无损抓音频。推荐使用这种方法。

2. WAV：无损

WAV 是微软公司开发的一种声音文件格式，它符合 RIFF(Resource Interchange File Format)文件规范，用于保存 Windows 平台的音频信息资源，被 Windows 平台及其应用程序所支持。*.WAV 格式支持 MSADPCM、CCITT A LAW 等多种压缩算法，支持多种音频位数、采样频率和声道，标准格式的 WAV 文件和 CD 格式一样，也是 44.1k 的采样频率，速率 88k/s，16 位量化位数。WAV 格式的声音文件质量和 CD 相差无几，也是目前 PC 上广为流行的声音文件格式，几乎所有的音频编辑软件都“认识”WAV

格式。

这里顺便提一下由苹果公司开发的 AIFF(Audio Interchange File Format)和为 UNIX 系统开发的 AU 格式,它们都和 WAV 非常相像,在大多数的音频编辑软件中也都支持这几种常见的音乐格式。

3. MP3:流行

MP3 格式诞生于 20 世纪 80 年代的德国,所谓的 MP3 也就是指的是 MPEG 标准中的音频部分,即 MPEG 音频层。根据压缩质量和编码处理的不同分为三层,分别对应 *.mp1/ *.mp2/ *.mp3 这三种声音文件。需要提醒读者注意的地方是:MPEG 音频文件的压缩是一种有损压缩,MPEG3 音频编码具有 10:1～12:1 的高压缩率,同时基本保持低音频部分不失真,但是牺牲了声音文件中 12kHz～16kHz 高音频这部分的质量来换取文件的尺寸。相同长度的音乐文件,用 *.mp3 格式来储存,一般只有 *.wav 文件的 1/10,而音质要次于 CD 格式或 WAV 格式的声音文件。由于其文件尺寸小,音质好,所以在它问世之初还没有什么别的音频格式可以与之匹敌,因而为 *.mp3 格式的发展提供了良好的条件。直到现在,这种格式作为主流音频格式的地位仍难以被撼动。但是树大招风,MP3 音乐的版权问题也一直找不到办法解决,因为 MP3 没有版权保护技术,也就是谁都可以用。

MP3 格式压缩音乐的采样频率有很多种,可以用 64kb/s 或更低的采样频率节省空间,也可以用 320kb/s 的标准达到极高的音质。我们用装有 Fraunhofer IIS MPEG Lyaer3 的 MP3 编码器(现在效果最好的编码器)MusicMatch Jukebox 6.0 在 128kb/s 的频率下编码一首 3min 的歌曲,得到 2.82MB 的 MP3 文件。采用默认的 CBR(固定采样频率)技术可以以固定的频率采样一首歌曲,而 VBR(可变采样频率)则可以在音乐"忙"的时候加大采样的频率获取更高的音质,不过产生的 MP3 文件可能在某些播放器上无法播放。我们把 VBR 的级别设定成为与前面的 CBR 文件的音质基本一样,生成的 VBR MP3 文件为 2.9MB。

4. MIDI:作曲家最爱

经常玩音乐的人应该常听过 MIDI(Musical Instrument Digital Interface)这个词,MIDI 允许数字合成器和其他设备交换数据。MID 文件格式由 MIDI 继承而来。MID 文件并不是一段录制好的声音,而是记录声音的信息,然后再告诉声卡如何再现音乐的一组指令。这样一个 MIDI 文件每存 1min 的音乐只用 5～10KB。今天,MID 文件主要用于原始乐器作品,流行歌曲的业余表演,游戏音轨以及电子贺卡等。*.mid 文件重放的效果完全依赖声卡的档次。*.mid 格式的最大用处是在计算机作曲领域。*.mid 文件可以用作曲软件写出,也可以通过声卡的 MIDI 口把外接音序器演奏的乐曲输入计算机里,制成 *.mid 文件。

5. WMA:最具实力

WMA(Windows Media Audio)格式是来自于微软的重量级选手,后台强硬,音质要强于 MP3 格式,更远胜于 RA 格式。它和日本 Yamaha 公司开发的 VQF 格式一样,是以减少数据流量但保持音质的方法来达到比 MP3 压缩率更高的目的。WMA 的压缩率一般都可以达到 1:18 左右。WMA 的另一个优点是内容提供商可以通过 DRM(Digital Rights Management)方案如 Windows Media Rights Manager 7 加入防复制保护。这种内置的版权保护技术可以限制播放时间和播放次数甚至于播放的机器等，这对被盗版搅得焦头烂额的音乐公司来说可是一个福音。另外，WMA 还支持音频流(Stream)技术，适合在网络上在线播放，作为微软抢占网络音乐的开路先锋可以说是技术领先、风头强劲，更方便的是不用像 MP3 那样需要安装额外的播放器，而 Windows 操作系统和 Windows Media Player 的无缝捆绑让用户只要安装了 Windows 操作系统就可以直接播放 WMA 音乐，新版本的 Windows Media Player 7.0 更是增加了直接把 CD 光盘转换为 WMA 声音格式的功能，在新出品的操作系统 Windows XP 中，WMA 是默认的编码格式。大家知道 Netscape 的遭遇，现在"狼"又来了。WMA 这种格式在录制时可以对音质进行调节。同一格式，音质好的可与 CD 媲美，压缩率较高的可用于网络广播。虽然现在网络上还不是很流行，但是在微软的大规模推广下已经得到了越来越多站点的承认和大力支持，在网络音乐领域中直逼 *.mp3，在网络广播方面，也正在瓜分 Real 打下的天下。因此，几乎所有的音频格式都感受到了 WMA 格式的压力。

6. RealAudio：流动旋律

RealAudio 主要适用于在网络上的在线音乐欣赏，现在大多数的用户仍然在使用 56kb/s 或更低速率的 Modem，所以典型的回放并非最好的音质。有的下载站点会提示根据 Modem 速率选择最佳的 Real 文件。现在 Real 的文件格式主要有 RA(RealAudio)、RM(RealMedia，RealAudio G2)、RMX(RealAudio Secured)等。这些格式的特点是可以随网络带宽的不同而改变声音的质量，在保证大多数人听到流畅声音的前提下，令带宽较富裕的听众获得较好的音质。

近来随着网络带宽的普遍改善，Real 公司正推出用于网络广播的、达到 CD 音质的格式。如果你的 RealPlayer 软件不能处理这种格式，它就会提醒下载一个免费的升级包。许多音乐网站提供了歌曲的 Real 格式的试听版本。现在最新的版本是 RealPlayer 11。

7. VQF：无人问津

雅马哈公司另一种格式是 *.vqf，它的核心是减少数据流量但保持音质的方法来达到更高的压缩比，可以说技术上也是很先进的，但是由于宣传不力，这种格式难有用武之地。*.vqf 可以用雅马哈的播放器播放。同时雅马哈也提供从 *.wav 文件转换到 *.vqf 文件的软件。此文件缺少特点外加缺乏宣传，现在几乎已经无人使用了。

8. OGG：新生代音频格式

OGG 格式完全开源，完全免费，是和 MP3 不相上下的新格式。与 MP3 类似，OGGVorbis 也是对音频进行有损压缩编码，但通过使用更加先进的声学模型去减少损失，因此，相同码率编码的 OGGVorbis 比 MP3 音质更好一些，文件也更小一些。另外，MP3 格式是受专利保护的。发布或者销售 MP3 编码器、MP3 解码器、MP3 格式音乐作品，都需要付专利使用费。而 OGGVorbis 就完全没有这个问题。目前，OGGVorbis 虽然还不普及，但在音乐软件、游戏音效、便携播放器、网络浏览器上都得到广泛支持。

9. FLAC：自由无损音频格式

FLAC(Free Lossless Audio Codec，无损音频压缩编码)是一套著名的自由音频压缩编码，其特点是无损压缩。不同于其他有损压缩编码如 MP3 及 AAC，它不会破坏任何原有的音频资讯，所以可以还原音乐光盘音质。现在它已被很多软件及硬件音频产品所支持。FLAC是免费的并且支持大多数的操作系统，包括Windows，基于UNIX内核而开发的系统（Linux，*BSD，Solaris，OSX，IRIX），BeOS，OS/2，Amiga。并且FLAC提供了在开发工具Autotools，MSVC，Watcom C，ProjectBuilder上的Build系统。

10. APE：最有前途的网络无损格式

APE是目前流行的数字音乐文件格式之一。与MP3这类有损压缩方式不同，APE是一种无损压缩音频技术，也就是说当从音频CD上读取的音频数据文件压缩成APE格式后，还可以再将APE格式的文件还原，而还原后的音频文件与压缩前的一模一样，没有任何损失。APE的文件大小大概为CD的一半，但是随着宽带的普及，APE格式受到了许多音乐爱好者的喜爱，特别是对于希望通过网络传输音频CD的朋友来说，APE可以帮助他们节约大量的资源。

作为数字音乐文件格式的标准，WAV格式容量过大，因而使用起来很不方便。因此，一般情况下把它压缩为MP3或WMA格式。压缩方法有无损压缩，有损压缩，以及混成压缩。MPEG、JPEG就属于混成压缩，如果把压缩的数据还原回去，数据其实是不一样的。当然，人耳是无法分辨的。因此，如果把MP3、OGG格式从压缩的状态还原回去，就会产生损失。

然而APE压缩格式即使还原，也能毫无损失地保留原有音质。所以，APE可以无损失高音质地压缩和还原。当然，目前只能把音乐CD中的曲目和未压缩的WAV文件转换成APE格式，MP3文件还无法转换为APE格式。事实上，APE的压缩率并不高，虽然音质保持得很好，但是压缩后的容量也没小多少。一个34MB的WAV文件，压缩为APE格式后，仍有17MB左右。对于一整张CD来说，压缩省下来的容量还是可观的。

APE的本质其实是一种无损压缩音频格式。庞大的WAV音频文件可以通过Monkey's Audio这个软件压缩为APE。很多时候它被用作网络音频文件传输，因为被压缩后的APE文件容量要比WAV源文件小一半多，可以节约传输所用的时间。更重要的是，通过Monkey's Audio解压缩还原以后得到的WAV文件可以做到与压缩前的源文件完全一致。所以APE被誉为"无损音频压缩格式"，Monkey's Audio被誉为"无损音频压缩软件"。与采用WinZip或者WinRAR这类专业数据压缩软件来压缩音频文件不同，压缩之后的APE音频文件是可以直接被播放的。Monkey's Audio会向Winamp中安装一个in_APE.dll插件，从而使Winamp也具备播放APE文件的能力。同样Foobar2000，以及千千静听也能支持APE的播放。

3.6 存储

3.6.1 存储介质分类

目前主流存储介质分为三大类：半导体存储、磁介质存储以及光介质存储。其中，半导体存储又可分为易失性存储（RAM）与非易失性存储（NVM）。

存储介质是指存储数据的载体，如光盘、硬盘、U盘（闪存、优盘）、TF卡、SD卡、MMC卡、SM卡、记忆棒（Memory Stick）、XD卡、CF卡等。目前最流行的存储介质是基于闪存(Nand Flash)的,比如U盘、CF卡、SD卡、TF卡、SDHC卡、MMC卡、SM卡、记忆棒、XD卡等。

3.6.2 存储介绍

1. 半导体存储

闪存卡是利用闪存技术达到存储电子信息的存储器,一般应用在数码相机、掌上电脑、MP3等小型数码产品中作为存储介质,所以样子小巧,犹如一张卡片,所以称之为闪存卡。根据不同的生产厂商和不同的应用,闪存卡有Smart Media(SM卡)、Compact Flash(CF卡)、MultiMedia Card(MMC卡)、Secure Digital(SD卡)、Memory Stick(记忆棒)、XD-Picture Card(XD卡)和微硬盘(MICRODRIVE)几种。

闪存作为一种非挥发性(简单说就是在不加电的情况下数据也不会丢失,区别于目前常用的计算机内存)的半导体存储芯片,具有体积小、功耗低、不易受物理破坏的优点,是移动数码产品的理想存储介质。随着价格的不断下降以及容量、密度的不断提高,闪存开始向通用化的移动存储产品发展。

2. 磁性媒体

包括软盘、硬盘和可换硬盘,这是最常见的媒体。

软盘是早期计算机所使用的,有3.5英寸和5英寸之分,用于数据移动使用,现在基本已经被淘汰。

硬盘是一种采用磁介质的数据存储设备,数据存储在密封于洁净的硬盘驱动器内腔的若干个磁盘片上。

3. 光学媒体

1) CD

CD系统可能是自1877年爱迪生发明锡箔录音机宣告音频录制技术诞生以来,在音频技术方面最卓越的发展。CD系统包含大量在音频领域中首次使用的技术,这些技术结合在一起形成了一种空前的存储方式。

一张CD光盘包含数字化编码的数据,这些数据用一束激光读取。因为反射数据层是嵌入在盘片中的,因此读出面上的灰尘和指纹通常不会影响回放。大多数错误的影响都可以通过纠错算法被降至最低。因为没有唱针接触盘面,所以不管播放得多么频繁,光盘也不存在磨损。

飞利浦开发了光盘技术,索尼开发了纠错技术,两者结合在一起就产生了成功的CD格式。飞利浦从1969年开始在光盘上存储图像,并于1972年宣布了用光学方法存储音频内容的技术。1978年,飞利浦和索尼指定了盘片特性——信号格式和纠错方法,1979年,这两家公司原则上达成协议,共同确定了信号格式和盘片材料。1980年6月,两家公司联合提出了小型光盘数字音频(Compact Disc Digital Audio)系统,CD系统于1982年10月在日本和欧洲上市。

一张音频光盘存储的立体声音频信号是以44.1kHz采样的,由若干个双16b数据字构成,因此从播放机中输出的音频数据有1.41Mb/s,同时还有其他非音频数据。对于总共的信道比特率来说,从光盘上读出的数据率为4.3218Mb/s。因此,一张包含1h音乐的光盘将保存 155 亿个信道比特。除去各种开销(33%用于纠错,7%用于同步,4%用于控制和显示),一张 CD-音频光盘最大能够保存 63 亿比特的用户数据。一张标准 CD 的直径为 12 cm,最长播放时间为 74min33s。通过略微改变 CD 标准就能实现更长的播放时间。例如,1.5μm 的轨道间距和 1.2m/s 的线速度将产生一个大约 82 min 的播放时间。

信息被存储在一条凹坑光轨中,这条光轨被压印在光盘塑料基片的一面中。基片由聚碳酸酯塑料(也用于制造眼睛镜片)制成。数据面被敷上一层金属,用以反射来自盘面下方用于读取数据的激光光束。一个凹坑大约 0.6μm 宽,一张光盘中可以存放大约二十亿个凹坑。如果把一张光盘放大到一个凹坑的尺寸与一颗米粒相当,则盘片的直径将有 804.5 m 长。

小型光盘只读存储器(Compact Disc Read-Only Memory,CD-ROM)格式把数字 CD-音频格式扩展到更广阔的通用信息存储应用中。CD-ROM 标准使用了一种从 CD-音频标准修改而来的数据格式。可记录小型光盘(Compact Disc Recordable,CD-R)格式允许用户把自己的音频或其他数字数据记录到一张 CD 上。这种格式的官方名称为 CD-WO(Write-Once,只写一次)。可重写小型光盘(Compact Disc ReWritable,CD-RW),允许数据被写入、读取、擦除和重写。这种格式的官方名称为 CD-E。

2) DVD

CD 从 CD-音频格式开始,后续又有 CD-ROM、CD-R 和 CD-RW 等发展,这一切让 CD 从根本上改变了数据存储领域。不过,CD 受限制的容量和较慢的吞吐比特率使它不合适高带宽或大容量应用,比如高质量的数字视频。因此,电影工业设法开发出一种小型的光盘,能够在一张光盘上保存用高质量数字视频方式编码的一部电影长片。

在 1994 年 12 月,Sony 和 Philips 提出了多媒体小型光盘(MultiMedia Compact Disc,MMCD);1995 年 1 月,Toshiba 和 Time Warner 时代华纳提出了超级密度光盘(Super Density Disc,SD)。随后,SD 和 MMCD 格式被融合起来。最初的 DVD 格式于 1995 年 12 月发布。DVD 在音乐和计算机软件市场接替了 CD,而在视频市场取代了录像带。DVD 格式是 CD 的后继者,它也为数字光盘技术开创了新的市场机会。DVD 在 CD 的所有面都有改进,特别是提供了更大的存储容量和更快的读取与写入速度,与先前的消费视频格式相比,DVD 在电影回放的视频和音频质量上提供了显著的改善。

DVD 有 6 种标准:标准 A 是 DVD-ROM(Read-Only Memory,只读存储器);标准 B 是 DVD-视频(DVD-Video);标准 C 是 DVD-音频(DVD-Audio);标准 D 是 DVD-R(Recordable,可记录);标准 E 是 DVD-RAM(Random-Access Memory,随机访问存储器);标准 F 是 DVD-RW(ReWritable,可重写)。

DVD 的外部物理尺寸虽然与 CD 一样,但一个 DVD 数据层提供了 7 倍于 CD 的存储能力。CD 的记录密度为每平方微米 1b,而 DVD 的记录密度为每平方微米 6～7b。虽然如此,时代在继续前进,DVD 格式的技术规格已经在蓝光格式下显得黯然失色了。

3) 蓝光

蓝光光盘系统是作为 DVD 视频格式的继任者开发的,并且是已经失败的 HDDVD 格式的竞争者。蓝光是一种消费光盘系统,广泛用于播放高清晰度分辨率的电影。它的画面质量要高于标准清晰度的 DVD,符合广播的高清晰度 DTV 标准。蓝光可以容纳多种有损和无损音频格式。它能重现出质量非常高的多声道声音，也能提供很长的播放时间。

蓝光使用的内容保护要比DVD中使用的更为牢靠。蓝光光盘(Blu-ray Disc)，也被称为BD系统，是由Sony公司领衔的一组公司开发的。

第一份蓝光光盘技术规范于2002年2月发布。

第一台蓝光光盘刻录机于2003年4月在日本发布。

蓝光早期在与HD DVD的竞争中取得了胜利。

一张单层蓝光光盘提供的存储容量大约比CD光盘容量大35倍，大约比DVD光盘容量大5倍。更大的存储容量归因于几项改进，最显而易见的就是更短的激光波长和具有更高数值孔径的物镜。单层蓝光光盘被称为BD-25，能存储大约25 GB，它能保存至少2h的高清视频。双层光盘被称为BD-50，能存储大约50 GB的数据。

4) 磁光媒体

磁光媒体(MO)是磁性媒体和光学媒体的杂合体。MO盘使用激光和磁场的组合来读写盘。磁光盘是可换媒体中最冷门的技术，MO盘是由常温下抗磁场损坏的材料制成。

优点：磁光技术集中了磁性和光学媒体的优势。和磁性媒体不同，磁光盘不受磁场影响，是极其稳定的；和光学媒体不同，磁光盘可多次写入。最新的MO驱动器速度可与磁性媒体相抗衡。

缺点：MO技术还没有像磁性媒体那样得到行业的广泛承认，还不能用作传输媒体。

应用：如果文件接收者可读出MO盘，则MO稳定性使其极适于文件传输。其寿命长，每MB成本低，极适于存档。

3.6.3 存储介质发展历史介绍

1. 存储介质的发展趋势

(1) 各种信息安全技术走向融合。移动存储介质的保密管理已经远远超越了设备单点安全的范畴，移动存储介质需要结合企业现有的结构，并能与现有的企业安全产品相整合。

(2) 基于安全芯片的验证和加密被越来越多的产品所采用。这可以大大提高移动存储设备数据访问的安全性。介质的分级保护成为产品的必要功能。密级标识和基于主客体密级标识的访问控制成为移动存储介质的必备功能。

(3) 趋向多维度，立体化。现在的用户越来越认识到移动存储介质安全管理的重要性。

1) 各种信息安全技术走向融合

一些厂家认识到基于软、硬件的保密防护的必要性、优点和不足，将单点设备安全和移动存储介质管理系统结合起来，并推出了软硬件结合的产品，这类产品的出现是技术融合的产物，它综合了以上两类产品的优点，实现了移动存储介质的数据安全、介质访问控制，介质使用环境安全、数据摆渡安全等多层次保护，对移动存储介质进行全生命周期管理。这类产品是迄今为止最全面的移动存储介质保密管理方案。

2）基于安全芯片的验证和加密被越来越多的产品所采用

随着安全移动存储设备应用环境的复杂化，简单地依靠桌面操作系统的单向认证方式，无法抵挡假冒身份、数据拦截等恶意的窃密手段。基于安全芯片的身份认证方式，将大大提高移动存储设备数据访问的安全性。在安全移动存储设备芯片中运行独立的COS操作系统，通过USBKEY等安全通道进行身份认证，并由COS完成数据的动态加密。这种认证和保密技术是SIM卡、网上银行等应用认证技术的拓展。

3）介质的分级保护成为产品的必要功能

国家保密部门在保密制度上做出了明确规定，对信息系统提出了分密级保护的要求，并规定不同密级实体之间的访问规则，比如高密级移动存储介质不能在低密级计算机上使用，高密级电子文件不能存储在低密级存储设备上。为满足保密部门的这些要求，密级标识和基于主客体密级标识的访问控制成为移动存储介质保密管理的必备功能。

4）安全数据摆渡成为热门技术

传统的数据摆渡威胁来自于移动存储介质在内外网之间的交叉使用。近几年，病毒（木马）通过移动存储介质摆渡来窃取用户文件，逐渐成为信息安全的焦点问题，如何有效地鉴别用户和病毒（木马）行为，通过有效的手段来保证移动存储介质在内外部网络之间进行数据摆渡的安全，成为移动存储介质保密管理越来越重要的课题。

5）审计跟踪趋向多维度、立体化

移动存储介质的便携性决定它需要把传统的终端数据审核功能拓展到受控的环境之外，系统审计跟踪需要从简单一维空间发展到多维空间，实现基于身份、时间、地点、设备、不同安全模式等多维跟踪。人员操作审计、终端操作审计、设备使用审计、文件跟踪审计等构成了立体化的审计跟踪体系。

2. 存储介质发展历史介绍

首先，硬盘经过五十多年的发展，在信息存储领域中占据重要的地位，并在未来数据存储中还将占有重要地位。主流市场上，采用垂直记录技术的硬盘容量已经突破了1TB，冲向更高容量，新技术的出现保证了HDD（硬盘驱动器）充满活力。基于闪存的存储介质，特别是采用Flash Memory的SSD（固态存储盘）以其快速的数据存取速度、经久耐用防振抗摔、低声音的，以及相对于常规硬盘较轻的重量越来越受到关注。这种SSD固态存储器最大的优点就是可以移动，而且数据保护不受电源控制，能适应于各种环境，但是使用年限不高，可以被制作成各种模样供个人用户使用。另外，在多媒体信息领域，光盘逐渐占据重要位置。用户逐渐趋向于高保真的声音、高清晰的画质的多媒体，因此对于多媒体存储能力提出了更高的要求。最具代表性的就是蓝光Blu-ray Disc和HD-DVD，此外，还有容量达360GB的采用全息技术的光盘；寿命可达300年的24K纯金光盘；可随意弯曲高强度mini盘片等。除了已有的主流存储介质，为了不断适应人们对信息存储密度及响应速度的更高要求，实现从电子器件从“吉时代”到“太时代”的跨越，一些新型超高密度信息存储材料和器件被提出来，并已处于实验与研究阶段。例如，采用三维全息存储介质的光存储系统——固定式三维光子存储装置，其存储量的容量可达到$10Tb/cm^2$以上，比二维盘片存储介质上的存储容量高一千倍，并具有成本低、体积小、可重复读写的特点。目前，利用光折变晶体的三维体全息光存储是国际上用来解决海量存储器的首选方案。

第 4 章　常用音响设备的操作使用

思政素材 4

4.1　音响系统的组成

所谓专业音响系统，就是多种专业音响设备经组合配接后能还原出较好音响效果的一种系统组合。如图 4-1 和图 4-2 所示，音响系统因场合不同可大可小，即便最小的专业

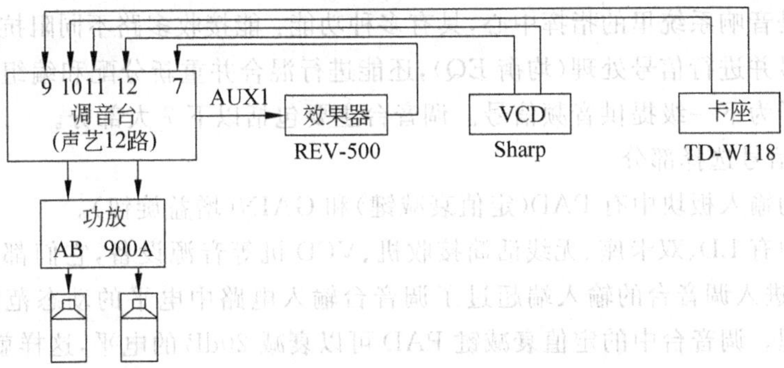

图 4-1　音响系统的基本组成

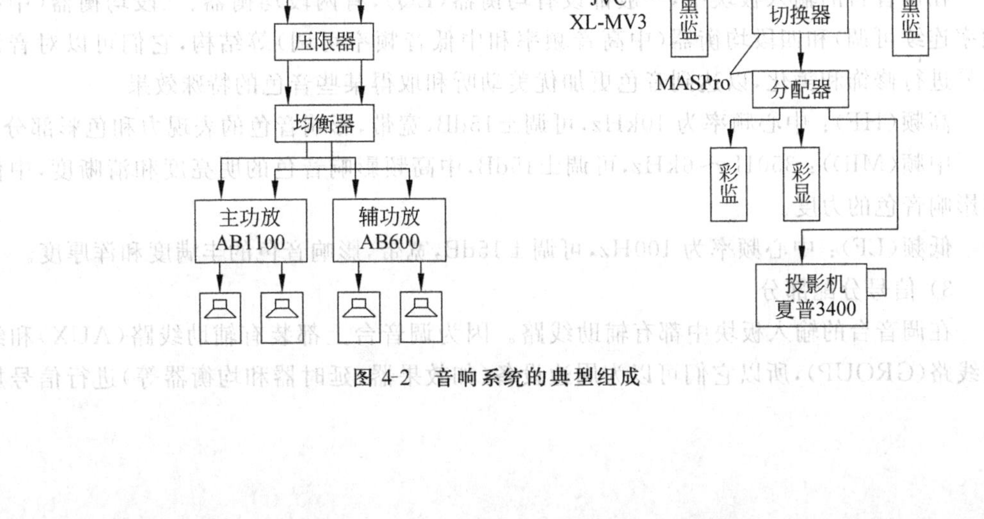

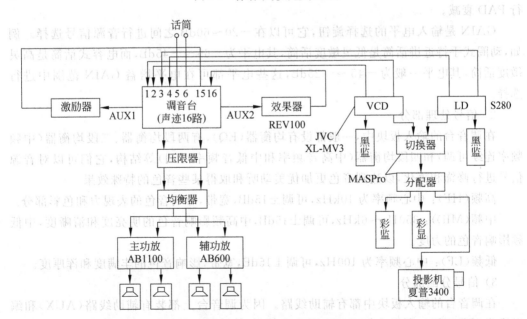

图 4-2　音响系统的典型组成

音响系统至少也应包括以下几种专业音响设备：调音台、专业音响、专业功放、信号源(VCD机、LD机、CD机等)。若要进一步加强音响系统，则可根据实际要求，增加均衡器、激励器、压限器、效果器、电子分频器等专业音响设备。总之，音响系统会因使用场合的不同而以不同的组合形式出现。

另外，为了达到视听的双重享受，做到声像的和谐统一，某些场合(如歌舞厅等)还增加了专业的视频设备——投影机。同时，为了操作的方便和为歌手提供字幕，相应地还增加了彩色显示器(或彩色监视器)、视频切换器、视频分配器、字幕机、摄像头等设备。

4.2 音响设备的操作使用

4.2.1 调音台

1. 概述

调音台是音响系统里的指挥中心，具有多种功能：能接收多路不同阻抗、不同电平的各种音源信号并进行信号处理(均衡 EQ)，还能进行混合并重新分配和编组，并有多路的信号输出端子为下一级提供音频信号。调音台主要包括以下 7 大部分。

1) 输入信号选择部分

调音台的输入板块中有 PAD(定值衰减键)和 GAIN(增益旋钮)。

歌舞厅中有 LD、双卡座、无线话筒接收机、VCD 机等音源设备，它们都是高阻抗、高电平的音源，进入调音台的输入端超过了调音台输入电路中电平的动态范围，因此需要进行衰减处理。调音台中的定值衰减键 PAD 可以衰减 20dB 的电平，这样就使高电平的音源信号进入调音台后能符合电路的电平要求。但从话筒输入到调音台的信号不用进行 PAD 衰减。

GAIN 是输入电平的选择旋钮，它可以在－20～60dB 之间进行音源信号选择。例如，动圈式手持近讲话筒是低灵敏度话筒，其电平为－65～－45dB，而电容式话筒是高灵敏度话筒，其电平一般为－45～－25dB，这些电平都可在电平增益 GAIN 范围中进行选择。

2) 信号处理部分

在调音台的输入板块中，一般都设有均衡器(EQ)，有两段均衡器、三段均衡器(中频频率连续可调)和四段均衡器(中高音频率和中低音频率可调)等结构，它们可以对音源信号进行修饰和美化，以达到音色更加优美动听和取得某些音色的特殊效果。

高频(HF)：中心频率为 10kHz，可调±15dB，宽带，影响音色的表现力和色彩部分。

中频(MID)：350Hz～6kHz，可调±15dB，中高频影响音色的明亮度和清晰度，中低频影响音色的力度。

低频(LF)：中心频率为 100Hz，可调±15dB，宽带，影响音色的丰满度和浑厚度。

3) 信号分配部分

在调音台的输入板块中都有辅助线路。因为调音台上都装有辅助线路(AUX)和编组线路(GROUP)，所以它们可以为周边设备(如效果器、延时器和均衡器等)进行信号加工处理提供音源，还可以为返送系统和辅助音响系统提供独立的音源。

4）控制系统

在调音台的输入板块和输出板块当中都有电位器Fader，用它可以调整各路音源的输入电平和各路之间的电平平衡以及输出电平的强弱，它是调音台上使用频率较高的控件之一。

控制系统中，声像电位器及峰值指示的作用以及使用方法尤其重要，现介绍如下。

（1）声像电位器（全景电位器）PAN。

在录音时，声像电位器PAN可以根据真实的声场情况对乐队的各种乐器进行音源方位的选择。例如，录音时，如果主吉他手站在左边，则可将吉他信号输入通道的声像电位器旋至左边；如果主吉他手站在右边，则可将吉他信号输入通道的声像电位器旋至右边。

在重放时，一般将音乐信号的左声道信号对应的PAN旋至最左端，将右声道信号对应的PAN旋至最右端，以增强音乐的临场感。而对于作为主音的话筒输入信号，其对应的PAN一般旋至十二点钟位置。

（2）峰值指示。

在调音台的输入板块上有一个峰值指示灯，是一个红色发光二极管，它平时是不亮的。当输入音频信号增大到产生削波失真前3dB时，发光二极管便闪亮，以提醒调音者注意要衰减输入电平，调整增益旋钮GAIN。

该指示灯在音乐峰值音时偶尔闪亮是允许的，但如果一直亮，则表明产生了削波失真。这说明音源的信号电平过高，超过了电路电平的动态范围。这种失真信号使音频信号的正弦波被削平了顶部，产生了上顶平台和下底平台。这时，音源电平不再改变，这个直流信号经调音台至功率放大器放大后送入音响会损害高音单元。因为直流电流送入扬声器后音圈不振，所以大量的热能散发不出去，易损害高音扬声器，严重的还会损坏或烧坏高音头，应该引起调音者充分的注意。一般调音者也应对扬声器工作原理有常识性了解。扬声器相当于是一个横向的马达，如果马达不动却有电流流过，则会发热。正如一个电风扇，通电后会转动，能把电能转换成动能。如果用一支竹棍插入风扇中，使之停止转动，那么，一两分钟电扇就会烧毁，扬声器也是一样。

5）监听系统

调音台在进行扩音调音过程中，要经常对音源信号和经过加工处理的音色质量进行监测，以便鉴别音色的结构状态，为调音提供依据。在调音台的输出板块上有监听耳机插口和音量控制电位器，可为调音者提供监听，分别监听各路的音源信号状况，也可以监听辅助线路中的信号，还可以监听编组线路中的信号和L、R总输出电路中的音频信号。有的调音台还设置有监听输出端子，供有条件使用监听扬声器进行监听的场合（演播室、音响控制室或调音室等）使用。

6）信号显示系统

调音台上均设置有音量表（VU）或者发光二极管指示光柱（绿色、黄色、红色），可以视觉形式为调音师提供音响数据状态的各种变化情况，这样就可以更全面地对音频信号的电平进行监测，利用音量表的指示，并结合音量控制器的衰减位置可以判断调音台内各部件是否在正常工作，并可以观察到按音响艺术的处理要求对信号进行动态压缩的情况。

音量表指示一般多用于准平均值音量表(VU)。

7) 振荡器与对讲系统

有些调音台中设置了振荡器,它提供一个音频信号。要在每日工作开始时检验音响系统中各路扩声系统是否处于正常状态,检验超低音响和高音扬声器是否都完好无损,就需要有一个不同频率的音源信号。有的调音台提供一个 1kHz 的音源;高档调音台可提供 10kHz、1kHz、100Hz、50Hz 4 个频率的音源信号。

在有些调音台输出板块上还设有话筒的输入插口,可加装一只动圈话筒,此话筒输入通道有电平控制旋钮及其他选择按键,可以将人声信号送入辅助线路中,也可以送入编组线路中和 L、R 总输出电路中,为音响系统在文艺演出中装台、调试声场提供了工作上的方便,为歌舞厅在每日工作开始检查各种扩声系统是否正常时提供了方便,也为录音工作中的录音磁带带头添加简短语言或录音棚和控制室的相互联系提供了工作上的方便。

为了使歌舞厅的调音师在实践中更准确地对歌声进行音色调音处理,下面分别介绍声迹调音台和声艺调音台。

2. 英国声迹(SOUNDTRACS)调音台

英国声迹调音台是一种 16 路 4 编组的专业调音台。其主要特点是可以对 12 路信号进行 4 路编组,因此,对于有乐队的比较大型的歌舞厅的调音也能胜任。这里主要对声迹调音台前面板的按钮及旋钮的功能、操作使用做一个较为详细的介绍。

对于初学者而言,第一次看见调音台上密密麻麻的各种控件时,可能会感到头大,其实,调音台上控件的各路通道都是一样的,只要掌握了一路通道的控件操作,调音台的大部分操作就能够掌握了。下面介绍调音台的各控件。

1) 输入部分

输入部分包含平衡式麦克风输入和线路输入。线路输入孔和麦克风输入孔均在后面板上。线路输入用立体声大三芯插头连接,麦克风输入用卡侬插头连接。输入部分如下。

(1) MIC/LINE。这个按键用来选择麦克风输入和线路输入。当按键处于"抬起"状态时,麦克风输入信号被选通;当按键处于"压下"状态时,线路输入信号被选用,如图 4-3 所示。

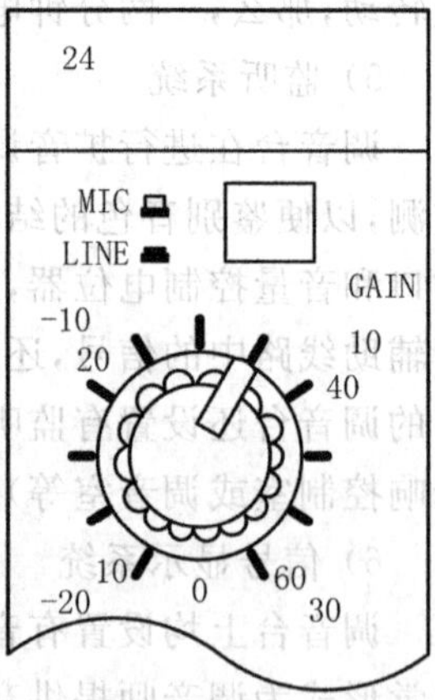

图 4-3　输入部分

(2) GAIN。这个控制旋钮控制这条复用通道的增益。调整该增益时,应将该通道的推子推到最下端,然后调整 GAIN,当 GAIN 向左或向右旋转时,注意观察峰值指示灯(PEAK 或 CLIP)是否发亮,当观察到峰值指示灯刚发亮时,要将 GAIN 旋钮反旋 3～6dB,使峰值指示灯在音频信号最大时偶尔发亮就可以了。这样调整,既满足了音响系统重放时信噪比应较高的要求,又能使音频信号不至太大从而造成削波失真。

当麦克风输入信号被选通,其增益的调整范围为＋10～＋60dB,当线路输入信号被选通时,其增益控制范围为－20～＋30dB。

2) 均衡器

声迹调音台的均衡是 4 段均衡，即高(HF)、中高(MF1)、中低(MF2)、低(LF)4 段。它可以在很大的频率范围内进行均衡，如图 4-4 所示。

(1) HF：此旋钮用来对高频段进行均衡，调节范围为－15～＋15dB，主要对 12kHz 以上的信号进行提升或衰减。

(2) MF1：此旋钮用来对中高频段进行均衡，调节范围为－15～＋15dB。其频点的调整范围为 350Hz～8kHz，频点的选择旋钮同上面的提升或衰减旋钮配合使用，对此范围内的某一频点进行提升或衰减。

(3) MF2：此旋钮对中低频进行均衡，调整范围为－15～＋15dB。其频点的调整范围为 50Hz～1kHz，频点的选择旋钮同上面的提升或衰减旋钮配合使用，对此范围内的某一频点进行提升或衰减。

(4) LF：此旋钮用来对低频段进行均衡，提升或衰减的调整范围为－15～＋15dB。

(5) EQ：此按键用来选择该路信号是否进行均衡，当 EQ 处于"按下"状态时，进行均衡；处于"抬起"状态时，不进行均衡。

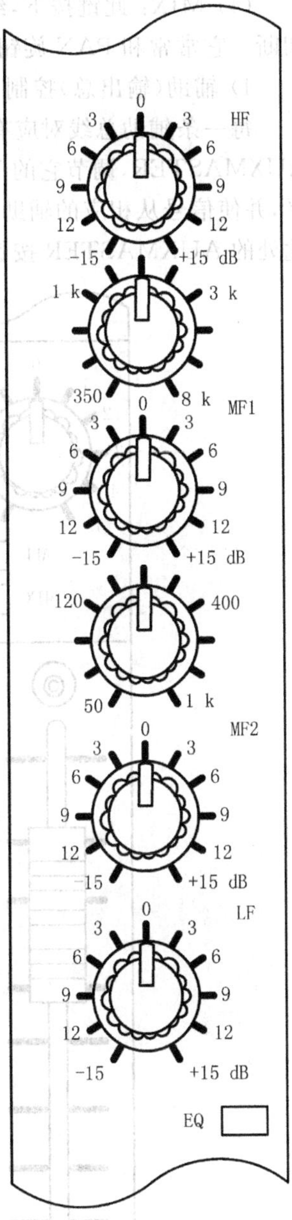

图 4-4　均衡控制

3) 编组

控制台面上有 4 个编组控制通道，每组在后面板上提供一个独立的输出孔，任何类型的输入信号均可进行编组。被编组的信号如果要从主母线输出端输出而非仅从编组输出孔输出，则编组推子上边的 MIX 按钮必须按下。之所以要用编组，主要是方便对多路已调整好比例关系的信号进行整体电平协调的再调整。编组通道的控制推子如图 4-5 所示。

编组输出在后面板用卡侬插头连接(如果编组信号要从编组输出孔输出)。

(1) GROUPFader(编组推子)：是一个 100mm 的标准音频推子，它控制编组输出信号的电平，同时对从编组进入控制总线的信号(编组的 MIX 键按下时)的强弱也起控制作用。

(2) PAN：在编组信号被送到左、右控制总线时(MIX 键被按下)，调节 PAN 可以改变送入左、右控制总线信号的相对强弱，当 PAN 在中央位置(POT)时，送入左右控制总线的信号一样大；逆时针旋转，则送入左控制总线的信号比送入右控制总线的信号要强一些，反之亦然。此旋钮常用来确定编组信号的声像。

(3) AFL：按下 AFL 键以后，可以从操作平台的 HEADPONE 插孔用耳机或从后面板 monitor 插孔用监听音响对推子(Fader)作用以后的信号进行监听。这时，其他信号被自动切断，AFLedSignal(s)(推子后信号)被单独监听。

(4) MIX：此键按下，编组信号才能进入立体声控制器的混合总线中，弹起时，则被切断。它常常和 PAN 旋钮配合使用。

4) 辅助(输出总)控制

每一条辅助总线对应有一个辅助控制旋钮(AUXMASTER)，声迹调音台上有 6 个 AUXMASTER，调节它的 LEVEL(即旋钮)，就可以调节从辅助总线上传来的信号的电平，并使信号从相应的辅助输出孔输出。辅助(输出总)控制如图 4-6 所示。(请读者留意此处的 AUXMASTER 按钮同下面讲到的输入通道中的 AUX 按钮的作用有何不同。)

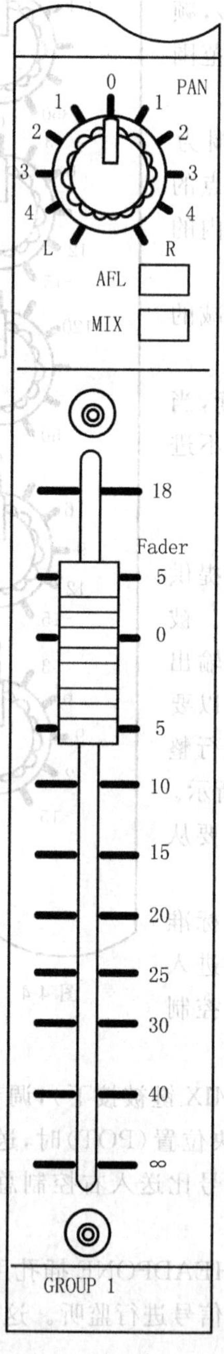

图 4-5 编组总控通道

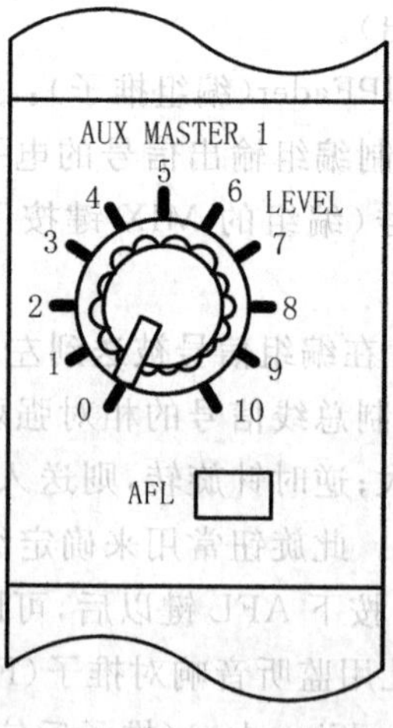

图 4-6 辅助(输出总)控制

辅助通道输出采用 0.25″的三芯插头从后面板的输出孔连出。

(1) LEVEL：此控制旋钮可调节从辅助总线送到辅助输出孔的信号的电平。最佳效果应该把旋钮旋到最大刻度。这样做，主要是为了调整的方便。

(2) AFL：按下 AFL(After Fader Lister)键，从辅助控制器(AUXMASTER)来的 post fader 信号就能送到耳机或监听音响进行监听，与此同时，其他信号被自动切断，只有 AFLedsignal(s)被单独监听。

5）立体声返回

声迹调音台提供了 4 个立体声返回通道，调整其 LEVEL 和 BAL 后，可将信号送到编组通道或送到主立体声控制通道。

其输入孔的连接采用 0.25″的三芯插头来连接，如图 4-7 所示。

(1) LEVEL：此控制旋钮控制从立体声返回送往编组或者立体声主控通道的信号的电平。

(2) BAL：此控制旋钮用于调整左、右信号之间的平衡，当旋转至中央时，左右信号一样大，当逆时针旋转时，左信号电平相对右信号逐渐增大，反之亦然。

(3) 1/2：按下此选择键，立体声返回通道的信号被送往 1 和 2 编组通道，弹起时，信号被切断。

(4) 3/4：按下此选择键，立体声返回通道的信号被送往 3 和 4 编组通道，弹起时，信号被切断。

(5) MIX：按下此键，立体声返回信号被送往立体声主控通道，弹起时，信号被切断。

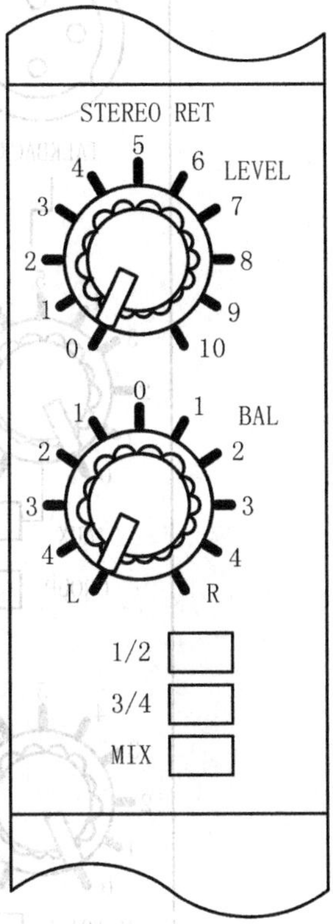

图 4-7　立体声返回

6）通信与监听部分

这里主要包括 TALKBACK 控制和耳机监听部分，如图 4-8 所示。

(1) TALKBACK：用卡侬插头连接麦克风输入，TALKBACK 麦克风不需加换向电源，主要用来保持室内外人员之间的联系及通信。

(2) TALK：此控制旋钮用于调整 TALKBACK 信号电平。

(3) AUX：一直按住此不锁定键，TALKBACK 信号会同时送到 6 根辅助总线上。

(4) GROUP：一直按住此不锁定键，TALKBACK 信号会同时送到 4 条编组总线上。

(5) MON/PHONES：此旋钮可以调节送往监听音响或监听耳机的信号的强弱。

(6) 2TRACK：此键选择耳机监听的信号源，当此键处于“抬起”状态时，立体声主控通道信号被监听，当按下此键时，twotrackreturn 立体声返回信号被监听，双声道返回信号的输入孔在后面板，以三芯插头连接。

(7) PHONES：耳机监听输出插孔。操作平台前面板为 HeadphoneMonitor 提供了一个输出孔(PHONES)，以实现耳机监听，连接采用三芯插头。

耳机通常用来监听立体声主控输出的信号，也可以通过转换去监听一种双声道返回(twotrack)信号。但无论何时，只要按下 PFL 键或 AFL 键，耳机都会自动地转到监听 PFL 信号(推子作用前信号)或 AFLed 信号(推子作用后信号)。

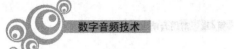

7) 辅助通道部分

辅助通道部分在每一路输入通道上都有，它和前面提到的 AUXMASTER 的作用是有区别的，如图 4-9 所示。

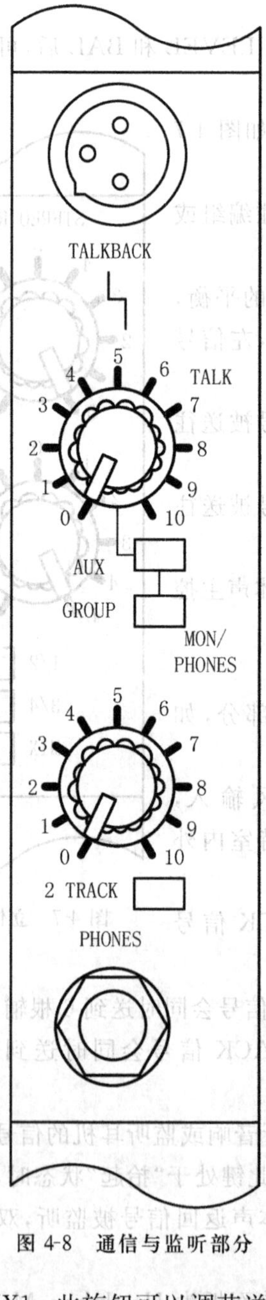

图 4-8　通信与监听部分

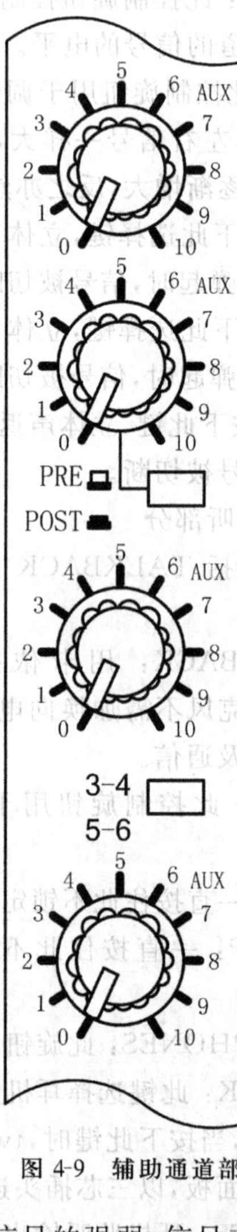

图 4-9　辅助通道部分

(1) AUX1：此旋钮可以调节送到辅助总线 1 的信号的强弱，信号来源为 PRE 信号(推子前信号)或者 POST 信号(推子后信号)。

(2) AUX2：此旋钮调节送入辅助总线 2 的信号的强弱，信号来源为 PRE 信号或 POST 信号。

(3) PRE/POST：此键用来选择辅助 1 和辅助 2 的信号源。处于“抬起”状态时，信号为 PRE 信号；处于“压下”状态时，信号为 POST 信号。

(4) AUX3/5：此旋钮调节送往辅助总线 3 或 5 的信号的大小(依靠 3-4/5-6 键状态决定是 3 或 5)。信号源为 POSTfader 信号。

(5) AUX4/6：此旋钮调节送往辅助总线 4 或 6 信号的大小，信号为 POST 信号。

(6) 3-4/5-6：此键处于“抬起”状态时，AUX3/5 旋钮所控制的信号送辅助总线 3，AUX4/6 旋钮所控制的信号送辅助总线 4；此键处于“压下”状态时，AUX3/5 旋钮所控制的信号送辅助总线 5，AUX4/6 旋钮所控制的信号送辅助总线 6。

8) 输出部分

输出部分如图 4-10 所示。

(1) 1/2：此键决定该通道信号是否送到编组 1 和编组 2，此键按下则送，不按下则不送。送入两编组的信号的相对强弱由 PAN 的位置决定。

(2) 3/4：此键决定该通道信号是否送到编组 3 和编组 4，此键按下则送，不按下则不送。送入两编组的信号的相对强弱由 PAN 的位置决定。

(3) MIX：此键按下，则该通道信号将被送往立体声主控通道，不按下则不送。主控左右通道的信号的相对强弱由 PAN 的位置决定。

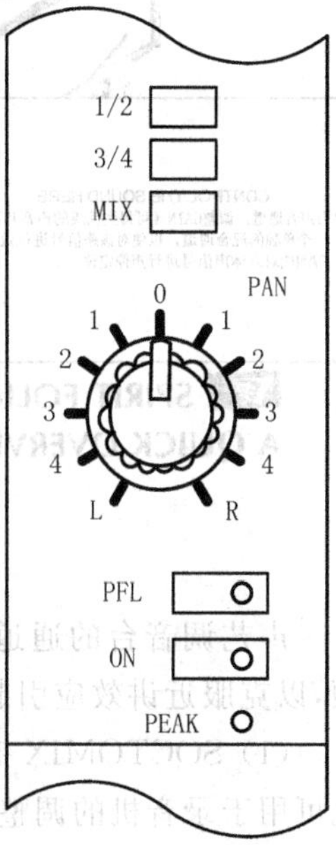

图 4-10 输出部分

(4) PAN：此旋钮决定左右主控通道或奇偶编组通道信号的相对强弱。当 PAN 旋至中央时，同样大小的信号送到编组或主控的各通道；逆时针转动时，左主控通道或奇数编组(1 和 3)通道的信号逐渐变强；顺时针转动时，右主控通道或偶数编组(2 和 4)通道的信号就逐渐变强。此旋钮也常常用来调整立体声的声像。

(5) PFL：按下 PFL(Prefader Listen，推子作用前监听)键，Prefader 信号就会被耳机监听，与此同时，其他送往耳机的信号被自动切断，只允许 PFLed 信号被监听。此键常用来对任何一通道进行检查，以判断在推子作用前的信号是否清晰，是否有失真。PFL 键的作用要在 ON 键按下时才能体现。

(6) ON：此键决定通道的断和通，按下通，弹起断。

(7) PEAK：峰值显示。当通道的信号接近过载状态时，PEAK 的红色发光二极管亮。

3. 声艺(SOUNDCRAFT)调音台

英国声艺调音台是一种 12 路便携式调音台，它重量轻，体积比较小，非常适合游动的演出安排。由于该调音台有 12 路通道，含两个辅助通道 AUX1 和 AUX2，因此，一般场合的演出它足以胜任。

下面对声艺调音台的功能键做一些介绍。由于声迹调音台和声艺调音台有许多相同的键和钮(如 AFL、PFL、HF、LF、MF、Fader、PAN、GAIN 等),它们的功能完全一样,操作方法也完全一样,因此这里只对声艺调音台几个特有的功能键加以说明,其他的则不再重述。声艺调音台前面板如图 4-11 所示。

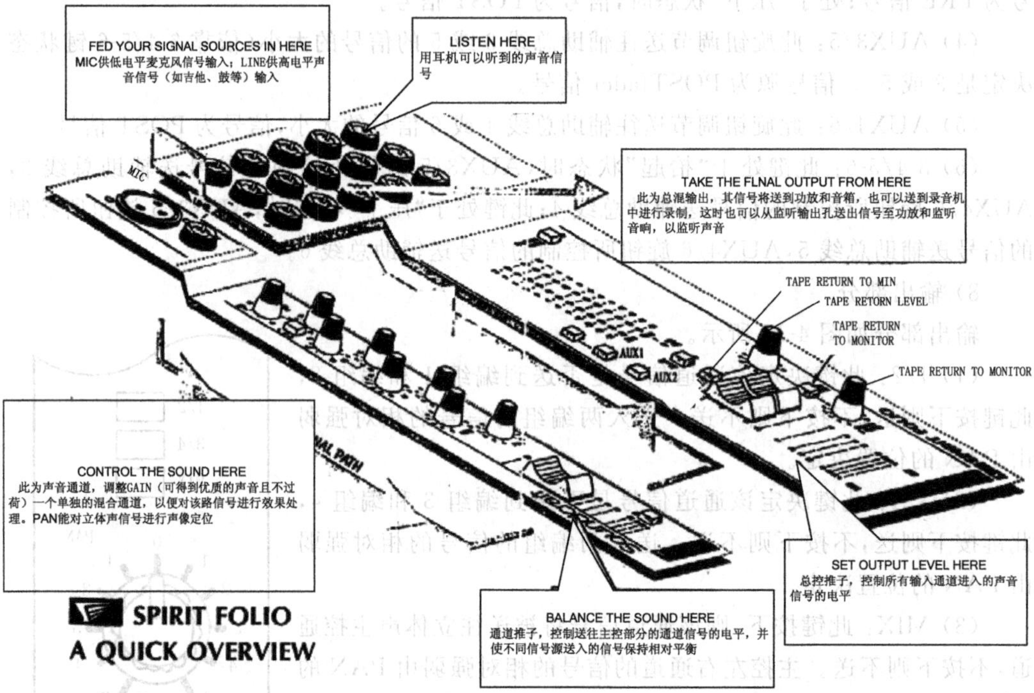

图 4-11　声艺调音台前面板

声艺调音台的通道中有一个 100Hz 键,它的作用是按下时能衰减 100Hz 以下的低频,以克服近讲效应引起的沉闷音和"啪啪"声。

(1) SOCTOMIX 键:其作用是使振荡器产生 1kHz 的声音信号供系统测试用,同时也可用于录音机的调整。注意:不能在大音量位置(总推子推得太高)突然按下此键,以免烧坏音响。在小音量位置按下此键,如果扬声器有声音,则证明系统连接基本无误,否则,说明系统的连接还有问题,需要解决。

(2) TAPERETURNTOMIX 键:按下此键,卡座返回的信号直接进入总混输出。调整 TAPERETURNLEVEL 旋钮可以控制其信号电平。

(3) TAPERETURNTOMONITOR 键:按下此键,卡座返回的信号送往监听和耳机输出孔。其电平大小由 TAPERETURNLEVEL 旋钮来控制。

(4) MONITORPHONESLEVEL 旋钮:控制输出(至监听系统和耳机)信号的电平。

声艺调音台和声迹调音台有许多相同之处,它们和其他各种类型的调音台也有许多相同之处,因此,只要认真掌握了这两种调音台,其他调音台也能掌握。

4.2.2 效果器

大家都知道,歌声经过效果处理后将变得浑厚、丰满,空间感会增加,音色会更富弹性，歌手唱起来会更轻松。对于业余歌手的歌声，经过夸张的效果处理后还会使某些缺陷得以掩饰，比如可将喉音和声带噪声加以掩盖；同时效果器也可对音色结构中泛音不丰满的缺陷加以弥补；另外，效果器还能产生特殊的效果声。因此，效果器是歌舞厅音响系统中必不可少的重要设备。

效果器作为音响系统中重要的声音处理设备，其基本功能主要有三种：混响、延时和非线性效果。

1. 混响

混响是数字效果器的主要功能。利用效果器的参数可以对空间大小、声音色彩、早期反射等声音因素进行调整，从而改善和提高厅堂的音质，增加音源的融和感。有以下三种基本混响类型。

(1) 厅堂效果(Hall)：模拟各种大、中、小型音乐厅的空气吸声特性效果。它有相当低的初始回声密度，密度随时间增加逐渐建立，有心旷神怡的感觉。适用于古典音乐及其他需润色的音乐。

(2) 房间效果(Room)：模拟各种大、中、小型房间，木房及教室等效果。相当于厅堂效果有较高的扩散和流畅明快的感觉。适用于需附加上密度或声学空间感的声音。

(3) 板式效果(Plate)：模拟各种金属板及木板的效果。具有较高的初始扩散和明亮度，有染色的金属声和明亮清脆的感觉。适用于人声、铜管乐器及流行音乐中的打击乐。

(4) 密室效果(Chamber)：模拟各类密闭室的声场效果。有较高的扩散和舒适感，适用于各种弦乐。

2. 延时

延时效果分为基本延时和由不同量的延时与直接信号混合而产生出的镶边效果、合唱效果、共振效果等。

(1) 延时效果(Delay)：完成对声音信号进行延时的基本功能。延时时间从几毫秒到几秒。它主要有以下两方面的运用。

① 解决扩声系统中不同距离音响的方位感。我们知道，在较大场所扩声用的音响往往很多，其中前后两只音响发出的声音到达听者耳朵会产生强度差和时间差，这些不同时间到达的声音破坏了现场的清晰度。扩声系统中的音响放在听音的正前方或前上方为最好。假如需要对后排也放音响来弥补声音的不足，就需要对它做延时处理。延时器的典型运用如图 4-12 所示。

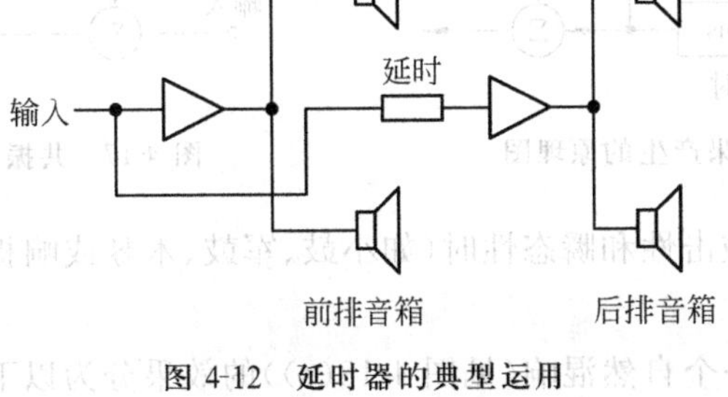

图 4-12 延时器的典型运用

② 单声信号模拟立体声。一单声信号分别加以不同量的延时后，进入左、右通道，再

将原始信号调定在中间方位，就可以模拟出立体声声像，其原理如图 4-13 所示。

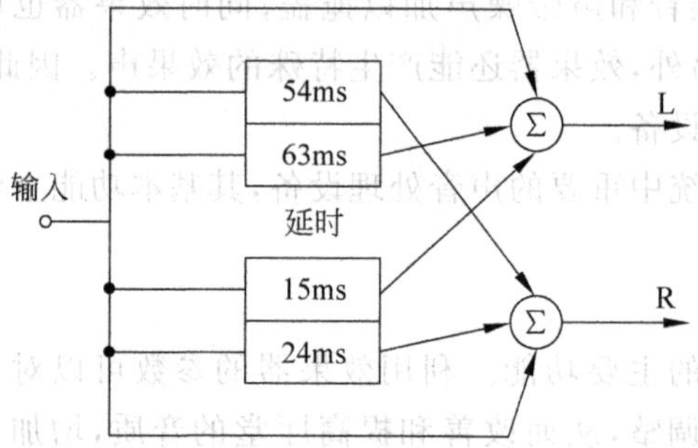

图 4-13　单声信号模拟立体声信号原理图

(2) 镶边效果(Flange)：当延时时间在 0～35ms 之间时，人耳感觉不到滞后声音的存在，它与原始信号混合后，因其相位干涉而产生"梳状态滤波"效应，这就是镶边效果，其原理如图 4-14 所示。

(3) 合唱效果(Chorus)：延时时间在 35～50ms 之间时，不再会感到有滞后的声音存在。将原始信号与被延时的信号结合起来，会使一个声音听起来像两个或更多的声音，这就是合唱效果(也称加倍效果)，其工作原理如图 4-15 所示。

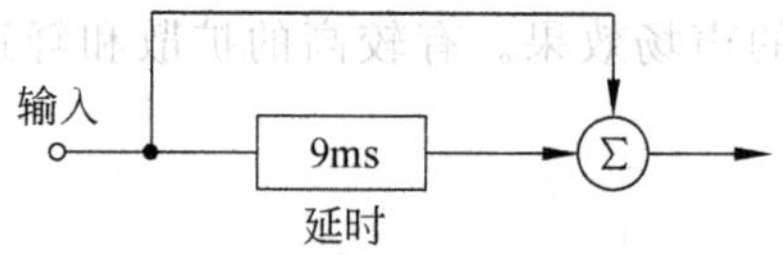

图 4-14　镶边效果产生的原理图

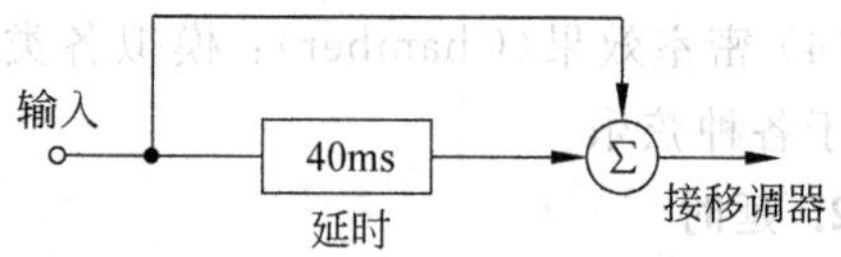

图 4-15　合唱效果产生的原理图

(4) 回声效果(Echoes)：一个声音从声源发出，在某一距离碰到坚硬的表面被弹回去，然后经过足够长的一段时间返回到我们的听觉器官，这时听到的是与原来声音分开的重复声(延时时间大于 50ms)，这就是回声效果，其工作原理如图 4-16 所示。

(5) 共振效果(Resonance)：就是将一部分延时输出返回到输入端，形成一循环或反馈性的滤波器。该滤波器与梳状滤波器相似，但随返回增益的增加而接近了恒定值，梳齿的峰变得很尖锐，其工作原理如图 4-17 所示。

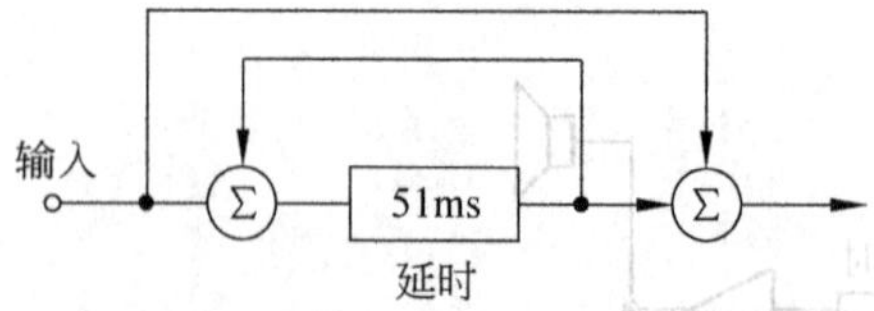

图 4-16　回声效果产生的原理图

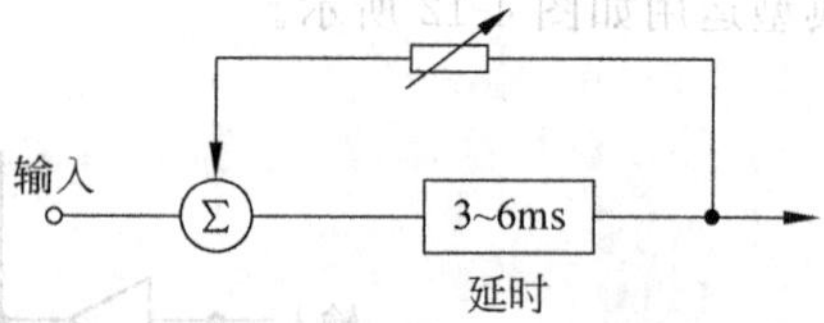

图 4-17　共振效果产生的原理图

当声源的性质是敲击性和瞬态性时(如小鼓、军鼓、木琴或响板等)，共振效果最佳。

3. 非线性效果

正常翻转或切除一个自然混响(见图 4-18(a))的效果分为以下几种。

(1) 翻转混响：正常翻转一个自然混响的混响，见图 4-18(b)。

(2) 门混响：正常切除一个自然混响的混响，见图 4-18(c)。

(3) 翻转门混响：翻转切除一个正增加的混响，见图 4-18(d)。

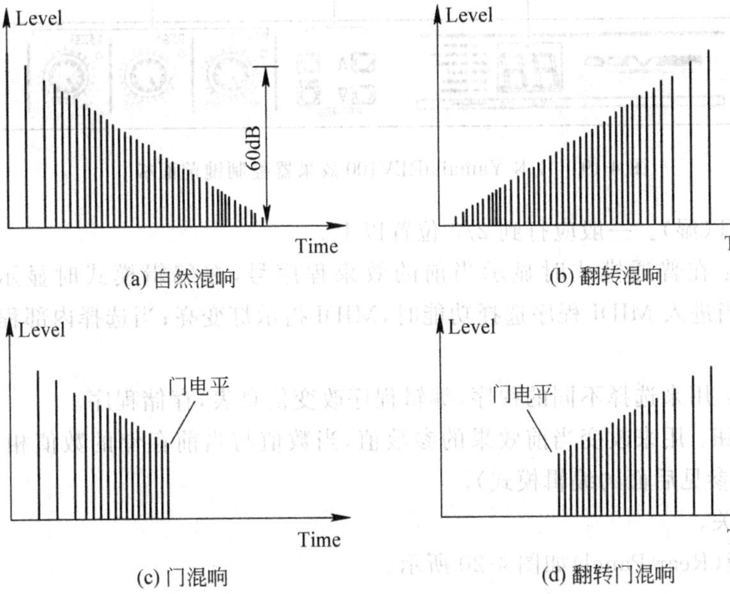

图 4-18 自然混响及其非线性应用

当前在歌舞厅使用的效果器主要有两大类。一类是日本型的效果器，它们对音色处理的幅度大，有夸张的特性，因此听起来感觉强烈，尤其获得了业余歌手的欢迎，使大多数人乐于接受。还有一类是欧美型的效果器，它们的特点是音色经过真实、细腻的混响处理，可以模拟欧洲音乐厅、迪斯科歌舞厅、爵士音乐、摇滚音乐、体育馆、影剧院等的音响效果，但是其加工修饰的幅度不够夸张，所以若不仔细听，会感觉效果不够明显。因此，在娱乐领域里，这种类型的效果处理器并不受宠，在歌舞厅中被选用的比例不太大。但是，专业艺术团体演出中的音响系统选用此类效果器的相当多。

效果器的处理方式有以下几种。

(1) 预置方式：效果器在出厂时，由厂家将预置好的效果提供给使用者选用，这些技术参数(即存储器的数据)只能读出，不能删除。

(2) 参量方式：效果器的各种参数可以调整，可以供使用者在各种不同的声场环境中选用，也可以进行特殊效果的艺术加工与音色结构的创作。

(3) 存储方式：调节好的节目效果数据可以根据使用者的需要存储起来，加以保护，需要的时候可调出来使用，而在不需要的时候也可以抹掉。

下面介绍日本 YamahaREV100 效果器。

1. 控制键

(1) 前面板(FrontPanel)如图 4-19 所示。

图中各部分分别如下。

① 输入电平旋钮：调节此旋钮使峰值指示灯只是偶然闪亮，以使输入信号较强时不致失真。

② 峰值指示灯(L,R)：当输入信号过大时此指示灯变亮。

③ 效果混合旋钮：用来调节效果声(湿声)和原声(干声)的对比程度。左为 DRY

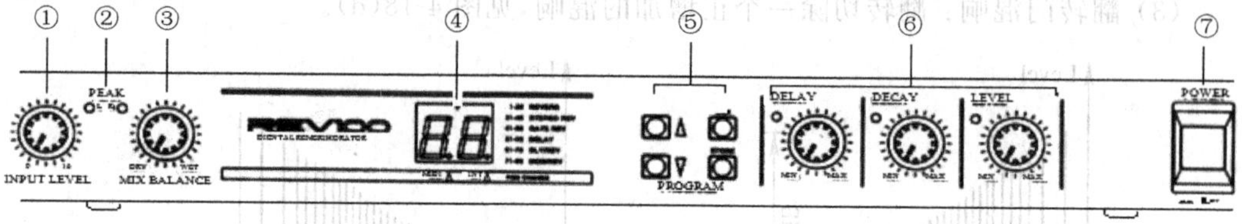

图 4-19 日本 YamahaREV100 效果器控制键前面板

(干),右为 WET(湿)。一般应打到 2/3 位置以上。

④ 显示屏:在普通模式时显示当前的效果程序号,在编辑模式时显示参数值或 MIDI 程序号,当进入 MIDI 程序选择功能时,MIDI 指示灯变亮;当选择内部程序时,INT 指示灯变亮。

⑤ 程序键:用来选择不同的程序,编辑程序改变信息表,存储程序。

⑥ 编辑旋钮:用来改变当前效果的参数值,当数值与当前存储的数值相同时,左边的指示灯变亮(参见后面的编辑模式)。

⑦ 电源开关。

(2) 后面板(Rear Panel)如图 4-20 所示。

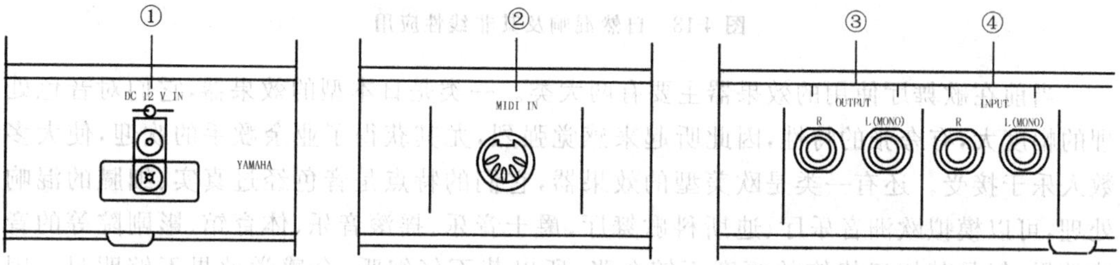

图 4-20 日本 YamahaREV100 效果器控制键后面板

图中各部分分别如下。

① DC12V 输入:连接电源。

② MIDIIN:从此接口接收 MIDI 信息。

③ 音频输出口:连接 1/4″插头,使用单声道时,应只连接 L(MONO)口。

④ 音频输入口。

2. 操作

安装和连接,如图 4-21 所示,将 REV100 安装在机架上或放置在牢固的位置处,将电源插入 DCIN 口,然后接通电源。为防止断电,请固定好电源线,打开开关。

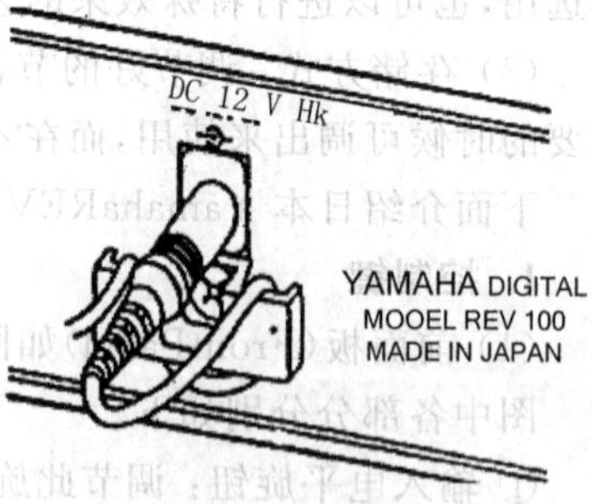

图 4-21 安装和连接图

3. 编辑模式

REV100 的每个效果都具有多个参数,三个主要参数可通过面板上的旋钮控制,如图 4-22 所示。

(1) 编辑效果程序。操作步骤如下。

① 按光标键直到屏幕上显示要被编辑的程序号;

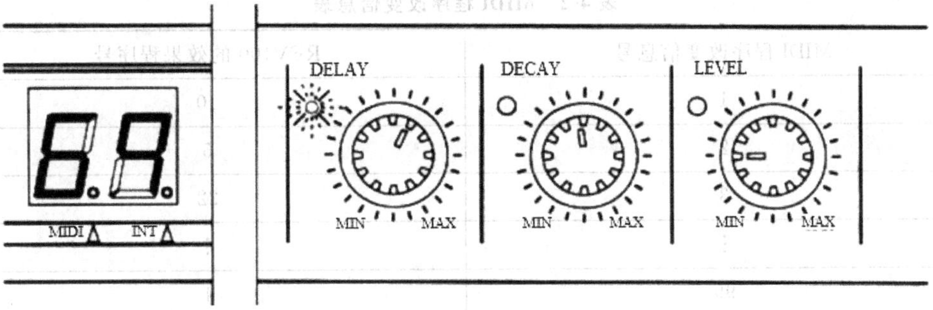

图 4-22 参数编辑控制

② 选择一个旋钮,如 DELAY(延迟)旋钮;

③ 转动旋钮改变屏幕显示的参数值,当数值与预置值相同时,旋钮指示灯变亮;

④ 监听调整的效果。

可用旋钮编辑的参数值如表 4-1 所示。

表 4-1 可用旋钮编辑的参数值

程序号	效果类型	DELAY	DECAY	LEVEL
1～20	混响	前期延迟(ms)	混响时间(×0.1ms)	效果电子
21～40	立体声混响	前期延迟(ms)	混响时间(×0.1ms)	效果电平
41～50	门混响	前期延迟(ms)	噪声门电平	效果电子
51～60	延迟	延迟时间(×0.1ms)	反馈电平	效果电平
61～70	延迟/混响	延迟时间(×0.1ms)	反馈电平	混响电平
71～90	混响/调制	调制深度	调制速度	混响电平

(2) 存储效果程序。操作步骤如下。

① 按 STORE 键,屏幕上的程序号闪烁;

② 再按 STORE 键执行存储。

不能选择其他程序存储此处所做的改变。

(3) 初始化 REV100。操作步骤如下。

① 按住 STORE 键并打开电源;

② 用光标键选择要初始化的程序号,--表示所有程序将被初始化;

③ 按 STORE 键执行。

可将 1～99 效果程序(一个或全部)恢复原厂家设置。

4. MIDI 模式

REV100 可从 MIDIIN 口接收 MIDI 信息,用来选择和控制效果。

(1) MIDI 程序改变信息表。REV100 的内存中有一个程序改变信息表,可设置效果程序与 MIDI 程序改变信息(1～99)间的对应关系。当 REV100 接收到程序改变信息时将自动选择相应的效果程序,100 以上的程序改变信息将被忽略(见表 4-2)。

表 4-2　MIDI 程序改变信息表

MIDI 程序改变信息号	REV100 的效果程序号
1	10
2	5
3	22
⋮	⋮
99	1
100	忽略
⋮	
128	

(2) 设置 MIDI 程序改变信息表。操作步骤如下。

① 按 MIDI 键，屏幕上的 MIDI 指示点变亮，这时屏幕显示当前的程序改变信息号，如图 4-23 所示。

② 用光标键选择其他程序改变信息号。

③ 要选择效果程序号，再按 MIDI 键，MIDI 指示点熄灭，INT 指示点变亮。

④ 用光标键选择其他效果程序。

⑤ 按 MIDI 键大约 1s 退出此模式，指示点熄灭，屏幕显示当前效果程序号。

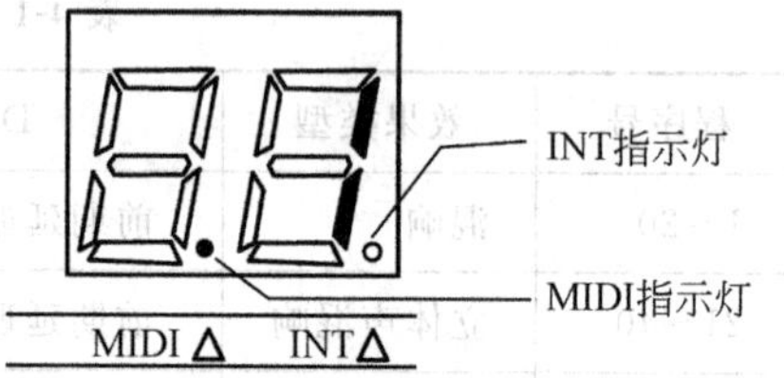

图 4-23　效果器程序显示

(3) 选择 MIDI 接收通道。操作步骤如下。

① 按住 MIDI 键并打开电源，屏幕将显示 CH 或当前 MIDI 通道号；

② 用光标键选择通道，AL(所有通道)，1～16 或--(关闭)；

③ 再按 MIDI 键回到普通模式。

4.2.3　激励器

1. 激励器的功能

音响系统中有不少设备，每一种设备都有一定的失真度。尽管高档设备的失真很少，但是一系列的设备加起来，也会产生一系列的失真。当声音从扬声器里放出来时，已经失掉了不少成分，其中主要是中频和高频的丰富谐波。这一部分不会对功率有多大的影响(几乎没有影响)，但人耳的感觉却大不一样，会感觉缺少现场感、穿透力，缺乏细腻感、明晰度和高频泛音。尽管人们使用了种种方法以减少失真度，制作高保真系统(如采用均衡器来弥补节目音源的泛音不足)，但效果总不理想。

激励器是从现代电子技术和心理声学的原理上，把失落的细节进行重新修复和再现的一种设备。它的结构中有两个部分，一部分不经过任何处理直接进入到输出放大电路，而另一部分是经过专门的增强线路，产生丰富可调的音乐谐波(泛音)，在输出放大电路中与直接信号混合。由于谐波的电平比直接信号电平低得多，因此，并不会增加功率电平。但是，从扬声器里传出来的声音却是令人惊异的，其效果很明显。

一个普通的歌唱者(没有经过专门训练的人)泛音是不够丰富的。如果利用混响器配合激励器的使用，则除了演唱技巧之外，在音色方面增强了丰满的泛音，使之具有歌星的韵味，就像是歌星音带的音色效果。当然，使用激励器要求音响师要有音乐声学方面的知识，对音色结构的理解要深远、透彻，这样才能对激励器使用自如，否则，也会产生副作用。

在复制录音带时，利用激励器可使在复制中损失的中高音频得以补偿，其效果可与原版相媲美。

在剧院、歌舞厅、大酒店和夜总会等人群密集的地方，使用激励器会使声音的穿透力增强，服务面积增加，不用增加输出功率就可以减少声反馈现象。

在公共扩声系统中，如大型文艺演出或体育馆中，激励器可使声音的清晰度在嘈杂的环境中增强。在声场中，可使声音泛音丰富，富于表现力。

2. 激励器的作用

激励器的作用有以下几点。

(1) 对主声进行处理。

(2) 通过主声把电声系统中丢失的部分(如影响现场感、亲切感、真实感等的中高音频泛音)加以恢复。

(3) 经过激励器后，可使音色增加清晰度、可懂度、透明度、表现响度，使原声更优美动听。

3. 激励器的使用

激励器的调节需要音响师首先对系统的音质和音色进行判别，再根据主观听音评价进行调整。目前，激励器的型号和种类很多，本书仅以百灵达 BEHRINGER EX 2000 为例做一介绍，其面板如图 4-24 所示。其中：

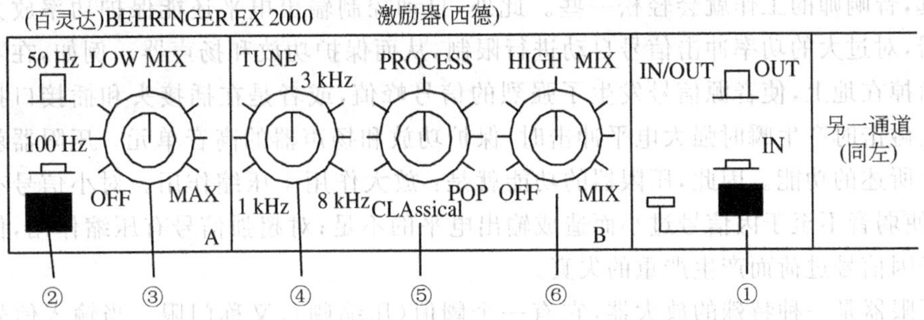

图 4-24　百灵达 BEHRINGER EX 2000 激励器

① IN/OUT：加与不加激励器效果选择。IN 为加激励器效果器选择；OUT 为不加激励器效果选择，相当于旁路。

② ③部分为综合低音处理器(也可称次谐波发生器)，能产生比节目源声更低的谐波，不妨称为“向下增强器”。从技术角度讲，这要比制造较高频的谐波难度更大。

② 50Hz/100Hz 选择开关：用以调整 50Hz/100Hz 转折频率，即次谐波可延伸至 50Hz 或 100Hz。

③ LOW MIX(低频混合控制)：决定所输出的低频谐波量。

④ ⑤⑥部分为高频处理器，产生高频谐波成分。

④ TUNE(调谐)：通过改变高通滤波器截止点选定处理的频率范围。(有些书将TUNE称为选择基波频率。)

⑤ PROCESS(处理控制)：将两种效果混合起来，使音乐达到和谐平衡。当顺时针旋转此钮时，Classical(古典)的原声效果减少，而POP(现代)的通俗风格效果增强，此时，激励量逐渐增加。

⑥ HIGHMIX(高频混合控制)：决定所输出的高频谐波量。

激励器的调整在实际使用中没有固定的模式，需要调音者根据使用的实际情况灵活处理。要想调整使用好激励器，需要在实践中反复摸索，并不断提高自身的综合能力。

另外，对激励器或效果器进行调整的同时，还要在调音台上与它们相应的返回通道中做相应的均衡调整才能达得较好的效果。所以说，对激励器或效果器最终的作用效果来说，并非是只对设备本身进行调整就可以的。此部分内容，将在后文的“混响调控”中谈到。

4.2.4 压限器

1. 压限器的功能

在对一套音响系统设备进行扩声的调音过程中，对于不同的音源如美声唱法、民族唱法和通俗唱法的演唱者而言，其歌声的力度会不同，动态范围就会很大，因此往往要求音响师根据输出的电平对信号进行提升或衰减，以使强音时不至于因声音信号过荷而产生严重的失真，弱音时不至于因声音信号过小而造成输出电平不足的现象。那么，音响师就要使用跟踪手法，使用Fader(推子)来控制输出电平。

但是手动操作有时往往跟不上唱腔的变化，如果能使用自动控制的方法使输出电平不失真，音响师的工作就会轻松一些。此外，自动控制输出电平还能保护功率放大器和扬声器，对过大的功率冲击信号自动进行限制，从而保护功放和扬声器。例如，在不小心将话筒掉在地上，使音源信号发生了强烈的信号峰值，或者是在插接头和插接口接触不良或受碰击时产生瞬时强大电平冲击时，保护功放和扬声器的高音单元。压限器就能完成以上所述的功能。因此，压限器的功能就是：放大作用+压缩作用。对小信号有放大作用，使弱音不至于因信号过小而造成输出电平的不足；对超强信号有压缩作用，使强音不至于因信号过荷而产生严重的失真。

压限器是一种特殊的放大器，它有一个阈值(压缩阈)，又称门限。当输入信号低于这个门限时，电路有增益放大作用。当输入信号高于门限时，音频信号会按一定的压缩比例放大，增益会按一定的比例缩小。压缩阈(门限)的压缩比通常是可以调节并加以固定的，如2∶1、3∶1、4∶1、5∶1、6∶1。

当压限器的压缩比为∞∶1时，压限器就变成了一种特殊的设备“限制器”。限制器有特定的限制阈。当音频信号低于这个门限时，输入信号被给予正常的放大增益作用；当音频信号高于这个限制门限时，输入信号就被限制在同一个电平上，相当于信号被“削波”，此时限制器就不再有增益放大作用了。

2. AUTOCOMMDX1000 压限器

(1) 前面板。BEHRINGERAUTOCOM 有两个不同的信道,每一个信道备有三个按键开关,5 个旋转控制旋钮和 8 个发光二极管。Couple 开关用于立体声操作。AUTOCOM 前面板布局如图 4-25 所示。其中:

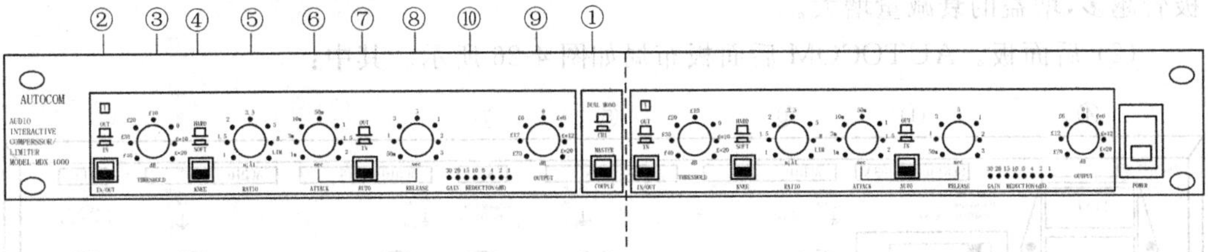

图 4-25 AUTOCOM 前面板

① Couple 开关:按下 COUPLE 开关,AUTOCOM 可转换成立体声制式,1 信道的控制器就负责控制两个信道了,即 2 信道的控制器相当于失去了作用。尽管如此,当处于耦合波形时,压限器控制信号就来自 1 信道和 2 信道输入的结合。例如,一旦 1 信道或 2 信道的输入信号高于 1 信道控制器的阈值设置,就会引起压限作用,即使相对的另一信道上不存在输入信号。

当 COUPLE 开关弹起时,两个信道各起作用,分别控制各自的输入信号。不过,一般而言,1 信道和 2 信道相对的控制旋钮最好还是进行相同幅度的调整,以避免破坏两声道之间的平衡关系。

② IN/OUT:此开关触发其对应的信道,使未经处理的原始信号(OUT 状态)和经压缩/限制的信号(IN 状态)进行直接的 A/B 比较。IN 状态时,信号要经压限器处理后输出;OUT 状态时,信号不经压限器的处理就输出,相当于旁路压限器。按弹此键,即可听出加压限器和不加压限器时输出信号之间的区别。

③ THRESHOLD CONTROL(阈值控制):设置压限器阈值点,其调整范围为 −40～+20dB。阈值点低,压缩范围大;阈值点高,压缩范围小。

④ KNEE SWITCH(拐点开关):利用这个开关可以操纵 AUTOCOM 压限器的控制特性,通过启动 KNEE 开关,压缩器就会从 HARD(硬)拐点处理转换到 SOFT(软)拐点处理方式,信号被柔和地、渐渐地压缩,发出的声音更为自然。硬拐的处理方法一般适合于强劲的迪斯科之类的音乐,而柔拐的处理方法则适合于细腻、抒情、柔美的音乐。

⑤ RATIO CONTROL(比率控制):为所有超过阈值点的信号确定输入和输出电平之间的比率。比率范围为 1∶1～∞∶1(限制功能)。从 1∶1 到∞∶1,压限器的增益会越来越小。

⑥ ATTACK CONTROL(启动时间控制):又称前延时控制。确定压限器对超过阈值的信号做出反应的速率。调节范围为 0.1～200ms。

⑦ RELEASE CONTROL(恢复时间控制):又称后延时控制。确定压限器对后来又低于阈值的信号做出的返回到原增益的反应速率。其调节范围为 50ms～3s。

⑧ AUTO(自动)开关:启动该开关,ATTACK 和 RELEASE 控制器将不起作用。ATTACK(启动)和 RELEASE(恢复)的速率自动从程序源中获取。此功能便于不引人注目的音乐信号的压缩和动态范围广的信号的压缩。

⑨ OUTPUT CONTROL(输出控制)：可做最大值达 20dB 的输出信号的提升或衰减，可对压缩/限制过程中造成的电平损耗加以补偿。

⑩ GAIN REDUCTION METER(增益衰减器)：用 8 只发光二极管组成的表示 8 级增益衰减的显示表，能反映实际的增益衰减情况。显示范围为 0～30dB。发光的二极管越多，增益的衰减量增大。

(2) 后面板。AUTOCOM 后面板布局如图 4-26 所示。其中：

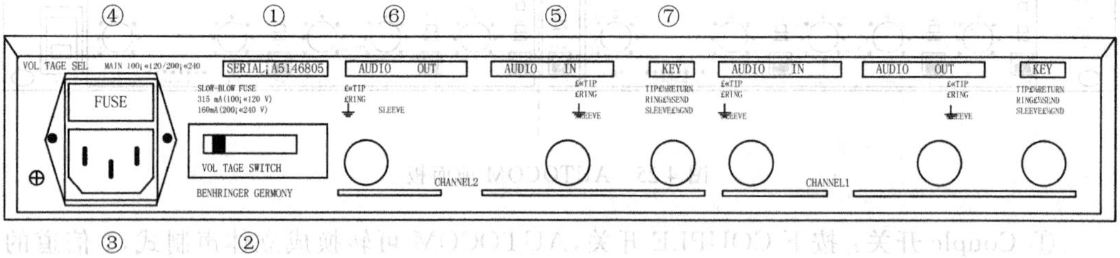

图 4-26 AUTOCOM 后面板

① SERIALN UMBER(序数)：相当于机器的名(编号)，在维修时应把该数填到保修登记卡上；

② OPERATING VOLTAGE SWITCH(工作电压开关)；

③ MAINS CONNECTOR(主电源连接)；

④ FUSE HOLDER(保险丝座架)；

⑤ AUDIOIN(音频输入)；

⑥ AUDIO OUT(音频输出)；

⑦ KEY EXT(键入输入孔)：用于连接带有音阶控制功能的外部装置的输入孔。

(3) 操作使用。BEHRINGER AUTOCOM 压限器实质上是一个控制范围高达 60dB 的高质量的动态处理 VCA(即电压控制放大器)。当输入信号低于阈值时不衰减，一旦输入信号高于阈值，动态控制立即作用，放大器的增益就会变小，从而使输出电压减小，保护了功率放大器和音响。

① THRES HOLD CONTROL：确定输出信号刚被压缩时所对应的点，也可以说确定输入信号为多大时输出信号就会被压缩。例如，工作电平为 10dB，阈值点设为 3dB，则多达 7dB(10－3＝7dB)的信号会被压缩，如图 4-27 所示。阈值要设置得当，太高太低都不妥。一般设置的方法为：正常音量情况下(一般的歌碟)，GAIN REDUCTION METER(增益衰减表)偶尔有二极管闪烁。

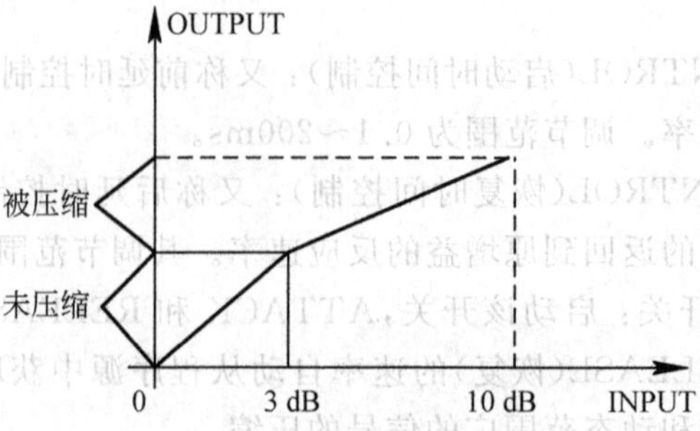

图 4-27 压缩作用示意图

② RATIO CONTROL：为所有超过阈值点的信号确定输入和输出电平之间的比率。比率范围为1：1～∞：1。RATIO的设置要适当，并且要从实际需要情况出发。比如，对动态范围不太大的音乐，RATIO要设小一些，以确保音乐的自然，而对动态范围大的音乐，如摇滚乐等，RATIO要适当增大，以保护音响。

③ KNEE SWITCH：确定HARD(硬)拐或是SOFT(软)拐。一般地，对温和流畅的音乐用SOFT KNEE，而对起伏强烈、动态范围大的迪斯科或摇滚乐用HARD KNEE。

④ ATTACK CONTROL和RELEASE CONTROL：这两个控制旋钮的调整比较困难，比如：ATTACK设置太小，可能造成拐点附近的过渡不自然，造成失真；而RELEASE太长，又可能使紧跟着的小信号被压缩，使信噪比变小。一般来看，对于起伏变化快、节奏感十分强烈的音乐，ATTACK设置较小，RELEASE设置较大；对于起伏舒缓、旋律柔和的音乐，ATTACK设置较大，RELEASE设置较小。这两个控制量要调好，需要在实践中反复摸索，留意总结。

另外的几个控制键的调整比较简单，看其功能作用(前面已提到)就可以了。

这里需要指出的是，压限器虽然可以防止强音信号因过荷而出现严重的失真，但是，这时的强音信号仍然会产生失真。譬如，有一个幅度较大的正弦波信号进入压限器，那么，正弦波信号低于阈值点部分会被正常放大，而高于阈值点的部分其放大倍数会变小，这样，从压限器输出的信号就不再是真正的正弦波信号了，它已经产生了失真，只不过这种失真没有因信号过荷而产生的失真严重罢了。因此，使用压限器时，一定要对压限器的工作原理有相当深的认识，并能科学、灵活地对压限器的各种控制键进行调整，否则，用之不但无益，反而有害。

在特定情况下，如一个歌舞厅的面积不太大，声学特性也较好，且所用功率放大器及音响的功率都比较大，工作时功率放大器和音响都没有进入满负荷，还有相当的余量，这样不用压限器会更好，其原因有4个：一是因为功率放大器和音响的功率都比较大，因此没有必要再用压限器(在信号较小时)的放大器功能来进行放大；二是因为功率放大器和音响的功率都比较大，要满足面积不太大的歌舞厅的声压级要求，所有的声音信号根本不会产生过荷现象，因此没有必要用压限器的压缩功能来进行压缩；三是因为歌舞厅声学特性较好，不易发生啸叫现象，且功率放大器和音响都还有较大的余量，抗冲击的能力较强，只要在操作过程中稍加注意，就没有必要使用压限器的保护功能了；四是因为此时不用压限器，信号不会产生任何失真，信号的动态范围大，声音会更加自然、流畅、劲力实足。

但大多数情况下，建议还是使用压限器，尤其是对于调音水准不太高的人员而言更应如此。现在的专业功放和音响都是较贵的设备，保护好它们很重要。

其他的压缩器与AUTOCOM大同小异。

4.2.5 扩展器与噪声门

1. 扩展器的基本概念与原理

与压限器十分相似，扩展器(Expander)也是一种增益随着输入电平不同而变化的特殊放大器。所不同的是，当扩展器功能被启动后，放大器的增益不是减小，而是增加了。

有两种比较典型的扩展器：一种是低电平扩展器，另一种是高电平扩展器。

所谓低电平扩展器，就是指当输入电平低于起控(门限)电平时，输入信号将被扩展；而高于起控电平的输入信号时，其输出信号与输入信号的关系仍然维持在1∶1，即不被扩展。利用这种扩展器，可以迅速将前级设备送来的微弱信号提升到后级设备的噪声电平之上，从而提高了整个系统的信噪比。当低电平扩展器的扩展比为1∶∞时，扩展器便成为噪声门。

高电平扩展器则是用来解除“限幅”或“压缩”的一种扩展器。其特点是高于起控电平的输入信号才被扩展。用它可以将先前被压缩了的高电平信号恢复到原来的电平，即恢复了信号的动态范围，这种系统多用于磁带放音系统。

还有一类特殊的扩展器，它在信号电平降低时减小增益，而在信号电平升高时增加增益。因此，这种扩展器能使响的信号更响，弱的信号更弱，从而大大增加了节目的动态范围，并使电平较低的噪声变得更弱。这种扩展器通常也被用作噪声门。

扩展器设有起控电平、扩展比、启动时间和恢复时间等参数可供用户调节。

2. 噪声门的概念与原理

尽管有的扩展器可作噪声门来使用，但两者的内涵还是有差异的。

独立的噪声门设备是一个电子门电路，门限可调。当电路的输入信号电平超过门限时，电路就导通；而当电路的输入信号电平低于门限时，电路就断开。

作为噪声门，必须满足以下两点要求。

(1) 电路启动快：因为有些乐音的始振特性会很快建立起来，并进入稳定状态，因此，电路动作要灵敏，不使乐音产生始振特性失真。

(2) 关门时有延时：即保持声音关门时有自然的衰减，给人以舒服的感觉，因此要求噪声门启动快、有控制启动时间的旋钮，衰减时间也可调、可控。

虽然理论上扩展器可作噪声门来使用，但实践中用扩展器作为噪声门来使用是不经济的。因为一台专用的噪声门设备常常会有五六个通道(如GATEKEEPER噪声门)，而一台扩展器是不可能作为五六个噪声门来使用的。

3. 扩展器和噪声门的应用

扩展器和噪声门的应用如下。

(1) 利用扩展器的边链电路，可以创作带颤声的音乐。其方法是：将4～6Hz甚低频信号放大后送进边链电路的输入端(SideChainIN)，控制扩展器的扩展时间，音乐信号进入扩展器的输入端(Input)后，在扩展器输出端(Output)便出现带颤音音乐。

(2) 利用话筒拾取鼓声节奏，创作带鼓声的节奏音乐。将话筒拾取的鼓声信号给予放大，一方面控制扩展器，一方面将输出信号与扩展器输出信号进行混合。当鼓声出现时，鼓声信号控制扩展器工作，鼓声停止，边链电路无输入，音乐信号不受扩展器控制，输出原音乐。

(3) 将低电平扩展器的扩展比调为1∶∞，成为噪声门或使用专用噪声门设备，对凡小于阈值的噪声进行迅速的衰减，从而起到提升扩声系统信噪比的目的。阈值的大小决定了切除噪声的电平值。扩展器的阈值或专用噪声门的门限值必须高于信号中本底噪声的电平，一般扩展器的阈值或噪声门的门限值都定在高于噪声电平10dB左右的地方。当然，阈值或门限值也不能调得太高，太高则会使其音源产生较明显的起始猝感。

(4) 利用扩展器或噪声门可以排除两个相邻话筒的干扰，对低于阈值或门限的话筒给予切除。

(5) 利用噪声门切除音乐外的机械噪声，例如脚鼓的踏板噪声等。

(6) 为舞台前报幕员的话筒装一个噪声门，则可使话筒及其信号通道处于常开状态，调音师将再也不怕忘记开报幕话筒了。报幕员的一般小声交谈打不开噪门限，只有报幕时话筒与声源很近才能打开噪声门的电子开关。

(7) 可以防止声反馈。当一个会议安装了很多话筒时，其系统总体增加较大，由于在讨论时话筒都处于开启状态，因此容易产生声反馈。如果对话筒加装了噪声门，当某一人在发言时，其他的话筒都可被电子门关闭在外，从而防止了声反馈的产生。

扩展器和噪声门在使用过程中，其启动时间和恢复时间的设置非常重要。启动时间应较短，而恢复时间既不能太短也不能太长，一般设定在 0.1s 左右。

由于扩展器和噪声门的调节与压限器的调节在思路上有较强的相通性，因此这里不再对某一具体的设备进行单独介绍。

4.2.6 声反馈抑制器

1. 声反馈产生的原因

在接入了话筒的传声系统中，如果将扩声系统放声功率进行提升或将话筒音量进行较大的提升，则扬声器发出的声音通过直接或间接(声反射)的方式进入话筒，使整个扩声系统形成正反馈从而引起啸叫的现象，这称为声反馈。声反馈的存在，不仅破坏了音质，而且限制了话筒声音的扩声音量，使话筒拾取的声音不能良好再现；深度的声反馈还容易造成扩声设备的损坏，如功放因过载而烧毁，音响因系统信号过强而烧坏(一般情况下是烧毁音响的高音单元)。因此，扩声系统一旦出现声反馈现象，一定要想办法加以制止，否则，就会贻害无穷。

声反馈现象主要由以下几种原因引起。

(1) 扩声环境太差，建筑声学设计不合理，存在声聚焦等问题；

(2) 扬声器布局不合理，演唱者使用的话筒直接对准音响声辐射的方向；

(3) 电声设备选择不当，比如所选话筒的灵敏度太高，指向性差等；

(4) 扩声系统调试不好，有设备处于临界工作状态，稍有干扰就自激。

2. 声反馈抑制器的工作原理

能否消除声反馈是衡量一个调音员技术水平的重要标志，在反馈抑制器出现以前，调音员往往采用均衡器拉馈点的方法来抑制声反馈。扩声系统之所以产生声反馈现象，主要是因为某些频率的声音过强，将这些过强频率进行衰减，就可以解决这个问题。但用均衡器拉馈点的方法存在以下难以克服的不足：一是对调音员的听音水平要求极高，出现声反馈后调音员必须及时、准确地判断出反馈的频率和程度，并立即准确无误地将均衡器的此频点衰减，这对于经验不丰富的调音员来说是难以做到的。二是对重放音质有一定的影响，如 31 段均衡器的频带宽度为 1/3 倍频程，有些声反馈需要衰减的频带宽度有时会远远地小于 1/3 倍频程，此时衰减时，很多有用的频率成分就会被滤除掉，使这些频率声音造成不必要的损失。三是在调整过程中有可能因反应不及时而烧毁设备，用人耳判断啸叫频率是需要一定时间的，假如这个时间过长，设备就会由于长时间处于强信号状态而损坏。

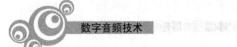

声反馈抑制器就是针对解决以上这些问题而产生的一种采用自动拉馈点的设备，当出现声反馈时，它会立即发现和计算出其频率和衰减量，并按照计算结果执行抑制声反馈的命令。声反馈抑制器原理方框图如图 4-28 所示。

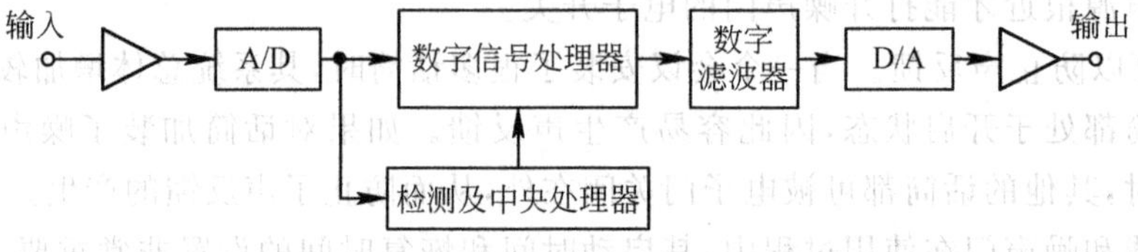

图 4-28 声反馈抑制器原理方框图

进入声反馈抑制器的信号先被放大，然后再将放大后的模拟信号转换成数字信号，这时，检测器不断扫描，对声反馈信号进行检拾(声反馈信号与音乐信号有不同之处，声反馈信号的特点是：开始时，不断地增长，然后就保持一定电平)，当这种信号找到以后，由中央处理器立即告知数字信号处理器去设定这一频率，并在数字滤波器中找到该频率点并给予数字衰减。其衰减量在－40dB 左右，滤波带宽可调，从 1/60 倍频程到 1/5 倍频程。反馈抑制器使用得当，可使扩声设备的传声增益提高 6～12dB。

在扩声系统中，声反馈抑制器通常连接在均衡器之后，这时均衡器可仅作为音质的均衡补偿，而声反馈抑制器用于啸叫声的抑制。在有些情况下，也可以把声反馈抑制器放在话筒的输入通道上。

3. FBX-901 和 DSP-1100 声反馈抑制器

1) SABINE(赛宾)FBX-901 声反馈抑制器

SABINE(赛宾)FBX-901 是一种单通道的数字反馈抑制器，其内部有 9 个滤波器(带宽为 1/10 倍频程)，能在 0.4s 内检测到反馈点，同时迅速在共振频点上设置一个数字滤波器进行反馈抑制，并且根据该频点的电平自动设定滤波深度。该声反馈抑制器还针对反馈点有可能漂移的特点，设置了一组动态滤波器，随时检测频点的变化，并进行自动跟踪抑制。FBX-901 的面板如图 4-29 所示。

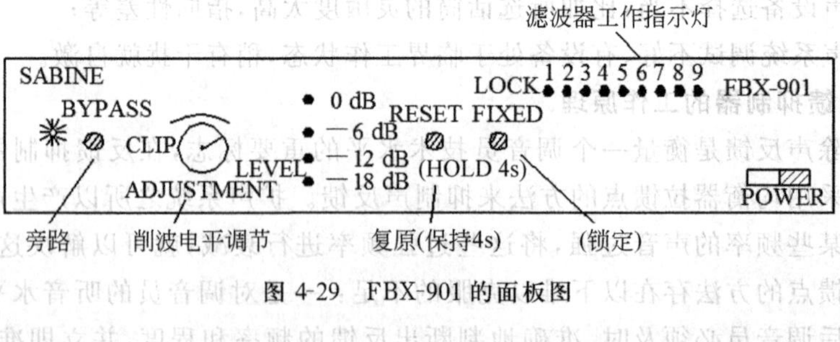

图 4-29 FBX-901 的面板图

其中：

(1) BYPASS(旁路)：实为选通/旁路键，该机在旁路(二极管呈现红色)时，用硬件转接的办法将自动反馈处理系统从信号通道中切除，对信号无任何影响，做到了平衡入至平衡出。在旁路选通(二极管呈现绿色)时，信号处理单元自动对反馈进行抑制。

(2) CLIP/LEVEL ADJUSTMENT(削波或限幅电平调节)：调节限幅电平旋钮时，右边的限幅指示二极管(LED)会间歇闪烁。电平过高会造成对音频信号的干扰，过低会使信噪比下降。

(3) RESET(重置)：按下该钮，保持 4s，等二极管停止闪烁后，就可以对滤波器进行重新设定了。

(4) LOCK FIXED(滤波器锁定)：当“锁定”按钮按下时，LED 灯亮表示 FBX 已处于锁定状态下。锁定模式可在系统启动后任何时候进入，并可保持到再次按下此键，这时发光二极管(LED)熄灭。在使用时，可以用“锁定”按钮来限定主动滤波器的总数目，如果下次希望变更主动滤波器的数量，可以进行重新设定。

(5) FBX Filters(FBX 滤波器工作指示灯)：该发光二极管分别指示 9 个滤波器的工作状态。当某一滤波器被激活选中时，相应的发光二极管(LED)就会点亮，闪烁的 LED 表明此滤波器是被新选中的。

(6) POWER(电源开关)：当打开电源时所有原设定的主动滤波器相对应的发光二极管(LED)会闪烁。

2) FBX-901 声反馈抑制器的应用

至于采用哪种连接方法应根据不同的情况而定。如果为了使所有通道都能进行反馈抑制，就可以采用串联法，如图 4-30(a)所示；如果为了使其中的某一通道进行反馈抑制而又不想让其他通道受到反馈抑制器的影响，就可以采用插入法，如图 4-30(b)和图 4-30(c)所示。

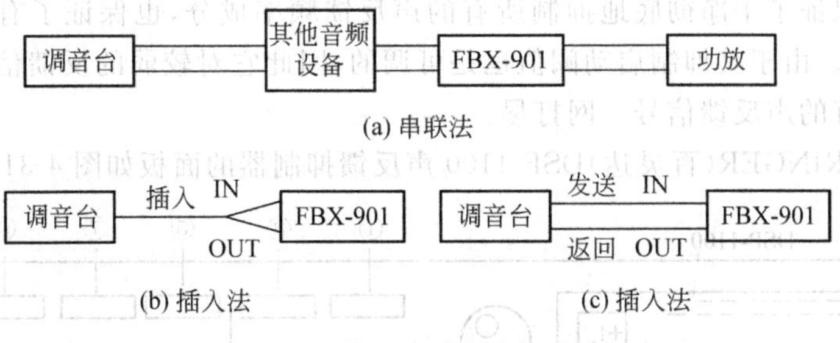

图 4-30 FBX-901 在系统中的连接方法

FBX-901 与图示(房间)均衡器连接时，原来用作消除反馈的均衡器，可以用 FBX-901 代替，被代替的均衡器可在系统中作音色修饰均衡器；将 SABINGFBX-901 接在图示均衡器的后面。

SABINGFBX-901 的调试需要细心地操作，其执行步骤如下。

(1) 将 FBX-901 设置在旁路状态，此时发光二极管显示红色。将音量调至最小，然后打开调音台、FBX-901 以及其他周边设备，最后打开功放。

(2) 将功放开至正常，在不接入传声器的情况下用仪器调试系统的均衡器，以补偿声场和扬声器的缺陷和不足。

(3) 将系统音量调至最小，接入传声器，此时传声器应放置在正常使用的位置(和高度)。

(4) 打开 FBX-901 中的限幅电平旋钮，顺时针旋两挡。按重置按钮，保持 4s 并等发光二极管停止闪烁后消除滤波器中原有的设定数据。将 FBX-901 设置为选通模式，此时发光二极管显示为绿色。

(5) 慢慢增加所选通道(传声器)和调音台的总音量,直到出现反馈。随即 FBX 会快速地(0.4s 以下)将反馈抑制掉。此时第一个滤波器已被设置完毕,再将音量加大,可能出现第二种啸叫频率,第二个滤波器又开始工作,直至所有固定滤波器都被设定为止。

(6) 将总音量稍微降低一些(下降 3dB),直至系统完全不会产生反馈,系统工作在完全稳定的状态下,这时通过传声器提供的稳定输出就是 FBX-901 为系统带来的最大的可用输出,系统也处在最大可用增益的状态下。

(7) 当进行完反馈抑制的调整后,要对限幅(削波)电平进行进一步的调整。并用卡座或功放来检查,原则是当 FBX-901 的限幅灯偶尔点亮时,卡座或功放的限幅(削波)灯也刚好被点亮。

(8) 为防止 FBX-901 错把音乐信号当作反馈信号,触发固定滤波器对这个信号进行过渡的衰减时,可在设定好固定滤波器后按下锁定键,此时锁定二极管发光,固定滤波器的衰减深度被锁定,一直保持这种状态不会使被 FBX-901 误判的音乐信号衰减过大。

SABINGFBX-901 声反馈抑制器还可以改变固定滤波器和动态滤波器数,也可以将其作为噪声门来使用,而且滤波器带宽可通过改变电路主板的调整频带跳线的方法,将原来的 1/10 倍频程改为 1/5 倍频程。

3) BEHRINGER(百灵达)DSP-1100 声反馈抑制器

BEHRINGER(百灵达)DSP-1100 声反馈抑制器是双通道的数字反馈抑制器,其每个声道有 12 个滤波器,其滤波频带宽度随实际情况而变,宽度可从 2 倍频程变至 1/60 倍频程,这样既保证了干净彻底地抑制所有的声反馈频率成分,也保证了有用的声音频率成分不被滤掉。由于其抑制启动阈值也是可调的,因此它对较弱的反馈信号也能察觉出来,从而将所有的声反馈信号一网打尽。

(1) BEHRINGER(百灵达)DSP-1100 声反馈抑制器的面板如图 4-31 所示。

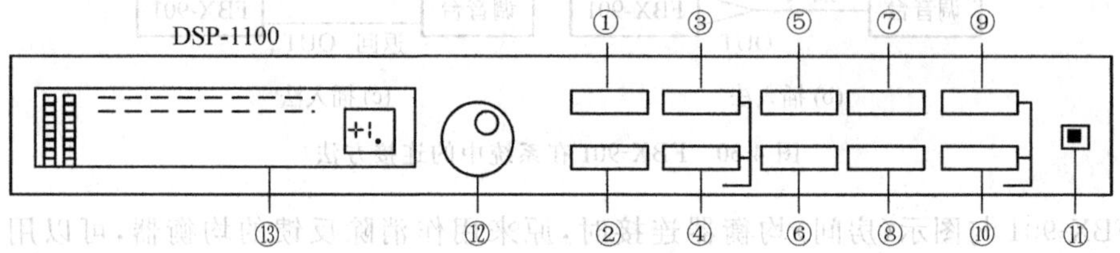

图 4-31　DSP-1100 面板图

其中:

① FILTER SELECT(滤波器选择):选择使用每个声道的 12 个滤波器。

② FILTER MODE(滤波模式):选择 O(关闭)、P(参量均衡)、A(自动)和 S(单点)等几种滤波方式。此外,同时按此键和 GAIN(增益)键约 2s 后,可以用旋轮调节抑制启动阈值(−9～−3dB)。

③ ENGINEL(左声道运行)。

④ ENGINER(右声道运行)。

同时按③④,可对左右声道一起进行处理。

⑤ FREQUENCY(频率选择):选择准备处理的频率。频点设置为 31 段。

⑥ FINE(频率微调)：以 1/60 倍频程一级微调改变所选频率。

⑦ BAND WIDTH(频带宽度)：调节所选滤波器的频带宽度。调节范围为 1/60～2 倍频程。

⑧ GAIN(增益调节)：选择信号提升或衰减量。调节范围为－48～＋16dB。

⑨ IN/OUT(接通/旁路)：决定是否进行处理。短时间按，参量均衡旁路(不起作用)，绿色发光二极管熄灭；按 2s 以上，所有的滤波器旁路，发光二极管来回闪亮；长时间按，则所有滤波器启用。

⑩ STORE(存储)：按此键两次后，已经调整好的数据就存储在机器中，关机后也不会丢失。按一下，可用转轮选择存储组别(共有 10 个)。在开机前同时按 FILTER SELECT 键和 STORE 键，开机后保持 2s，可以清除原来存储的数据。

⑪ POWER(电源开关)。

⑫ 调节旋轮：顺时针调，增加参数；逆时针调，减少参数。

⑬ 显示屏。

(2) DSP-1100 声反馈抑制器的调节步骤与方法如下。

① 抑制反射声

- 清除原来存储的所有数据。开机前同时按下 FILTER SELECT 键和 STORE 键，开机后保持按下状态 2s。
- 所有滤波器均选自动滤波方式。按下 FILTER MODE 键，选取屏幕 AU。
- 左右声道一起处理。按下 ENGINEL 键和 ENGINER 键，同时处理左右声道。
- 将抑制启动阈值调到最小(－9dB)。按下 FILTER MODE 键和 GAIN 键约 2s 后，用“转轮”调到显示－9dB。
- 选择第一个存储组。按下 STORE 键，用“转轮”选取第一个存储组。
- 提升话筒通道音量。用调音台提升话筒通道音量，声反馈啸叫出现后会立即被抑制。
- 按两下 STORE 键，将已调整好的数据存储在机器中，以保证关机后数据也不会丢失。

② 参量均衡器

参量均衡器数据与抑制声反馈的数据存在同一组时，在房间无较大声缺陷的情况下，可以使系统省去一台图示均衡器；当然，参量均衡器数据也可单独存在于某一组中。

将容量均衡器的数据单独存于某一组时的操作步骤如下。

- 选择滤波器号码；
- 滤波模式选择 P；
- 决定处理哪个声道；
- 找到所要调整的频率；
- 如果频率不合适可微调；
- 确定频带宽度；
- 提升或衰减；
- 按两下 STORE 键存储数据。

③ 激励器的其他操作

- 按 IN/OUT 键使本机退出参量均衡的激励状态，再按 IN/OUT 键保持 2s 使整机退出激励状态。
- 同时按 IN/OUT 键和 STORE 键，使本机进入 MIDI 传送方式。
- 同时按 FILTER MODE 键和 GAIN 键，保持 2s，用“转轮”将反馈抑制阈从 −9dB 调制到 −3dB。
- 同时按 FILTERSELECT 键和 STORE 键，接通本机电源，并保持 2s，所编辑的程序取消，并返回到工厂原始设置值上。

声反馈抑制器是在系统出现了反馈后进行补救的一种有效措施，虽然随着技术的发展，这种补救所带来的副作用越来越小，但这毕竟是一种被动的补救措施，系统会因为这种补救而付出某些有用的频率信号被切除的代价。因此，扩声系统的设计中进行合理、科学的建筑声学设计是最主要的，再配上合理良好的电声设备，经过科学调试后就应该满足扩声系统的需要，在一般情况下不再需要反馈抑制器进行补救就完全可以满足指标的要求。所以，声反馈抑制器的使用应视情况而定，能不用就尽量不用。音响系统的好坏绝对不能以设备的多少或高档与否来进行判断。

4.2.7 均衡器

1. 音频均衡处理的意义

音频均衡处理的意义如下。

(1) 调整声场的频率传输特性。因任何一个厅堂都有其建筑结构，包括容积、形状和各种不同的建筑材料，所以就构成了每个厅堂都有自己对各种频率的反射和吸收的不同的状态，造成了频率传输特性的不均衡，因此要对不同频率进行均衡处理，才能在此厅堂里将音乐声中的各种频率成分平衡地传递以达到音色结构本身完美的表现。

(2) 对音色进行“修饰”。从高保真的意义讲，音响设备在重现音乐节目时应忠实地反映音乐原来的面目，对音色的任何“修饰打扮”都是一种失真。但实际上，每个人对音色的要求不同，青年人和中老年人之间的差别就更大。有了均衡器，使用者可根据音乐特点（风格、流派）的不同，以及个人的爱好，方便地对音色进行调节，达到听者喜爱的效果。

(3) 克服音响系统本身的某些缺陷及某些频率的噪声。由于音响系统在对音频信号的传输过程中可能会损失或增加了某些频率成分，从而产生了某些失真或某些噪声等，因此，必须对音质进行修复加工处理。

2. 房间均衡器和参量均衡器

房间均衡器是一种多频点图示均衡器，它垂直安放的多个直滑式电位器可以对不同频点进行提升或衰减，其物理位置恰似本身形成的均衡曲线。房间均衡器能补偿各种节目信号中欠缺的频率成分，又能抑制过重的频率成分，并能在一定程度上弥补建筑声学的结构缺憾。比如，某歌舞厅的音响系统最后安装完毕，在调试时要用房间均衡器来抑制厅堂声总响应中由于谐振而过于突出的部分，提升由于厅堂对某些频率吸声作用太甚而造成的谷点，消除因厅堂体形的差异而造成的使用某些频率产生的驻波现象，使总响应趋于平滑。

参量均衡器的作用、形状都类似于房间均衡器，不过频点多为3～8段，其特点是每段的各种参数都可分别调节，如某一段的中心频率可从200Hz连续调到800Hz，而且中心频率所占的带宽和Q值也可调，每一段的可调范围比房间均衡器大，可达到±16dB以上（房间均衡器的参数不能调）。因此，用参数均衡器也可以覆盖整个音频范围，方便地进行节目信号处理。另外，用参数均衡器可将某些频带大幅度提升，造成特殊的音响效果，也可大幅度地抑制某一频点，同时可将Q值适当调节，使该点很尖锐、很窄，从而起到滤波器作用，将有害的干扰和噪声滤除。

3. 房间EQ的调整

房间EQ的调整有以下几种方法。

(1) 采用音频振荡器（信号发生器）和示波器等设备，进行厅堂的频率响应曲线的测定，然后在均衡器上进行平衡处理，使厅堂的实际传输特性曲线接近平直，从而改善了厅堂的频率传输特性，提高了声音的传播质量，这种方法需要有一定的设备条件。

(2) 根据歌厅的声场，在歌坛的位置装上话筒，然后按开机顺序，逐次开启整个音响系统，并将每个单元按一定比例关系来调整电平的位置，将MIC路的Fader调到适当位置，即约4/5的位置，然后调整GAIN电平位置，再调总电平MASTER。同时，预先将均衡器80Hz～12kHz之间的所有频点都调到最高点，80Hz以下和12kHz以上各频点要保持在中点。这是一种传统的均衡器调整方法，也是一种普及且简便的方法。用该方法进行调整的步骤如下。

① 逐渐提高总的增益，使其增益最大至反馈的临界点，产生轻微的啸叫，这时将反馈声音的频率衰减1～3dB，啸叫消失，此刻总的增益可提高1～2dB，不会产生啸叫，再继续提高总电平。（如果啸叫频点听不太出来，可在大致的频率范围内逐一尝试，即试着将推子向下推3dB左右，看啸叫是否消除，如没消除，则将此推子还原，再试另外的推子，当某一推子向下推时，啸叫消除，则此推子所对应的频点即为第一啸叫点。）

② 继续提高增益，使音响系统再出现轻微的啸叫，并将啸叫声音频率衰减1～3dB，如果啸叫声音还是第一次啸叫的频率，可将这个频率继续衰减至啸叫声消失为止。

③ 继续提高增益，使声音再一次出现啸叫，并将啸叫声音的频率进行衰减，直到使啸叫声音消失为止。

④ 不断地提高电平（输出）的增益，衰减反馈的声音频率（可寻找1～6个反馈频率），这样就将厅堂的频率特性调整得比较接近平直，从而达到良好的频率传输特性。

该调整方法要求调音员有丰富的调音经验。一个好的调音员，一听就能准确地辨别出反馈声音的频率，然后进行提升和衰减的加工处理。

声场中的自然频率传输特性曲线就像重叠的山峰一样，而31段声场均衡器的调节应像这一座座山峰在水中的倒影一样，如图4-32所示。一般声场均衡器的调节，只有衰减，不做提升处理。目前很多歌舞厅的声场均衡器的调节并不理想，因此导致歌舞厅频率传输特性也并不理想，这也就影响了音乐和歌声最完美的表现。这一点应引起各歌厅音响技术人员的重视。

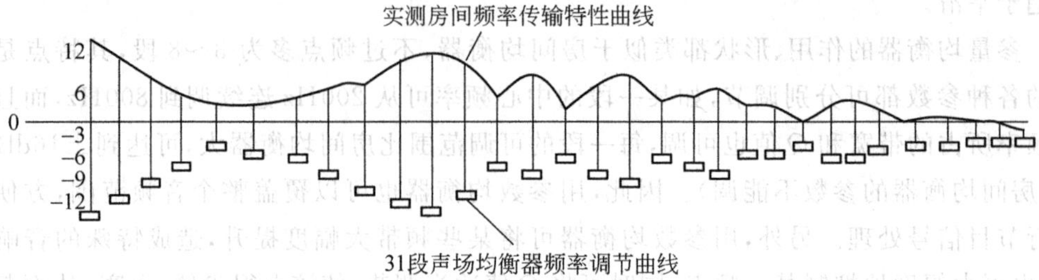

图 4-32 房间频率传输特性与均衡器频率调节曲线的对应关系

4. 对音响系统频率特性的调整

1）了解声源的状况

声源的状况包括：

（1）各种声源的频率特性；

（2）基音的频率范围：保证音量的部分；

（3）泛音的频率范围：影响音色特性的部分。

泛音频带宽度不足就会滤掉声源中富有表现力的、标志其声音特色的频率。

低频泛音丰满时，音色浑厚、坚实有力；中频泛音丰满时，音色和谐、圆润自然；高频泛音丰满时，音色洪亮、清透悦耳。

2）均衡器的调节

（1）20～60Hz 部分：这段低频声部分往往给人很响的感觉（如雷声），在音乐中是强劲有力的表现。如果这段频率提升过高，则又会给人以听觉混浊不清的感觉，造成清晰度不佳。

（2）60～250Hz 部分：这段频率包括基音、节奏音型的主音。调整这一频段可以改善音乐的平衡特性，使其丰满或者单薄。这要根据音乐内容来进行调整，否则，提升过高会产生隆隆声。

总之，这是中央 261Hz 以下的频率部分。它和高中音的比例构成了音色结构的平衡特性：强之则声音丰满；弱之则音色单薄；过强则产生隆隆声。

（3）250Hz～2kHz 之间部分：它包括大多数乐器的低频泛音和低次谐波。如果提升过高，则会产生像在电话中听到的那种音质，这样就失掉或压住了富有特色的高频泛音。

如果 500Hz～1kHz 频段提升过强，会使人感到乐器声音变成了类似喇叭发出的声音。原则上这一频段的声音不适合过分提升或衰减。根据实际情况进行适度的提升，可使声音的力度增强。

（4）2～4kHz 部分：如果过量提升这一频段就会掩盖说话声音中的识别音，导致声音口齿不清，并使唇音 m、b 难于辨别。这一频段中，尤其是 3kHz 提升过高，会引起听觉疲劳。但有时根据实际需要，对这一频段进行适度（约 3dB）提升，却能使声音显得洪亮。

（5）4～5kHz 部分：这是一个具有临场感的频段，它影响语言和乐器等声音的清晰度。提升这一频段，会使人感觉声源与听者的距离显得稍近了一些。衰减 5kHz，就会使声音的距离感变远。如果在 5kHz 左右提升 6dB，则会使整个混合声音的声功能提升约 3dB。

(6) 5～16kHz 部分：这一频段控制着声音的宏亮度、感染力和色彩。此频段不适合衰减，一般可作平直处理或提升在 3dB 范围之内，如果过量提升此频段，则会使语言产生齿音和 S 音，使音色产生毛刺。

为独唱演员调音时首先要了解演员本人的音色特性曲线结构，而后才能在均衡器上进行频谱曲线的选择，所以，不了解音源的情况是无从调起的。因此要分析独唱演员的音色特性，这是调音员的基本职能。进行准确的分析之后，进而调整均衡器，再试听直至满意，然后将这个独唱演员的频谱曲线记下或存储在电子均衡器的库存中，供演出时调用。一般来说，对于男声，要适当提升 100～300Hz，对于女声，要提升 200～500Hz。

放伴舞音乐(伴舞乐队)时，一般应以 1kHz 为中心逐次向低高频提升，使频谱曲线大致总体上成 V 字形。当然，这只是一个普遍规律或一般原则。如能在测试之后再进行调整，那再好不过了。

如果音源质量欠佳，可在 50Hz 以下、12kHz 以上的频段衰减，使其频谱曲线总体上大致成燕形。这样可以保证高低频噪声得以减小。

对均衡器的调整必须认识到以下几点。

(1) 均衡器的使用很大程度上取决于扩声环境的传输频响特性；

(2) 均衡器的使用也取决于音源的频响特性；

(3) 人的主观感觉和心理要求也是影响均衡器使用的一个因素；

(4) 个人的心情、爱好影响均衡效果。

这四者应该和谐统一，千万不能凭个人爱好、主观意愿而随心所欲地调节均衡器，以致破坏了音色本身的和谐性，甚至造成设备的损坏。

3) 使用均衡器时的注意事项

使用均衡器时应该注意以下几点。

(1) 选择各频率控制点要有针对性和目的性；

(2) 高低音频率的调节要有限度；

(3) 两个相邻频率控制点之间的提升和衰减不要出现大幅度的峰谷交错；

(4) 要注意切掉次低声，激光唱机(CD)视盘有次低声，长期受次低声环境刺激，会伤害人体内脏。

5. 美国 AB231 双通道均衡器

为了让读者对均衡器有一个具体的认识，本书介绍一种典型的常见的专业均衡器——美国 AB231 双通道均衡器。该均衡器面板如图 4-33 所示。

AB231 为双通道引段房间均衡器，其可调频点分布为 1/3 倍频程，频点为 20Hz、31.5Hz、40Hz、50Hz、63Hz、80Hz、100Hz、125Hz、160Hz、200Hz、250Hz、315Hz、400Hz、500Hz、630Hz、800Hz、1kHz、1.25kHz、1.6kHz、2kHz、2.5kHz、3.15kHz、4kHz、5kHz、6.3kHz、8kHz、10kHz、12.5kHz、16kHz、20kHz。另外，常见的均衡器还有 15 段和 10 段两种，其可调频点分布为 2/3 倍频程和 1 倍频程。

要使一个系统调整得比较好，一般应使用 27 段以上的均衡器。下面就对 AB231 做简单介绍。

由于推子的形状都相同，图 4-33 中只画了 5 个推子，各部分的作用介绍如下。

① 直滑式推子。以 1/3 倍频程划分，从 20Hz 至 20kHz 共有 31 段，使用 31 个推子，

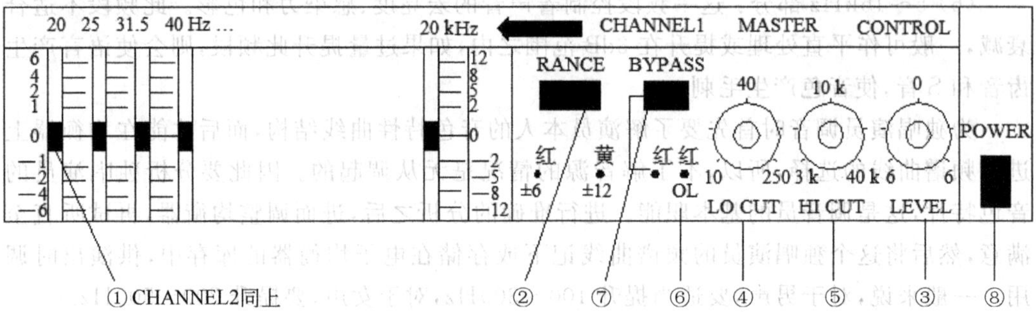

图 4-33 美国 AB231 双通道均衡器面板图

除了每个推子负责的频率不同以外，其他结构完全相同。当推子在上或下的极端位置时，在该推子所负责的频点上有 12dB 的提升或 12dB 的衰减，刻度上记为±12dB；如果量程(RANGE)选择开关选择 6dB 档，表示最大的调整范围上有±6dB，虽然范围小了，但每一刻度表示的分贝数小了一倍，因此精度却得到了提高，能做比较精确的调整。

② 量程选择开关(RANGE)。可选量程有±6dB 和±12dB 两档，选±6dB 时，下面的红灯亮；选±12dB 时，下面的黄灯亮。

③ 输入电平调节(LEVEL)。能对输入电平进行提升或衰减，以适应前级器材输出的信号电平；前级输出信号太小则提升，输出信号过载则衰减。

④ 高通滤波器转折频率选择(LOCUT，俗称低切)。可以在 10～250Hz 之间选择，令其所选频率点以下的成分被衰减，并可降低不需要的低频干扰信号。

⑤ 低通滤波器转折频率选择(HICUT，俗称高切)。可以在 3～40kHz 之间选择，能令其所选频率点以上的成分被衰减，去掉有害的中高频或高频干扰信号。

⑥ 过载指示(OL)。当输入信号即将使均衡器前级过载时该指示灯点亮。

⑦ 旁路开关(BYPASS)。按下 BYPASS 键，则信号不进行均衡而被直接送到下级设备，此时对应的指示灯点亮发红光。

⑧ 电源开关(POWER)。

这里再介绍一种调整方法：利用试音碟片调音。

先准备一张试音碟，如中国香港雨果公司录制的发烧碟中就有一张以 1/3 倍频程从 20Hz 至 20kHz 录制了 31 段正弦振荡信号，作为调试用的信号源就比较好。测试时，先播放 1kHz 的信号，通过对音量的调整，使声音大小约 85dB 左右(注意听此时声音的大小)。然后由低到高放送测试振荡信号，播放的范围在 80Hz～10kHz 即可，认真听，仔细辨别各个频率点声音的大小，调整房间均衡器上相对应的推子，使高、中、低频的信号听起来音量差不多大，这样就完成了调试工作。但如果系统的左、右声道能分别调整，则应一个声道一个声道地调节，直到若干频点上的声音听起来大小相差不多时为止。这种方法针对房间的特性将音响系统做了适当的调整，放音质量不会有什么大的问题，初学者较易掌握，要求调试者要有一定的听音水准，对各频率的正弦振荡声音信号能较准确地听出其声压级的大小。

房间均衡器有以下几个特殊频点，掌握与应用好它们对实际工作很有帮助。

(1) 将 50Hz 频点提升 2～3dB，能给人以强烈震撼。

(2) 50Hz、100Hz 是交流声频点,提升时必须慎重。

(3) 100～300Hz 如提升约 3dB 能增加音乐的丰满度。

(4) 300～500Hz 如提升约 3dB 能增加音乐的力度。

(5) 800Hz 处提升要特别慎重,因为这个频点提升后会有嘈杂声和狭窄感。

(6) 将 2～4kHz 提升 2～4dB,能增加声音的亮度,特别是人声。

(7) 6.8kHz 提升过高会产生尖叫声,特别是接有话筒的扩声系统,会引起高频反馈啸叫。

(8) 8kHz 以上稍加提升就能增强声音层次和色彩感。

(9) 10kHz 以上各频率最好不要提升或不要提太高,控制在 3dB 以内为宜。如感到高频段音量不足,可在均衡器后加接音色激励器来补偿。

总之,任一频点的提升量和衰减量都不要过大,最忌的就是相邻几个频点增益相差太大,这样最易诱发音乐的频率失真。

4.2.8 分频器

1. 分频器的作用

在音响系统中,分频就是把音频输入信号分成两个或两个以上的频段。分频器能使扬声器系统中的各种扬声器都工作于最佳频率范围内,降低扬声器的频率失真度,提高声场还原的质量,从而实现高保真重放声音信号的目的。用于实现分频任务的电路或部件称为分频器。

分频器实质上是一种滤波器,分频网络的计算方法与滤波器的计算方法相同。音响系统中的分频器按其所处的位置不同,可分为功率分频器和电子分频器两种,如图 4-34 所示。

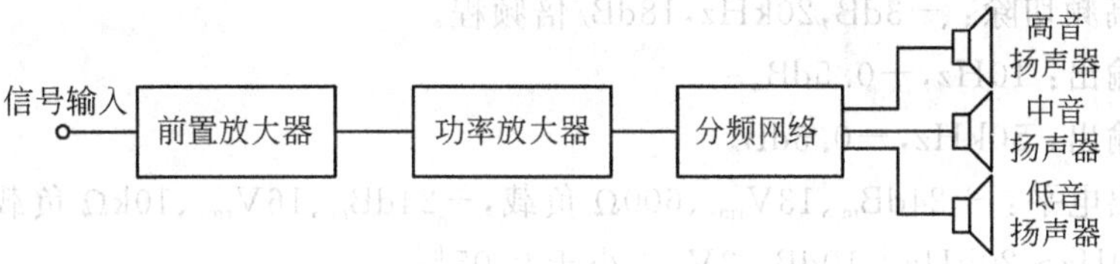

(a) 功率分频器

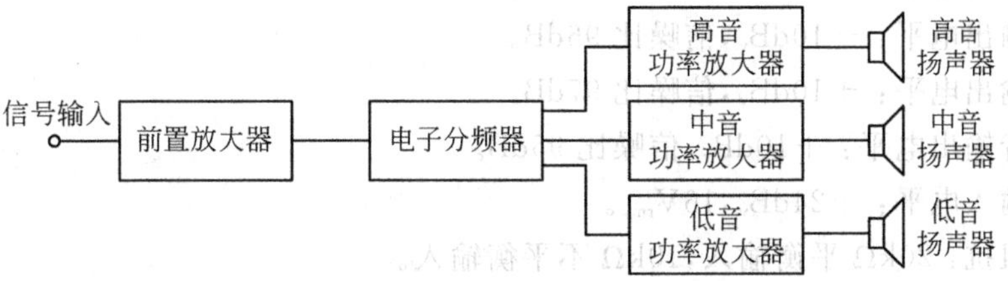

(b) 电子分频器

图 4-34 功率及电子分频器位置图示

功率分频器一般为无源 LC 分频网络,其结构简单、造价较低,常安装在音响箱体内,其在非专业场合和民用产品中的应用非常广泛。但由于动圈式扬声器的阻抗会随频率的不同发生明显的变化，使得无源分频器的分频点难以控制，从而影响了分频精度并导致分频点附近的频率响应的平滑度变差。另外，由于在功放与扬声器之间连入了L、C元件，还会引入各种失真，并加大了功放的等效内阻，从而降低了功放对扬声器的阻尼系数，使音质受到一定程度的影响。

电子分频器以有源高通、带通、低通滤波器的形式分频。电子分频器由于其连接位置的原因，使功放对音响只有功率传输线而没有影响音质指标其他环节的进入，从而降低了失真，提高了功放对扬声器的阻尼系数。由于电子分频器的负载是放大器的输入阻抗，而放大器的输入阻抗高而稳定，因此能很容易地调整分频点和控制分频精度。在场面较大的演出活动中，电子分频器得到了十分广泛的使用。

2. V4X 电子分频器

V4X 电子分频器，是百威众多电子分频器中较具代表性的一种。它可作二分频、三分频和四分频。

(1) 技术指标。

输入电平调整范围：10dB。

40Hz 低频切除：−3dB，40Hz，24dB/倍频程。

低音电平调整：−∞～+6dB。

低音到中音分频点：20～400Hz，18dB/倍频程。

中音电平调整：−∞～+6dB。

中音至高音分频点：200～4000Hz，18dB/倍频程。

高音电平调整：−∞～+6dB。

高音 EQ 开关：6dB/倍频程。

高音至超高音分频点：1～20kHz，18dB/倍频程。

超高音电平调整：−∞～+6dB。

20kHz 高频切除：−3dB，20kHz，18dB/倍频程。

超低音输出：10Hz，−0.5dB。

超高音输出：50kHz，−0.5dB。

最大输出电平：+24dB_m、13V_{rms}、600Ω 负载，+24dB_m、16V_{rms}、10kΩ 负载。

失真：20Hz～20kHz+10dB_v、3V_{rms}，小于 0.05%。

低音输出电平：+10dB_v，信噪比 102dB。

中音输出电平：+10dB_v，信噪比 96dB。

高音输出电平：+10dB_v，信噪比 97dB。

超高音输出电平：+10dB_v，信噪比 95dB。

最大输入电平：+24dB_v，16V_{rms}。

输入阻抗：20kΩ 平衡输入，10kΩ 不平衡输入。

电源：220V，50Hz，20W。

(2) 功能说明。

V4X 电子分频器面板如图 4-35 所示。

① 系统增益调节旋钮：调节整机信号的增益。

② 低音至中音分频点选择旋钮：可根据需要选择低音至中音的分频点。

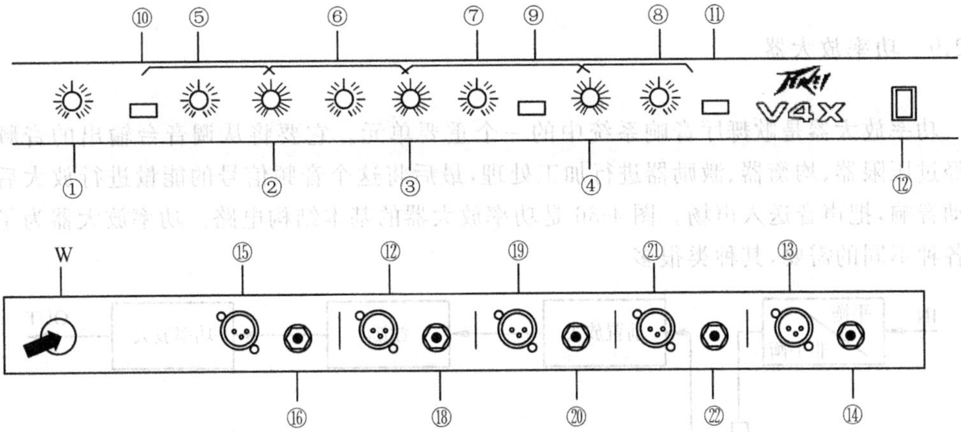

图 4-35　V4X 电子分频器面板图

③ 中音至高音分频点选择旋钮。

④ 高音至超高音分频点选择旋钮。

⑤ 低音电平调整旋钮：调整低音电平。

⑥ 中音电平调整旋钮：调整中音电平。

⑦ 高音电平调整旋钮：调整高音电平。

⑧ 超高音电平调整旋钮：调整超高音电平。

⑨ 高音 EQ 开关：按下此开关 IN，高频每倍频提升 6dB。

⑩ 40Hz 低频切除开关：按下此开关，40Hz 以下的频率成分按每倍频程衰减 24dB 被切除。

⑪ 20kHz 高频切除开关：按下此开关，20kHz 以上的频率成分按每倍频程衰减 18dB 被切除。

⑫ 电源开关。

⑬ 平衡输入插座：全音域信号由此输入。

⑭ 非平衡输入插孔：全音域信号由此输入。

⑮ 超高音平衡输出插座。

⑯ 超高音非平衡输出插孔。

⑰ 高音平衡输出插座。

⑱ 高音非平衡输出插孔。

⑲ 中音平衡输出插座。

⑳ 中音非平衡输出插孔。

㉑ 低音平衡输出插座。

㉒ 低音非平衡输出插孔。

(3) 注意事项。

① 输入信号时，输入电平应不大于电子分频器的最大输入电平（$+24dB_v$，$16V_{rms}$），通常电平应在 $0dB_v$ 左右。

② 各分频点的选择，应根据所连接音响的频率范围而定。

③ 电源电压切勿超过 240V。

4.2.9 功率放大器

功率放大器是歌舞厅音响系统中的一个重要单元。它要将从调音台输出的音频信号经过压限器、均衡器、激励器进行加工处理，最后将这个音频信号的能量进行放大后来推动音响，把声音送入声场。图 4-36 是功率放大器的基本结构电路。功率放大器为了适应各种不同的需要，其种类很多。

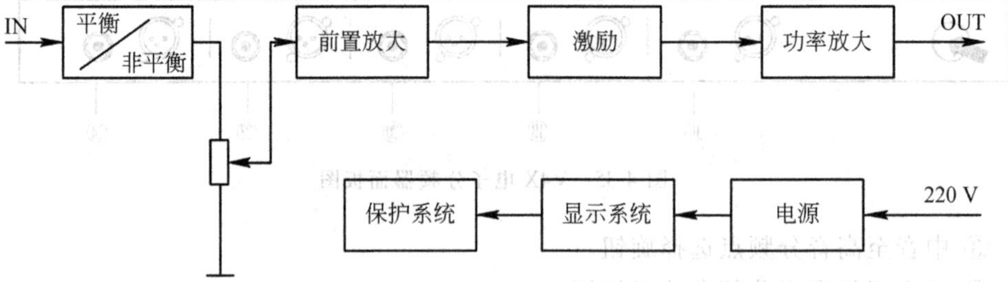

图 4-36 功率放大器的基本结构

1. 功率放大器的分类

1）按照功率放大器与音响的配接方式分

功率放大器按照其与音响的配接方式可分为以下两种。

(1) 定压式功放。为了远距离传输音频信号，应减少在传输线上的能量损耗，以较高电压形式传送音频功率信号。一般有 75V、120V、240V 等不同电压输出端子供使用者选择。使用定压式功放要求功放和扬声器之间使用线间变压器进行阻抗的匹配。如果使用多只扬声器则需要用公式进行计算，多只扬声器的功率总和不得超过功率放大器的额定功率。另外，传输线的直径不要过小，以减小导线的电流损耗。

(2) 定阻式功放。功率放大器以固定阻抗形式输出音频功率信号，也就是要求音响按规定的阻抗进行配接，才能得到额定功率的输出分配。例如，若一台 100W 的功率放大器的实际输出电压是 28.3V(在一个恒定音频信号输入时)，那么接上一只 8Ω 音响时，则可获得 100W 的音频功率信号，即

$$100 = \frac{28.3^2}{8}$$

如果接的是两只串联的 8Ω 音响，即阻抗为 16Ω，则其输出功率为

$$\frac{28.3^2}{16} = 50\text{W}$$

如果两只 8Ω 音响并联，则阻抗为 4Ω，那么实际输出功率为

$$\frac{28.3^2}{4} = 200\text{W}$$

此时，功率已经超负荷，机器会开始发热，最后将会损坏功率放大器。室内的音响多用定阻式功放推动。

2）按照功率放大器的使用元件分

功率放大器按照其使用元件可分为以下几种。

(1) 电子管功率放大器。电子管在音频领域里发挥过重要的作用，尤其是在 20 世纪 60 年代以前均使用电子管制作功率放大器，后来被体积小、功率大、耗能少、技术参数高的晶体管所取代。但是在 20 世纪 90 年代以后，欧洲人又追忆起电子管放大器的某些特有的特色：音色柔和，富有弹性和空间感强等，尤其在 Hi-Fi 音响领域里又重新出现了一股胆机热潮，因此，电子管功放也重新出现在人们的生活、娱乐当中。目前，因歌舞厅使用的多是大功率的功率放大器，因此大多数为晶体管的功率放大器。

(2) 晶体管功率放大器。晶体管功率放大器体积小，功率大，耗能少，技术参数指标很高，具有良好的瞬态特性等。它有分立式的元件结构电路，这种电路在很多功率放大器中均被使用。

(3) 集成电路功率放大器。由于大功率晶体管，特别是 PNP 管的品种日益繁多，使得大功率优质功放最多使用的还是集成电路，而且电路中大量使用了各种优越的设计，如大电流、超动态、超线性的 DD 电路(菱形差动放大电路)和霍尔曼电路，或者采用 FET 管作为输入级(它具有噪声小、动态范围大的特点)、动态偏置、双电源供电以及全互补等一系列技术，使得功放的谐波失真轻而易举地降到 0.05%以下，频响达到 20Hz～20kHz (±1dB)以上，而且在电路中可以方便地加入各种保护功能。

(4) V-MOS 功率放大器。随着场效应管生产技术的不断发展，大功率的场效应管品种也日趋丰富。因为场效应管是电压控制器件，它具有负温度特性，因此无须对输出管进行复杂的保护，而且它具有和电子管相似的音色。采用场效应管制作的功放具有噪声低、动态范围大、无须保护的特点。其电路较简单，而性能却十分优越。

3) 按晶体管工作特性分

功率放大器按照晶体管工作特性可分为以下几种。

(1) A 类功率放大器。这类功率放大电路是晶体管工作在特性曲线的直线段时的电路，只用一只晶体管将声波的正负半波完整地进行放大，因此，正弦波形很完整，不存在交越失真的问题，所以失真度很小。但因是用一只管子放大整个正弦波，所以其检出功率比较小。在 Hi-Fi 音响领域很多厂家选用此种功放，如英国罗特功放、音乐传真功放和日本的金嗓子功放都是 A 类功放。但因为在歌舞厅中需要强大功率的功放，所以多选用 B 类功放。A 类功放功率较小，音质好，但功耗大。

(2) B 类功率放大器。B 类功率放大器也称乙类功放，用两只晶体管共同完成声波的能量放大。一只管子担任正半波的放大工作，另一只管子担任负半波的放大工作。用两只管子轮流放大声波的正负半波，最后合成为一个完整的正弦波。用这种方式对音频信号进行放大的功放称为 B 类功放。由于两只功放管共同完成声波的放大，因此其输出功率较大，但是在第一只晶体管完成正半波放大的波形与第二只管子完成负半波放大的波形的连接处，总是存在着一些不够平滑的现象。这种由于两个电路合成时所产生的波形失真称为交越失真。

(3) AB 类功率放大器。这是一种介于 A 类和 B 类之间的功率放大器，能在较小失真情况下获得较高的功率输出。这也是一种被广泛应用的功率放大器。

4) 按晶体管功率放大器的末级电路结构分

功率放大器按晶体管功率放大器的末级电路结构可分为以下几种。

(1) OTL(Output Transformer Less)电路。OTL 为单端推挽式无输出变压器功率

放大电路，采用单电源，自两组串联的输出中点通过电容输出信号。其频响较OCL电路要差。

(2) OCL(Output Capacitor Less)电路。OCL电路的最大特点是电路全部采用直接耦合方式，中间既不要输入、输出变压器，也不要输出电容器，因此其频响较好。

(3) BTL(Balanced Transformer Less)电路。BTL电路的特点是在较低的电压下能得到较大的输出功率。它可单组电源供电，由4个功放管组成桥式。在负载阻抗不变时，形成桥式接法后，加在扬声器上的功率较单端接法会大4倍。BTL电路兼有OCL电路的优点，又以“牺牲”两只晶体管为代价提高了输出功率。

2. 功率放大器的匹配

功率放大器的匹配问题比较复杂，首先要了解什么是功率的匹配和阻抗的匹配。

一台功率放大器的输出变压器的输出阻抗等于音响的总阻抗，这即是阻抗匹配；一台功率放大器输出功率等于全部音响吸收的功率总和，这即是功率匹配；每一只音响分配到的功率等于音响本身的额定功率。满足了这三个条件之后，就是正常的阻抗和功率的匹配。

在实际使用功放的过程中会遇到很多种情况。

(1) 音响的功率等于功放的额定功率称为等功率匹配。从理论上讲这是完全正确的，在实际工作中如此匹配音响也会处在正常工作状态，尤其是电子管功率放大器。电子管功放的功率匹配和阻抗的要求非常严格。如果负载过荷，输出变压器的初级和次级线圈由于电流过大会发热，功放管电路电流也会因过大而损坏功放的元器件。而如果负载过轻，尤其是在失载的情况下，更会损坏电子管功放输出变压器的初级线圈。此时，形成了很强的反射电压，作用在电子管功放的输出回路里容易使电子管的屏极发红，或者由于电压过高引起输出变压器过热而烧毁输出变压器的初级线圈。所以在电子管功放负载过轻时，要加装假负荷。一般要经过计算选择不同瓦数的电灯泡来做“假负载”而获得阻抗和功率的匹配。

(2) 如果音响的功率大于功放的额定功率，则称为“小马拉大车”。这在家庭音响中或者组合音响中是允许的。在家庭音响中，一家人无论大小都可以操作音响设备，即使是功放开得最大了，由于功放功率小，也不会烧毁音响。但是，在专业音响当中，此种形式是不可取的。

(3) 还有一种情况是功率放大器的功率大于音响的功率。在歌舞厅、剧场和大型文艺演出的专业音响系统中，功放的功率要大于音响的功率。同时也要求必须由专业音响师来进行扩声系统的操作。这样，功放有一定的储备功率，减小了机器的本底固有噪声和失真度，使声音的质量水平得到了提高。音响的功率越大，它的阻抗R_L值就越小。而这个音响的阻抗是跨接在晶体管回路中的，不管是OTL电路还是OCL电路或者是BTL电路，负载(R_L)都是射极负载。音响的功率越大，晶体管中的集电极电流就越大，管子温度就越高。如果管子温度过高、容易发热，也就需要良好的散热装置。而如果音响的功率较小，R_L值也较大，则功放管的射极负载变大，减少了晶体管的集电极电流，管子温度也不会因过高而引起过热现象，晶体管也会处在良好的放大特性范围当中，其动态余量变大，当遇到强信号时，也不会产生谐波失真和频率失真。而且本底噪声还未表现出来时，其输出功率已经足够了，因此可使声音纯净、清澈，提高了音色的水准。

在专业音响中不可采用功率放大器的功率小于音响的功率这种方式。这是因为，如果功放功率小于音响的功率，往往推动不了音响，所以就得渐渐加大功放的输入电平，使功放在满功率、大负荷状态下工作。此时功放会产生严重的失真现象，尤其是削波失真。这种现象将音频信号的正弦波波顶削平了，出现了类似梯形的方波从而产生了直流成分。在这个平顶波形时间中，音频信号的幅度和正负极性都没有改变，形成了一个直流成分，而这个直流电流进入扬声器的音圈后，音圈的电流幅度和极性都没有改变，因此即使在磁场作用下也没有产生一个动力，也就是说，没有将电能转换成为一个动能而变成声音。

但是，电流仍还在音圈中流动从而产生了大量的热，时间长了，会将音圈烧毁。所以在音响器材维修部中，由于小功率放大器烧毁大功率音响高音单元的情况屡屡可见。因为高音扬声器音圈不能容纳较大的电流，使用者会因不懂这个原理而导致器材烧毁。因此在实际扩音当中，功率放大器要有足够的储备功率和较大的动态空余量，这样在遇到交响乐中凯旋曲和摇滚乐的演奏时，才不会产生失真现象，避免损坏音响系统中的每一个单元。

那么，到底功率放大器的功率应该比音响的功率大多少呢？从理论上讲应该大3～5倍最理想。例如，日本DENON公司的POA-SI型功放采用了UHC单级推挽放大电路，选用48只UHC-MOS晶体管，因此具有强大的储备功率(其实有4～8只UHC-MOS晶体管便可以制作一台功率放大器了)。但是，具有这么大储备功率的功放的价格昂贵，有时不能为使用者所接受。所以在实际使用当中，一般功放的功率比音响的功率大2/3即可取得令人满意的效果。但此时扬声器系统处于满负荷工作状态，因此扬声器系统的安全要加以保护。

3. 功率放大器的选择

功率放大器的选用是有一定要求的。首先要根据厅堂的性质、环境和用途来选择不同类型和功率的功率放大器。一般情况下，舞厅、迪斯科厅要选择大功率的功放；歌厅则要选择频率响应范围宽、失真度小、信噪比大、音色优美的功率放大器；如果是KTV包房，可选用小功率多功能功率放大器。

其次，要根据音频功率信号传输的距离远近选用定压式或者定阻式功放。比如，若某多功能厅的会议系统采用远距离分散式扬声器系统，那么就需要选用定压功放。而歌舞厅和剧场的主音响系统则应选用定阻式功率放大器。

另外，还可根据音响的功率来配置功率放大器。功放的功率一般要大于音响的额定功率。

具体的功率放大器的生产国家和厂家很多，应根据具体的投资额度来选择不同类型、不同品牌的功率放大器。

为了与扬声器系统的阻抗及功率达到最佳匹配状态，音量控制旋钮就应该打到最大音量的位置，因为在这一刻度上的输出阻抗及输出功率才是功放说明书中为用户提供的真实指标。当把功率放大器的音量控制旋钮打到其他位置时，严格地讲，此时功放同扬声器系统之间的功率是没有严格匹配的；同样，阻抗也不会达到最佳匹配状态。那种为了保护扬声器系统而将功放的音量旋钮打得很小的做法，对于真正意义上的专业音响系统(必有调音台)而言,其操作手法是非专业的,对重放的声音会产生一定的影响。

原则上,即便是在设备选配时功放的功率大于音响系统的功率,在操作中也不要用功放的音量控制旋钮去控制音量的大小。这种情况下,可以在开机前将功放的音量控制旋钮反旋两三个刻度,但开机后,就不应再随意调整了。音量应靠调音台推子来进行控制。

当然,对于没有调音台等设备的简单音响系统而言,只能将功率放大器的音量控制旋钮当作真正意义上的音量控制旋钮来使用,但这只能是在没有其他选择的前提下。

4.2.10 话筒、扬声器及音响

1. 话筒

1) 话筒分类

话筒又称传声器,它是一种将声音信号转换成相应电信号的器件,常用符号○|表示。话筒是声音录制和传输过程中的第一个环节,因而它的质量好坏对电声系统的整体质量至关重要。

话筒的种类繁多,从不同的角度可以进行多种方法的分类。

根据声波驱动力作用方式的不同,话筒可分为压力式、压差式两种。压力式话筒声波只激励传声器振膜的一侧,另一侧则被遮挡而不受声波的作用。这种话筒的主要特点是无指向性,即对任何方向来的声波其接收灵敏度相同。压差式传声器又称声压梯度话筒,这种话筒,声波激励其振膜的两侧,振膜的运动受两侧声压之差的控制,因而对不同方向传来的声波具有不同的接收灵敏度。

根据话筒换能原理的不同,又可将话筒分为电动式(含动圈式、带式)、电容式(含一般电容式、驻极体式)、电磁式、半导体式、压电式(含晶体、陶瓷、压电高聚物式)等。电动式传声器历史较久,使用广泛。而真正的电容式话筒则以其优良的性能受到广大录音工作者的青睐,得以迅速发展,现已成为主流。

根据话筒的指向性图的不同,也可将话筒分为无指向性(全指向性)、双指向性(8字形指向性)、单指向性、心形指向性、超心形指向性和锐角指向性话筒等。

根据话筒使用功能或场合的不同,又可将话筒分为普通话筒、专用话筒、立体声话筒、手持话筒、无线话筒、近讲话筒、佩戴式话筒、枪式话筒、测量用话筒等。

在话筒的使用过程中,使用者应根据不同的需要正确选择话筒的类别和型号,同时合理安排话筒的布局、设计最佳的拾音方案,这样才能取得良好的效果。

2) 话筒的主要技术指标

无论何种话筒,它都会有以下6个主要技术指标。

(1) 灵敏度。灵敏度表示话筒的声-电转换率。其定义为在自由声场中频率为1kHz的恒定声压(1μbar)作用于话筒后,在一定内阻和负载阻抗条件下所测得的输出电压。1μbar(微巴)的声压大致相当于人们以正常音量说话并在1m处所测得的声压(1μbar=0.1Pa)。

动圈式话筒的灵敏度一般在零点几毫伏至十几毫伏之间;电容式话筒由于内装前置

放大器，所以其灵敏度要高于动圈式话筒10倍左右。

话筒的灵敏度有时也用分贝值来表示，它是指话筒灵敏度 S 与参考灵敏度 S_r 之比的对数值，也称为话筒灵敏度级 L_m。即

$$L_m = 20\lg \frac{S}{S_r}$$

在IEC标准中，$S_r = 1V/Pa$。

通常，动圈式话筒灵敏度多为－56dB左右，电容式话筒则可达－40dB左右。注意：分贝是负值，数值越小的灵敏度越高。

(2) 频率响应。频率响应是指话筒主轴上的灵敏度随输入声源信号(一定声压)的频率的变化而变化的响应曲线。频率范围则是指话筒能正常工作的频带宽度，是频率响应曲线中上限频率和下限频率之间的一段范围。

高保真传声器的频率范围最低要求为80～12 500Hz。当然，其使用的场合不同，要求频响范围和不均匀度指标也不同。如演唱中所用的话筒，其频率范围一般为80～13 000Hz，但在150Hz以下的低频段有明显的衰减，以免出现近讲时的低音过重现象，而在高频段(主要在3000～8000Hz)有的话筒会有所提升，以增加所拾声音的明亮度和清晰度。因此选用话筒时并不能单纯看频响曲线是否平坦，不均匀度是否小，只有进行主观的试听才是最重要的。

(3) 指向特性。话筒的指向特性表征了话筒对不同入射方向的声音信号检拾的灵敏度。如压力式话筒具有无方向特性，也可以说是球形指向特性，它的灵敏度表达式可以写为 $S=S_0$(S_0为常数)。而压差式话筒具有8字形指向特性，它的灵敏度表达式可以写为

$$S = S_0 \cos\theta$$

式中，S 为话筒灵敏度；S_0 为灵敏度最大值；θ 为声波入射方向与正方向的夹角。

如果把一个8字形图形和一个无方向图形叠加起来，就会得到一个心形指向图形。心形指向特性是一种单方向指向特性，它介于压力传声器和压差传声器特性之间，其灵敏度表达式为

$$S = S_0(1 + \cos\theta)$$

改变无方向指向特性与8字形指向特性的合成成分即可演变出多种指向图形来，其一般的表达式为

$$S(\theta) = A + B\cos\theta$$

式中，A、B 为常数，θ 为声波入射角。当 $B=0$ 时，$S(\theta)$ 为圆，为全指向性或无指向性。当 $A=0$ 时，$S(\theta)$ 为8字形指向性。当 $A=B$ 时，$S(\theta)$ 为心形。因此，如果要求抑制背面声音或噪声，则使用心形话筒或超心形话筒。

传声器的指向性与应用如表4-3所示。

(4) 输出阻抗。输出阻抗即为传声器的交流内阻，通常在频率为1kHz、声压约为1Pa时测得。一般1kΩ以下为低阻抗，大于1kΩ的为高阻抗。常用的传声器输出阻抗大致有200Ω(低阻抗)、20kΩ(高阻抗)和约1.5kΩ(驻极体传声器)等。

表 4-3　传声器的指向性与应用

指向性名称	圆形(无指向性)	心　形	超心形	8 字形 (双指向性)	强指向性 (锐角指向性)
指向性图	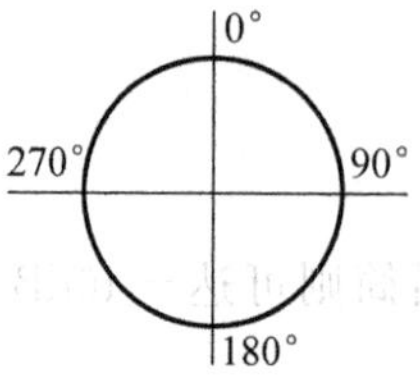	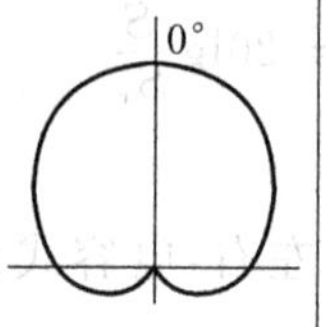	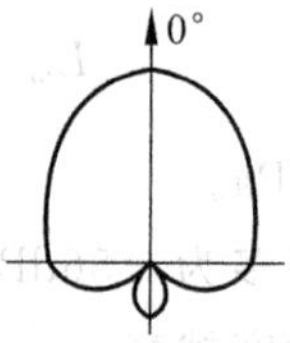	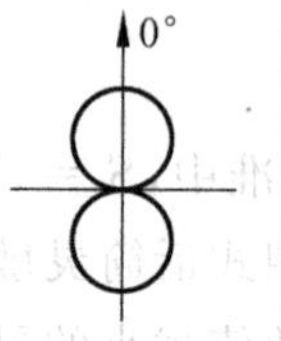	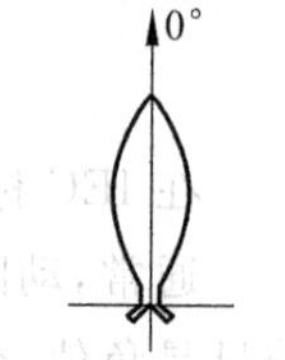
指向性表达式	1	$\frac{1+\cos\theta}{2}$	$\frac{1}{4}+\frac{3}{4}\cos\theta$	$\cos\theta$	$\cos\theta(1+\cos\theta)$
背面灵敏度与正面灵敏度之比	1	$\frac{1}{7}$	$\frac{1}{7}$	1	$\frac{1}{31}$
拾音角度	全指向性 360°	前半部 180°	前面 70°～80°	前、后面 60°	前面 30°～60°
用途	室内外一般扩展、拾音用	单指向性。剧场、大厅、体育馆等扩声用,音乐、舞台、座谈会等拾音用,应用最多		双指向性。对话、播音、立体声广播等拾音用	电视、舞台等拾音用

输出阻抗高,传声器的灵敏度相对有所提高,但高阻抗传声器的传输用连接电缆不能很长,否则容易出现感应交流声等的外来干扰,而且由于音频传输电缆线存在微小线间分布电容,故电缆线长度越长,其高频衰减越厉害。因此,舞台演出的专业用高质量传声器基本上都采用 200Ω 低阻抗传声器,只有在语言扩声时才较多使用高阻抗传声器。

传声器的输出方式又可分为平衡接法与不平衡接法两种。平衡接法不易受外界干扰,音质好,因此在专业音响中常用。如果低阻抗传声器采用平衡接法输出方式,则话筒线允许长度可达 100m,而传声器采用不平衡接法的话筒线长度至多不超过 10m,否则噪声干扰严重,音质变差。

(5) 信噪比。如果把传声器放在一间极为安静的房间中(那里没有外界传进的噪声),把传声器接入放声系统中,应该听不到噪声及交流声。但实际上,这时传声器仍会输出一个很低的与室内噪声无关的电噪声信号。例如,200Ω 阻抗的动圈传声器,其内在噪声约为 0.8μV。这是由于动圈中导线电子热运动以及传声器振膜表面空气分子的运动而引起的。

信噪比是指信号与噪声的相对强弱。因此它与传声器的灵敏度有关。若灵敏度提高,则可相应提高信噪比。一般优质的电容传声器,其信噪比比动圈式传声器要高 7～9dB,而廉价的驻极体电容传声器的信噪比要比动圈式传声器低 10dB 左右。

(6) 动态范围。传声器拾取的声音大小,其上限受到非线性失真的限制,而下限受其固有噪声的限制。因此,动态范围是指传声器在谐波失真为某一规定值(一般规定小于等于 0.5%)时所承受的最大声压级与传声器的等效噪声级之差(dB)。动态范围小会引起传输声音失真,音质变坏,因此要求传声器有足够大的动态范围。高保真传声器的最大声压级在谐波失真小于等于 0.5%时,要求大于等于 120dB。话筒的动态范围越大越好。

部分国产传声器技术参数见表 4-4。

表 4-4　部分国产传声器

型　　号	频率响应 /Hz	灵敏度 /(mV/Pa)	输出阻抗 /Ω	指向性 /dB	外形尺寸 /mm	推荐用途
CD2—1A 动圈式	100～10 000	1.3(200Ω)	200、2k	心形	φ36×165	会议发言等
CSD—10 动圈式	100～10 000	1.3(200Ω)	200、2k	心形	φ42×160	会议发言等
CDⅢ—1 动圈式	80～12 000	1.7	200	心形	φ50×180	近唱、打击乐器等
CDⅢ—1 动圈式	50～12 500	1.5	200	心形	φ52.5×176.5	近唱、打击乐器等
CDⅢ—2 动圈式	125～10 000	1.6	200	超心形	φ34×160	会场报告、语言广播等
CDZ1—1 动圈式	35～15 000	0.65	200	心形	φ22×165	高质量室内外扩声
CD1—2 动圈式	50～10 000	0.75	600、20k	心形	φ22×185	室内外扩声、录音
CD1—3 动圈式	40～12 000	≥2	200	心形	φ39×190	室内外扩声、录音
CD1—30 动圈式	50～10 000	≥0.7	600、20k	心形	φ35×185	室内外扩声、录音
CD1—40 动圈式	50～13 000	≥1	200	8 字形	φ54×175	近讲、演播
CD3—11 动圈式	150～10 000	≥5	20k	心形	φ20×85	室内外扩声、录音
CD3—13 动圈式	300～8000	≥0.6	600	心形	φ20×120	室内外扩声、录音
CD3—14 动圈式	250～8000	≥0.9	200	心形	φ40×185	室内外扩声、录音
CD3—15 动圈式	80～10 000	≥5	600、10k	心形	φ35×165	录音机外接话筒
CD3—16 动圈式	150～9000	≥0.75	600、20k	心形	φ55×180	室内外扩声、录音
CR1—3 电容式	40～16 000	8	200	全指向性、心形	φ50×210	音乐扩声和录音
CR1—4 电容式	40～16 000	8	200	心形	φ22×113	戏曲、音乐会扩声
CR1—6 电容式	40～16 000	20	200	超心形	φ22×310	舞台扩声、新闻采访
CR1—7 电容式	40～16 000	25	200	强指向性	φ20×525	舞台扩声、新闻采访
CR1—71 电容式	30～16 000	8	200	全指向性、心形	40×52×165	音乐扩声、录音
CR1—72 电容式	30～16 000	16	200	心形	φ52×210	音乐扩声、录音

续表

型　号	频率响应 /Hz	灵敏度 /mV $(Pa)^{-1}$	输出阻抗 /Ω	指向性 /dB	外形尺寸 /mm	推荐用途
CRI-1—1 电容式	30～16 000	20	200	全指向性、心形、8 字形	φ49×224	立体声扩声、录音
CRGI—3 电容式	40～16 000	16	200	心形	φ54×195	音乐会、大合唱、弦乐器
CRGI—10 电容式	40～16 000	10	200	心形	φ50×205	音乐会、大合唱、弦乐器
CRGI—2 电容式	30～16 000	20	200	心形	φ441.5×175	音乐会、大合唱、弦乐器
CRQI—1 电容式	50～20 000	30	200	强指向性	φ19×587	戏曲、采访、音乐会等
CZ—307 驻极体	50～10 000	3	1k	心形	φ28×170	弦乐器、戏曲等
CA—308 驻极体	50～10 000	3	1k	心形	φ40×170	弦乐器、戏曲等
CRZ22—12 驻极体	50～10 000	3	1k	心形	φ17×150	弦乐器等

3）话筒的选择

选择话筒首先要根据使用的目的和用途来进行，例如一般家庭录音，就不一定需要很高级的话筒，用动圈式话筒或驻极体式话筒就可以了。这类话筒价格低、使用方便而且牢固耐用，适于配接一般录音机或放大器。如果是专业舞台扩声或专业录音，就要选用技术指标高的话筒，而且还要结合声源、拾音环境以及连接的设备来进行选择。一般来说，录乐器使用电容话筒较好，录语言使用动圈式话筒较好，但这也不是绝对的，还要看乐器的种类。一般而言，管乐器需要选取声音明亮的话筒，弦乐器需要选高音清晰低音丰富的话筒，而打击乐就不能选用灵敏度高或低音多的话筒。现在的厂家想用户所想，已经开发出了一系列的乐器专用拾音话筒，如 TAKSTAR(得胜)TA-8350、TA-8260 等就是鼓用动圈式专用话筒；TAKSTAR(得胜)的 DMS 系列如 DMS-DH8P、DMS-8A 等是鼓组系列专用话筒(套)；TAKSTAR(得胜)的 PCM 系列则为乐器专用电容式话筒，如 PCM-5800、PCM-5700 等。

话筒的选择还要考虑使用的场合(环境)，如室外录音最好使用强指向性话筒，室内录音则可使用双指向性或单指向性话筒，而如果是为了增加室内混响则可使用无指向性话筒。

话筒必须通过试听来进行选择，因为现在市面上所卖的话筒鱼龙混杂，大量的伪劣假冒产品充斥其中，而造假者对外观的仿制有的达到了以假乱真的地步，如果不对话筒进行试听，受骗上当就在所难免。

对于非专业人员而言，最好也是最简单的办法，就是带上一支同你想要买的话筒的价位相当的一支大家都公认的性能较好的话筒去进行比较试听，如果两支话筒试听的效果大致相当，则可以购买，如果试听的效果远不如所带去的那支话筒的效果，则坚决不买。不过试听时,尤其要注意的是不能让商家去进行任何频率的补偿或效果的处理,不然就无法比对。另外,在试听的过程中需要变动它的各项功能开关,如指向性、电平衰减等,同时摇动话筒,听一听是否出现噪声。

这里着重说明一下卡拉OK演唱话筒的选择。卡拉OK演唱是在伴奏音乐已定的情况下进行的,话筒主要拾取歌声,所以话筒质量的好坏,将在客观上对演唱的效果产生直接影响。从技术性能上说,要求话筒的频率响应较宽、频响曲线较平坦、灵敏度适中、指向性较强、瞬态响应好、失真小。从主观听感上则要求话筒的音色必须纯正逼真、低音要丰富、中音及高音洪亮清晰、音质优美动听。

卡拉OK演唱通常是在室内,声源与放声是在同一声场中,存在着一定的声反馈和嘈杂声,特别是吸音不好的厅堂,如果处理不当,声反馈现象会十分严重。为避免声反馈引起的啸叫,减小嘈杂声,提高歌声的信噪比,一般应选择心形或超心形指向性话筒。另外,卡拉OK歌厅演唱者有男有女,有老有少,为了适应不同层次、不同风格的人们的演唱,宜选择频率响应较宽、频响曲线较平坦的话筒。

卡拉OK演唱节目有戏剧和歌曲等,歌曲在唱法上又有美声、民族、通俗之分。为了适应歌声信号的这种变化,要求话筒的动态范围要宽,瞬态响应要快。对于戏剧,由于要求演唱时字正腔圆,故宜选用电容式话筒;对于美声唱法,由于要求具有较高的演唱技巧,故宜选用电容式或优质动圈式话筒;对于通俗唱法,则宜选用动圈式话筒,尤以近讲话筒为主。民族唱法,大部分适合选用电容话筒,部分新创民族歌曲则适合选用动圈式话筒。

4) 话筒的使用

在话筒的使用过程中,对于调音者而言,要注意以下问题。

第一,必须使用专用屏蔽电缆(话筒线)馈送话筒信号。

第二,尽量使用平衡线路传输信号。因为平衡线路的抗干扰能力强,传输的距离更远。

第三,要注意话筒的极性。如果同时使用多只话筒拾音,必须保证所有话筒具有相同的极性,否则各话筒的信号会在电路中发生抵消现象。

第四,注意话筒的防风。调音者应为话筒加套防风罩,以防外界风流过强引起噪声或由于演唱时低音的气流而使话筒阻塞产生"噗噗"声。

第五,根据演出的要求,准备好各种所需话筒,并将其调试好。

对于演唱者而言,以下问题也必须注意。

第一,手持话筒时,不要握住话筒网罩,以免堵塞后面进气孔,造成失真,影响效果。

第二,使用中,话筒应尽量远离墙面等反射面及不要将话筒的轴向对向音响,以免引起干扰噪声或声反馈。

第三,演唱者要根据其自身声音的大小来改变话筒离嘴的距离,并根据自身音调高低适当改变话筒方向和角度。话筒拾取声音信号的大小与话筒和声源之间的距离的平方成反比,因此,演唱时,嘴和话筒之间随时应保持一个恰当的距离,以保证歌声动听而又不模糊。距离太近,低音多,容易失去控制造成声音模糊不清;当演唱者音量太大时又容易使话筒过载而使话筒输出的信号噪声相对增加;当演唱者歌声轻微时,如果不对话筒与嘴之间的距离进行调整,其声音细节就难以表现出来缺乏亲切感。因此,演唱者必须学会根据自己的音量大小来改变嘴和话筒的距离。当音量大时，将话筒拉远一点儿，当音量小时，就将话筒收近一些。

另外，如果使用的是指向性话筒，演唱时，嘴对准话筒的中心轴向方向(即0°)，话筒输出的声音信号的频率特性才为最佳。嘴偏离中心轴线越远，高频损失就越严重，同时话筒输出电压也会相对减小。那么，是不是演唱时嘴一定要时时刻刻都对准中心轴线呢？并不完全是这样，有时在演唱的时候恰恰要反其道而行之。例如一首歌，它在前段比较轻柔而舒缓，但突然声音却高亢强烈起来，在这个转折过程中，演唱者常常将话筒拉得离嘴较远，同时，让嘴偏离话筒中心轴线。话筒拉得较远，是为了避免声音太大而产生过载；嘴偏离话筒中心轴线，是为了声音不至过于尖锐、太过刺耳。这样的处理方式，会使整首歌听来更加圆润及和谐。专业的演唱者，在演唱的过程中，有时甚至会轻轻地摇动话筒或快速地反复拉收话筒，从而获得其特殊的演唱效果，其本质原因就在于此。歌唱得好的专业歌手，都是灵活使用话筒的高手。

第四，要注意防振，尤其是在试音的时候。常见有人试话筒时，话筒无声就用嘴吹或用手去敲，这是一种极其错误的习惯。因为经常这样做，轻则会使话筒性能变差，重则使振膜受损而无法使用。试音时，以正常音量说话即可，没有声音，做个手势让调音者知道就可以了。

2. 扬声器

1) 扬声器的分类

扬声器的分类见表4-5。

表4-5 扬声器分类

分类方式	类型	说明
按辐射方式分	直接辐射式	声波由发声体直接向空间辐射
	间接辐射式	声波由发声体经过号筒向空间辐射
	耳机式	声波由发声体经密闭小室(耳道)进入耳膜
	海尔(Hell)式	空气被特殊形状振膜的振动而辐射声波
按换能方式(驱动方式)分	电动式	利用通过电流的导体(音圈)在磁场中受到电动力
	电磁式	利用作用在磁极间的吸引力(库仑力)
	压电式	利用压电材料受到电场作用时发生形变的逆压电效应
	静电式	利用电容器原理，由极间电场强度变化使振膜振动
	数字式	利用脉冲编码调制(PCM)原理工作
	其他(离子式、气流调制式)	利用空气中的放电现象或调制的气流
按重放频带分	全频带扬声器	重放全部音频声音
	低频扬声器	重放低频声音
	中频扬声器	重放中频声音
	高频扬声器	重放高频声音

续表

分类方式	类型	说明
按振膜形状分	锥形	振膜呈锥形(有圆形、椭圆形)
	球顶形	振膜呈半球形球面
	平板形	振膜呈平板形
	带形	振膜呈带形
	平膜形	音圈与振膜一体形成平膜
按用途分	收音用	用于收音机、录音机、电视机等
	扩声用	用于舞台厅堂扩声、有线广播
	高保真用	用于一般高保真系统
	乐器用	用于各种电子乐器发声
	汽车用	用于汽车音响设备
	专业监听用	用于广播电台、录音等音质监听
	其他	用于防火、防水、防爆、报警等
按磁路形式	外磁式	磁体在磁路以外
	内磁式	磁体在磁路以内
	屏蔽式	对磁路另加屏蔽
	双磁路式	两块磁体组成双磁路,以加强磁场
按磁体分	励磁式	由直流励磁电路组成磁路
	铝、镍、钴磁体	磁路由铝、镍、钴等合金组成
	铁氧体	由钡铁氧体、锶铁氧体组成

2)常见扬声器的基本结构

在各种扬声器中,使用最为广泛的是电动式扬声器,它是利用通电导体(音圈)和恒定磁场之间的相互作用力,使接在音圈一端的膜片振动而发声的。也就是说,电动式扬声器的工作原理是:当音圈通过音频电流时,音圈在磁场作用下产生振动,带动振膜振动后,使空气随之振动,从而将电信号转换成声音。

电动式扬声器中,最常见的扬声器主要有纸盆扬声器、球顶扬声器和号筒扬声器,其基本结构如图4-37所示。

一般而言,纸盆扬声器常作为低频扬声器和中频扬声器,有时也可用作高频扬声器。作为低频扬声器,其口径一般为165～460mm;作为中频扬声器,其口径一般在100～200mm;而作为高频扬声器,其口径只能在50～80mm这个范围内。而球顶扬声器和号筒式扬声器则常作为高频扬声器使用。球顶扬声器和号筒式扬声器的振膜一般用铝合金箔制成,也有用塑料膜或纸膜制成的,高级的则用钛膜、铍膜制成。球顶扬声器的特点是高频响应好,指向性宽,失真小;缺点是效率较低。号筒式扬声器的特点是效率高,非线性失真小;缺点是指向性不是很宽(但在有些场合这也是优点)。在高保真重放系统

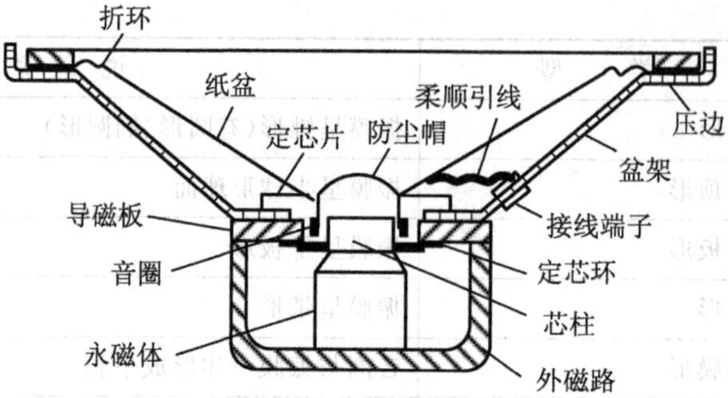

(a) 纸盆扬声器结构

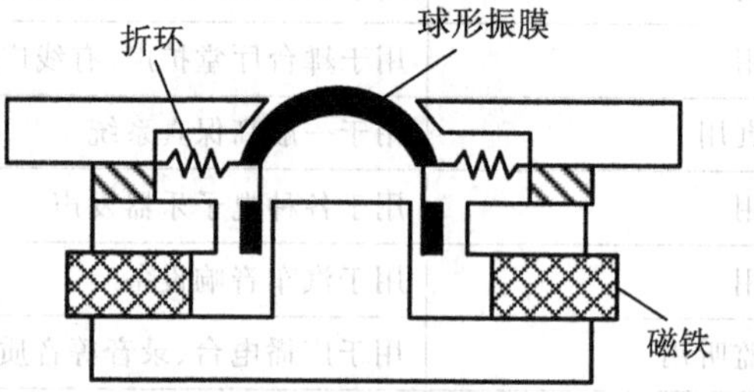

(b) 球顶扬声器结构

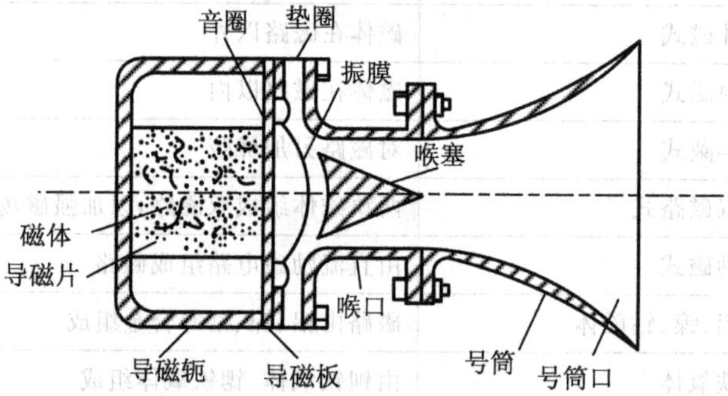

(c) 号筒扬声器结构

图 4-37 扬声器基本结构图

中，号筒式扬声器有时也可作为中频扬声器来使用，但不太多见。

3) 扬声器的性能指标

扬声器的性能指标有标称尺寸、标称功率、额定阻抗 Z_C、有效频率范围、谐波失真、灵敏度、指向性等。

(1) 标称尺寸。标称尺寸是指扬声器盆架的最大口径，其中，圆形扬声器的直径为 40～460mm，中间分为十几档，椭圆形扬声器的短径×长径为 40×60mm～180×260mm，接近十档。我国用汉语拼音字母及数字表示扬声器型号，从其标记符号也可了解一些扬声器的技术参数。例如，扬声器型号命名中常见的有 Y——代表扬声器，D——代表电动式，H——代表号筒式，T——代表椭圆形，G——代表高音，Z——代表中音，型号中其他一些数字分别表示该扬声器的外径尺寸、额定功率及序号等。例如，YD165-8 表示扬声器为电动式，口径标称尺寸为 165mm，8 为厂内序号。又如 YH25-1 表示扬声器为号筒式扬声器，额定功率为 25W，序号为 1；YDG3-3 表示电动式高音扬声器，额定功率3W，序号为3。

一般而言，扬声器口径大小与性能有一定的关系。

① 口径越大，一般所能承受的功率越大，输出功率也越大。

② 口径越大，低频特性越好。因此在要求重放频率较低时，常常选用大口径扬声器。但口径越小，高频特性不一定越好。因为有效重放高音频还与扬声器的设计和工艺有关。

③ 即使口径相同的扬声器，由于纸盆设计工艺不同，其电声性能也会有较大的区别，特别是扬声器的高频段，同一口径的扬声器可设计出不同的高频响应。

(2) 标称功率。标称功率是指扬声器长时间正常工作时输入的平均电功率。标称功率又称额定功率，一般由制造厂家给出。扬声器在标称功率下工作时，音圈不会产生过热及机械振动过载现象，发出的声音不产生明显的失真。在实际的音乐信号中，峰值脉冲功率会超过标称功率很多倍(3～10倍)，由于持续时间很短，不会损坏扬声器。但是，要得到好的音质，必须使这些峰值脉冲不出现失真，因此，扬声器必须留有充分的功率余量。在实际应用中，加给扬声器的平均电功率应限制在扬声器的标称功率以内。

(3) 额定阻抗 Z_C。扬声器的阻抗由电阻抗及机械系统和辐射系统的阻抗组成。额定阻抗的定义为：加在扬声器两端的电压 U 和流过扬声器的电流 I 之比，即

$$Z_C = \frac{U}{I}$$

扬声器的阻抗是工作频率的函数，电动式扬声器的阻抗频率特性曲线如图4-38所示。图中，f_0为扬声器的共振频率，称为固有谐振频率。在 f_0处，由于谐振而使阻抗出现最大值。过了谐振峰，在200～400Hz范围内出现了一个反谐振峰，阻抗出现最小值，这时的阻抗就是额定阻抗 Z_C。Z_C一般是音圈直流电阻 r_D的1.2～1.5倍。

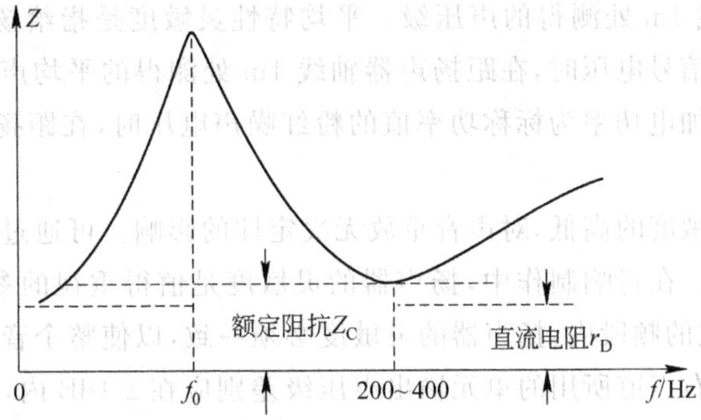

图4-38 电动式扬声器的阻抗频率特性曲线

(4) 有效频率范围。有效频率范围是指扬声器工作的主要频率范围。当给扬声器加一个恒定电压并改变激励电压的频率时，扬声器产生的声压将随频率的变化而变化，由此而得出的声压-频率曲线，就是扬声器的频率响应曲线，如图4-39所示。从频率响应曲线上的最高点 C 向下减小某一规定的分贝值(即规定的频率响应不均匀度)，画一条与频率轴平行的直线，该直线与频率响应曲线的交点 A、B 所对应的 f_1～f_2，就是扬声器的有效频率范围。电动纸盆扬声器的有效范围的下限频率是共振频率 f_0。

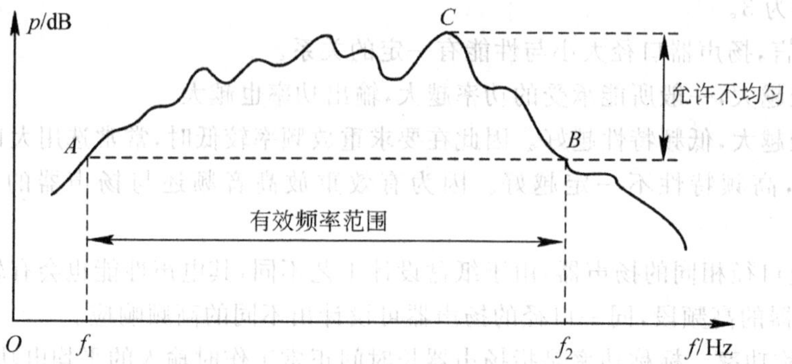

图 4-39　扬声器的频率响应曲线

(5) 谐波失真。由于扬声器电-声转换的非线性，使得重放声中增加了新的谐波成分，这种失真叫作谐波失真。扬声器的非线性主要是由磁隙中磁场的不均匀性及支持系统的非线性形变而造成的。频率越低，纸盆振幅越大，谐波失真越严重，尤其在共振频率附近更为突出。谐波失真通常用谐波声压总和的均方根值与输出总声压的均方根值的百分比表示。即

$$\mathrm{THD}=\frac{\sqrt{P_2^2+P_3^2+\cdots+P_n^2}}{P_1}\times 100\%$$

式中，P_1为总声压，计算时常用基波的声压；P_n为 n 次($n\geqslant 2$)谐波的声压。

(6) 灵敏度(输出声压级)。灵敏度是扬声器电-声转换效率的量度指标。扬声器输出功率与输入功率之比称为效率，一般纸盆扬声器的效率很低，只有 0.5%～2%左右。扬声器的灵敏度一般有三种表示法，即特性灵敏度、平均特性灵敏度及额定特性灵敏度，这些指标要在消声室中测量。特性灵敏度是指给扬声器加电功率 1W 的粉红噪声电压时，在距扬声器轴线 1m 处测得的声压级。平均特性灵敏度是指给扬声器加电功率 1W 的不全频率的正弦信号电压时，在距扬声器轴线 1m 处测得的平均声压级。额定特性灵敏度是指给扬声器加电功率为标称功率值的粉红噪声电压时，在距扬声器轴线 1m 处测得的声压级。

一个扬声器灵敏度的高低，对声音重放无决定性的影响。可通过调节放大器的输出来获得足够的音量。在音响制作中，扬声器的灵敏度是值得重视的参数，如三分频音响中，扬声器各自重放的频段内，扬声器的灵敏度必须一致，以使整个音响在重放时高、中、低音保持平衡，左、右声道所用的单元输出声压级差别应在±1dB 内，不然会影响声像的定位。

(7) 指向性。指向性是用来描述扬声器将声波辐射到空间各个方向的能力，一般用声压级随辐射角度变化的曲线表示。指向性一般有两种表示法，一种如图 4-40(a)所示，它在扬声器频响曲线上标出了几个角度：0°、30°、60°时频响曲线的变化，通过 30°、60°时与时频响的对比可以看出声压级变化的情况，这种频响曲线称为指向性频率特性曲线。另一种用如图 4-40(b)所示的极坐标形式表示，它是以扬声器位置为原点，用极坐标画出某些频率的指向性图，可以形象地看出某些频率的指向性。

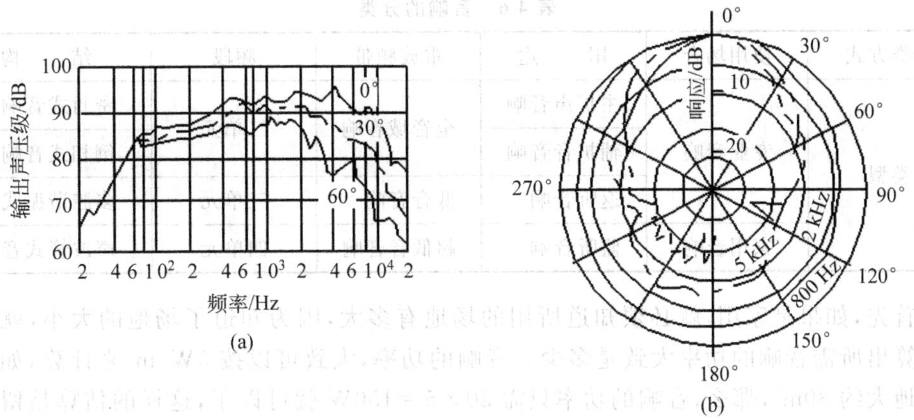

图 4-40　扬声器的指向性图

3. 音响

1）音响的作用

音响是一种辅助低频扬声器辐射低频声音以及改善扬声器系统音质的声学装置，它主要由箱体、吸音材料、扬声器单元和分频电路组成。音响不但减少了扬声器的声短路效应及干涉现象，而且可对声共振进行有效的控制，增大声阻尼作用，使声音优美动听。

我们知道，扬声器是利用振膜（纸盆）的振动去推动空气振动从而产生声音的。在振动时，振膜向前推动的瞬间，振膜前面的空气被压缩而变得稠密，振膜后面的空气则变得稀疏；在振膜向后推动的瞬间，纸盆前后空气疏密状况则刚好相反。也就是说，无论振膜向前或向后推动，纸盆前后所发出来的声波的相位正好相反。

当声波的频率较低时，声波的传播有很强的绕射能力，几乎无方向性。因此，扬声器前面的声波可以绕射到纸盆后面，后面的声波也可以绕射到纸盆前面。前后声波在某一点时，若两声波相位相同则合成的声压增大，若相位相反则合成的声压将减少，从而造成了声压的不均匀分布，这种现象称为声波的干涉现象。当声音的频率较低时，前述的干涉现象将更为严重，在某些点上，前后声波经绕射后合成的声压甚至变为零，这种现象就称为声短路现象。显然，声波的干涉现象及声短路现象严重地损坏了听音的音质。因此，音响的一个重要作用，就是分隔扬声器前后声波，以防止或减少声短路和声干涉现象的发生。除此之外，音响还有一个重要作用，就是通过箱体的合理设计，对扬声器的声共振进行有效的控制，以使重放的声音优美动听。

2）音响的分类

音响的分类见表 4-6。

3）音响的选择

选择音响时必须先明确几点：第一，所卖音响是家用还是非家用（专业用）；第二，家用是主要用来听音乐还是用来看碟片，专业用主要是用来演唱还是用来放迪斯科音乐；第三，使用的场地有多大；第四，所购音响的价格档次是多少。如果明确了以上几点，那么就可以有目的地进行进一步的选择了。

表 4-6　音响的分类

分类方式	使用场合	用　　途	重放频带	频段	结　　构
类型	专业音响	主扩声音响	全音域音响	二单元	密封式音响
		辅扩音音响			倒相式音响
		返听音响	低音音响	三单元	多腔谐振式
	家用音响	监听音响	超低音音响	四单元	声波管式音响

首先，如果是家用，就必须知道所用的场地有多大，因为知道了场地的大小，就能简单计算出所需音响的功率大致是多少。音响的功率，大致可以按 $5W/m^2$ 来计算，如果家用场地大约 $30m^2$，那么，音响的功率只需 30×5＝150W 就可以了，这样的估算是留有余量的，因此，如果是为了听音乐，那么就只需要一对音响，每只音响 75W 就足够了。由于是选择用于听音乐的音响，因此就应选择灵敏度 86dB 左右的音响，其灵敏度最好不要超过 90dB，因为一般来说，灵敏度低一些的音响，其瞬态响应都会稍好一些，而听音乐，瞬态响应是重中之重。然后就可以决定是买书架式或是落地式音响了，这主要由自己的爱好及房间的布局来确定，如果喜欢落地式音响，而且房间能够很好地进行摆放，则可以选择落地式音响，如果不好摆放，则建议购买书架式，因为音响摆放不好，会直接影响音乐的重放效果。

如果是为了放碟片，则应购建一个家庭影院，其音响至少有 5 只，即一对主音响、一对环绕音响、一只中置音响，当然还可加一只低音音响，只要其总的功率不超过 150W 就可以了；这时，还可以考虑是买本来就成套的家庭影院音响还是自己动手进行配置，也可以根据自己的经济情况确定是买国产的或是进口的。从现阶段音响的质量来讲，进口的音响质量普遍还是要超过国产的音响的质量，当然国产的音响当中也不乏好的。当这些大的方面已经决定以后，就进入音响的具体挑选阶段了。其具体的步骤大致如下。

(1) 确定几个选购的品牌。

(2) 比较价格性能。性能方面，是仔细查阅音响的说明书中的有关技术参数，如有效频率范围、阻抗、灵敏度、额定功率、指向性、失真度等。然后进行试听，主要听低音的下潜深度是否够、是否够劲有弹性，高音是否洪亮通透、有无较强的音乐色彩，中音是否干净纯和，在整体上，声音是否平衡、和谐，声音的冷、暖、柔、硬是否符合自己的心意等。另外就是询问音响系统的价格。

(3) 结构与外观的选择。音响的结构与外观要美观大方而又实用，装饰过多的音响不可取。注意音响所使用的扬声器单元，品牌总是比杂牌好。另外，应注意箱体的加工是否精细、是否结实，表面是否是实木等。

(4) 询问售后服务。好的公司都有较好的售后服务体系，如送货上门、安装调试、一年包换扬声器单元、五年保修等。

(5) 下单。注意收好发票及保修单据等。

如果是专业用，则也要先弄清楚场地的大小，以确定音响功率的大小，由于专业音响的功率所留余量要大一些，故其功率按 $3\sim4W/m^2$ 计算即可。然后就要弄清楚是演唱用还是主要用来放迪斯科音乐。一般来说，演唱用音响常常选用全音域音响，而重放迪斯科音乐则还要考虑专业的低音音响。对具体音响的选择，同家用音响的选择相似。目前，国内外生产音响的厂家很多，尤以美国音响最为著名。其中著名的品牌音响有JBL、EV、BOSE、COMMUNITY(C牌)、PEAVEY(百威)、ALTEC等。

4.3　音响系统的基本操作

1. 音响系统通电开机

在系统开机之前，首先检查一下电源电压是否在正常的标准电压下工作，一般误差范围不超过标准电压的10%；功放的音量电位器放在平时正常使用的位置(一般为最大刻度位置或稍回旋几个分贝的位置)，其他设备的调节旋钮均放在适中位置(即系统原已调好的位置)，调音台上的音质补偿旋钮放在中间位置，调音台的总输出推子打到最小位置。

开机的顺序为：①开启音源设备，如录音机、录像机、视盘机等；②开启周边设备，如效果器、激励器等"并联"设备；③开启调音台、压限器、均衡器等"串联"设备，顺序以信号流程从上而下依次开启；④开启音频功率放大器；⑤接通电视机、监视器、视频分支和分配器的电源。

总之，开机原则应按信号的流程顺序进行，即从小信号开始到大信号结束。如果先将音频功率放大器的电源打开，而后开启其他设备的时候，很容易产生强大的冲击声。严重时，因冲击信号过大会损坏设备，尤其是音响。

2. 音响系统的粗检与粗调

音响系统的整个设备通电完成以后，要对音响系统进行粗检与粗调，此时不要将调音台的总推子推起来。之所以要进行这一步，主要是以防万一。比如在系统没有通电的情况下，可能会有闲杂人员将调音台的混响返回输入通道的增益打到了最大，并将此通道的推子推到了较高位置，如果此时没有注意到这一问题，将调音台的主推子推了上去，这时，如果有人通过话筒一唱歌，很可能会造成严重的啸叫，从而烧坏音响；再比如，有的调音台自带有1kHz信号发生检测器，如果闲杂人员将其信号发生按键按下了，而没有进行必要的检查，没有注意到这一问题，不经意地一推总推子，也很有可能会将音响烧毁。因此，音响系统在通电以后，进行粗检与粗调是很有必要的，而且应该养成一种良好的职业习惯。

这里所说的粗检，就是将音响系统的整个设备通通扫描一遍，以便发现像前面提到的违规操作。可能对设备造成损坏的违规操作还有：将房间均衡器的均衡推子都推到了最大；将房间均衡器的补偿增益旋钮旋到了最大位置；将激励器返回通道的增益旋到最大，其对应通道的推子被推到了较大的位置；效果器(混响)和激励器返回通道中的效果声输出辅助旋钮(如AUX1旋钮)及激励信号输出辅助旋钮(如AUX2旋钮)被打开等。

所谓粗调，就是将前面发现的问题进行常规性的复原。另外，有些虽不会损坏设备但却是明显错误的操作也必须还原到常规状态，比如，双通道房间均衡器中两通道的RANGE必须是一致的，如果不一致，就应该将它们调成一致等。

3. 音响系统关机

音响系统的关机过程基本上就是音响系统开机的逆过程：①关功率放大器的电源开

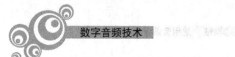

关；②关掉电视机、监视器电源；③关掉均衡器、压限器、调音台等设备的电源；④关掉周边设备(如效果器、激励器等)的电源；⑤关掉视盘机、录音机等音源电源。

4.4 音响系统的配接

4.4.1 配接的原则

1. 信号电平要适应

其实，设备间信号电平要适应的问题不是一个连接问题，而是各设备间信号的配合问题，它主要通过适当的调整来完成，所以，在这里用了"配接"一词，而没有用"连接"。

两种设备连接以后，它们之间的信号电平一定要适应。如果前一设备输入到后一设备的信号电平过大，就可能会使后一设备产生非线性失真；相反，如果前一设备输入到后一设备的信号电平过小，则会降低音响重放系统的信噪比。因此，当前一设备输入的信号电平过大时，要采用后一设备的衰减电路把输入的电平降低；如果前一设备输入的信号电平过小，则应在后一设备中将输入的电平进行提升。调音台主要靠使用不同的输入插孔或 PAD 转换按键及 GAIN 旋钮来解决输入的信号电平过大或过小的问题，而其他设备(诸如效果器，激励器等)则主要靠调整其各自的输入电平旋钮来实现，信号电平过大时，向左旋一些，信号电平过小时，向右旋一些。

2. 阻抗要匹配

阻抗的匹配问题也主要集中在音源与调音台、功放与音响之间。其他专业音响设备由于标准统一，基本上没有什么匹配严重失调的问题。

专业调音台在设计上已经考虑了其前端设备同其相连时的阻抗匹配问题。一般而言，只要将话筒连接到 MIC 插孔，将前端非话筒设备(如 VCD 机、LD 机等音源设备)连接到 LINE 插孔就可以了。大型的专业调音台的 MIC 接口都为卡侬接口，而 LINE 接口均为 6.25mm 直插接口。诸如 VCD 机等音源设备绝对不能够连接到 MIC 插孔中，而话筒视其情况有时可以使用 LINE 插孔，比如，当使用的话筒为非平衡高阻抗(2kΩ)且灵敏度较高的话筒时，但建议最好不要这样使用(缺连线应急时可使用)，因为这也是不符合阻抗匹配原则的，调音台的 LINE 线路输入一般有几十千欧姆。

另外值得注意的就是功率放大器同音响的阻抗匹配问题，这一问题在选购设备时就必须考虑到。功率放大器的输出阻抗一般在 4～16Ω 这一范围内，而音响的输入阻抗也多为 4Ω、8Ω、16Ω 这三种。虽然有的功率放大器的说明书中提到它可以对 4～16Ω 这一范围的音响都适用，但这一说明是有前提的，或者说是非标准的。因此，这类说明书中又加了一个推荐输出阻抗。这个所谓的推荐输出阻抗才是真正意义上的最佳输出阻抗，选择设备时，应以这一阻抗来考虑设备的选择。

如果用一台功率放大器推动一对音响，选择时，功率放大器的输出阻抗必须同音响的输入阻抗相同；如果是考虑用一台功率放大器推动多对音响，则在选择时，应考虑到多对音响是如何连接的，它们连接以后的等效输入阻抗是多少，这时选用的功率放大器的所谓推荐输出阻抗应该与等效输入阻抗相等才行。当然，这种以一台功率放大器推动多对音响的做法,还必须考虑到功放和音响的输出功率的匹配问题。

总之,设备间的连接必须要考虑到阻抗的平衡问题。

3. 线路要合理配接

设备间相接的线路有平衡式与不平衡式两种。所谓平衡式,是指声音信号用两芯屏蔽传输线传输,两根芯线对地的阻抗是相等的;所谓不平衡式,是指用两芯屏蔽传输线传输,但有一根芯线接地,等同于单芯屏蔽线。当平衡输出与不平衡输入相接时,应加匹配变压器。VCD 机、DVD 机、电唱机等的线路输入或线路输出多为不平衡式,专业用话筒输出、调音台 MIC 输入、专业录音机等则多为平衡式。平衡式可以防止因线路长而受电场干扰。功率放大器的输出为低阻抗不平衡式,它可接 4～8Ω 的扬声器,或接 4～40Ω 的耳机。不论是平衡式还是不平衡式,连接时都要可靠接地,因为不良的接地会引起感应噪声。有关连接的具体问题将在后面论述。

4. 频率范围要协调

音响设备相接时应考虑频率范围的协调问题。如果在整个音响系统中有一台设备的频率范围很窄,则整个音响系统的频响就要变坏,因此,由各种设备组合起来的音响系统必须保持高低音的平衡,既不能把频响特性很差的设备插入其中,也不应把在性能上大大优于其他设备的设备插入。例如,若把一对特优的音响接在一般音响系统中,不但不能提高声音质量,反而会暴露该系统的缺点,把不该重放出来的噪声也重放出来,因此要考虑频率的互补性。在音响系统中,低音与高音固然重要,但也不能忽视中间音。过去在处理频响特性上曾有这样的经验,即高、低音频率相乘应等于 800kHz,比如高端到 20kHz 时,低端应在 40Hz 截止;高端到 8kHz 时,低端要在 100Hz 截止;以此类推。这样配合,其频响特性均匀,声音悦耳。当然这不是绝对的,根据不同节目还要进行必要的频率补偿。要保证音响系统高质量放音,首先要求功率放大器的频响要比其他设备宽,其次要求扬声器系统频响宽且均衡。

4.4.2 音响系统接插件及其接法

音响系统中的连接线与接插件一起完成设备间的信号传输任务,常见的接插件有以下几种。

(1) 卡侬(Cannon)插头:专业音响系统中常用的一种连接插件,分为公插与母插,主要用于话筒信号这类平衡信号的传输。卡侬有三个端,国际上通常规定 1 端为屏蔽层(接地),2 端为信号正端(热端或高端),3 端为信号负端(冷端或低端)。卡侬的特点是接触紧密可靠、屏蔽效果好。

(2) 6.25mm 插头:也称直插,其二芯直插主要用于非平衡信号的传输连接,如设备间短距离信号传输及扬声器系统的连接;其三芯直插可与卡侬插头对应使用,用于平衡传输信号的连接。

(3) 针形插头:又称莲花头,是一种常见的非平衡传输接插件。

音响系统中所用到的连接线主要有以下三种不同的类型。

(1) 话筒线:也称低电平传输线,主要用于传送零点几到几个毫伏的低电平话筒信号。话筒线具有两根芯线及屏蔽层。

(2) 音频线：也称标准电平传输线，主要用于传输各种音频设备之间电平在1V左右的信号。音频线有一根芯线及屏蔽层。

(3) 音响线：也称高电平大电流传输线，用于连接功率放大器与扬声器系统。音响线不需要屏蔽层。

1. 专业音响设备之间插头的常见连线标准

专业音响设备之间插头的常见连线标准如图4-41所示。

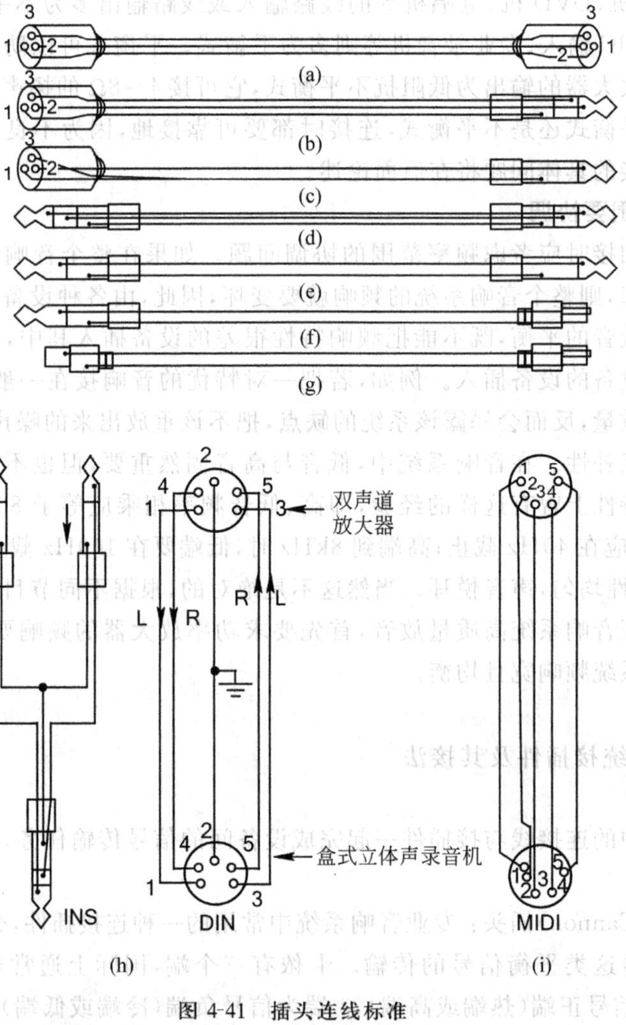

图4-41 插头连线标准

2. 平衡与非平衡端口之间的转换连接

在一些不很严谨的场合中，信号的非平衡端子与平衡端子之间还是可以直接馈接的，其接线方法是：平衡端的热端接非平衡端的信号端，平衡端的冷端接非平衡端的地端，而平衡端的地端则接信号馈线的屏蔽层，图4-41(c)就是这种连接。但是就严谨的高标准要求而言，平衡与非平衡端口之间必须经过一专门的转换器才能相互接驳。转换器一般有无源变压转换器、半电压转换器以及有源差分放大转换器三种，其电路原理如图4-42所示。

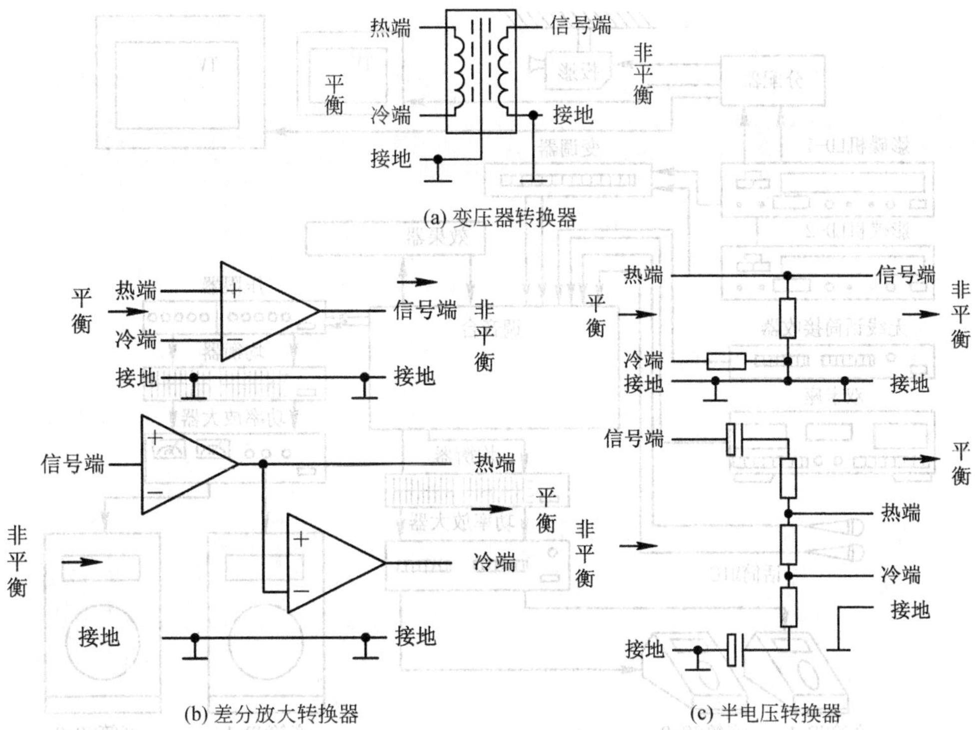

图 4-42 平衡与非平衡之间的转换连接

3. 设备连接的工艺要求

(1) 绝不能让各设备之间的信号传输回路进入馈线的屏蔽层。这一点在非平衡式的信号传输线上尤其要注意,一定要用三芯同轴电缆,以使其信号端和接地端都走屏蔽层内的导线。

(2) 当平衡传输线路屏蔽层的一端接地时,不接地的一端应可靠绝缘。

(3) 焊接电缆的终端时,应使失去屏蔽的部分尽可能短,通常应在 25mm 以下。

(4) 不同电平、不同类型的信号馈线应彼此远离,并避免相互平行分布。

4.4.3 音响设备间的连接

1. 卡拉 OK 厅音响设备的连接

作为卡拉 OK 厅的音响设备,其主要的目的是为了让顾客能够面对画面进行自娱自乐的演唱,因此必备投影仪和监视器;由于场地不是太大,因此音响应选用一两对全音域音响;为了方便调音师监听调音效果,常常还需一对监听小音响;为了方便顾客演唱,除配备两只有线话筒外,最好再配两只无线话筒,同时,音源最好有两个,以交换使用,提高放音的速度;为了使演唱的效果更好,效果器是必需的;为了保护卡拉 OK 厅里的音响不受损坏,压限器也必须有。如果厅内的传输频率特性不好,就要用房间均衡器进行补偿;如果厅内的传输频率特性好,可以不要均衡器。

卡拉 OK 厅音响设备的连接框图如图 4-43 所示。

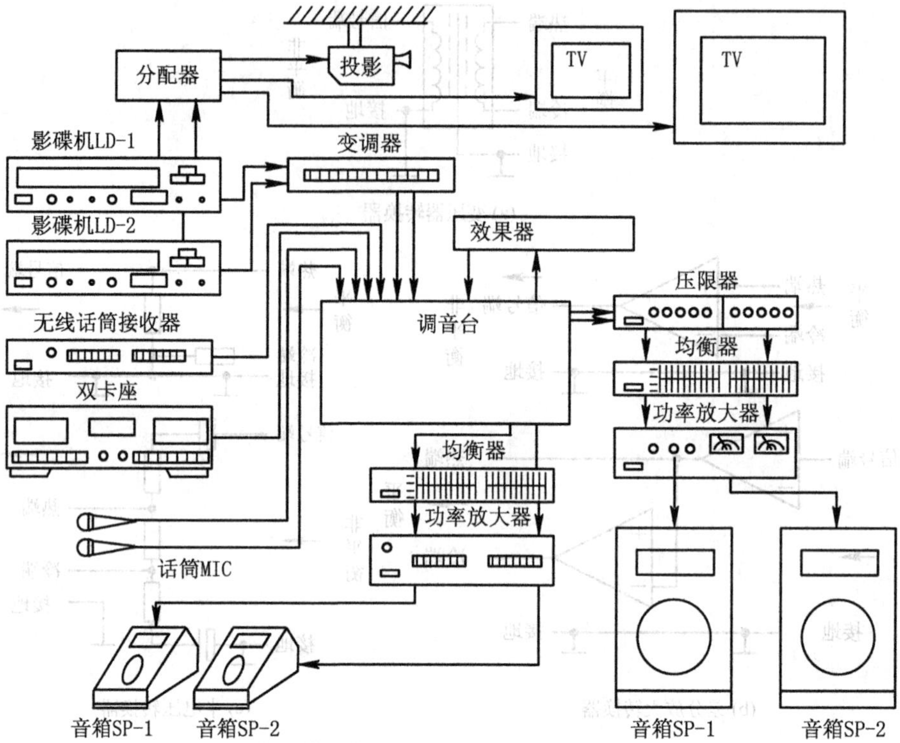

图 4-43　卡拉 OK 厅音响设备的连接框图

2. 迪斯科歌舞厅音响设备的连接

迪斯科厅有大型和小型之分，目前大型的迪斯科厅较少，小型的迪斯科厅更多一些，因此，在这里主要介绍一下小型迪斯科厅的音响设备的连接。

无论是大型的或是小型的迪斯科厅，其主要的要求都是声压级应足够大，有较强的震撼力，声音的动态范围大，频响很宽。为此，常使用电子分频器将音频信号分成几个频段，将低音频段送给低音功放，推动超低音响，将中高音频送至中高音功放，推动中高音响，以提高音色的纯度和音色的结构质量，并获得足够的功率。为了增强声音的穿透力，有时还要增加激励器设备。

同时，鉴于迪斯科厅扩声功率大的特点，为了保护功率放大器和音响，在系统中都会配置数台压限器。迪斯科厅的音源一般包括两台电唱机、一至两台激光唱机、两只话筒、一台双卡座和一个 Disco 专用混音台（调音台）。调音台上可以同时播放两台激光唱机，并且可以通过改变激光唱机的速度来调整音乐的节奏，使两张盘的音乐衔接、节奏一致而不影响跳舞的人们。两台电唱机也可以同时播放两张盘或者一张盘，并且还可以采用搓盘的调音技巧来改变唱片转动的速度，使其快进、慢进或暂停，从而改变音乐的节奏，产生特殊的音响效果。

迪斯科歌舞厅的音响设备连接框图如图 4-44 所示。

3. 交谊舞厅音响设备的连接

交谊舞厅主要强调舞池声压的均匀，对声像的定位不予以关注，因此常在舞池的周围放置音响。舞台常有乐队伴奏，使用主扩声系统扩音，但主扩声系统的功率不宜过大。

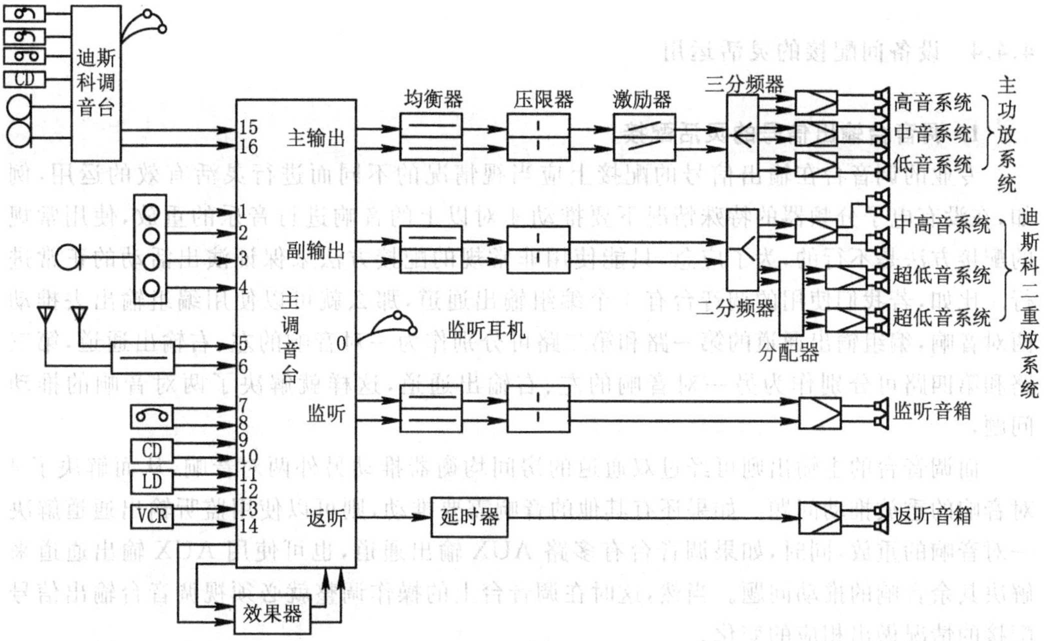

图 4-44　迪斯科歌舞厅的音响设备连接框图

交谊舞厅的音响配置同卡拉 OK 厅基本相同，主要的不同在于对声场的处理。

交谊舞厅音响设备的具体连接如图 4-45 所示。

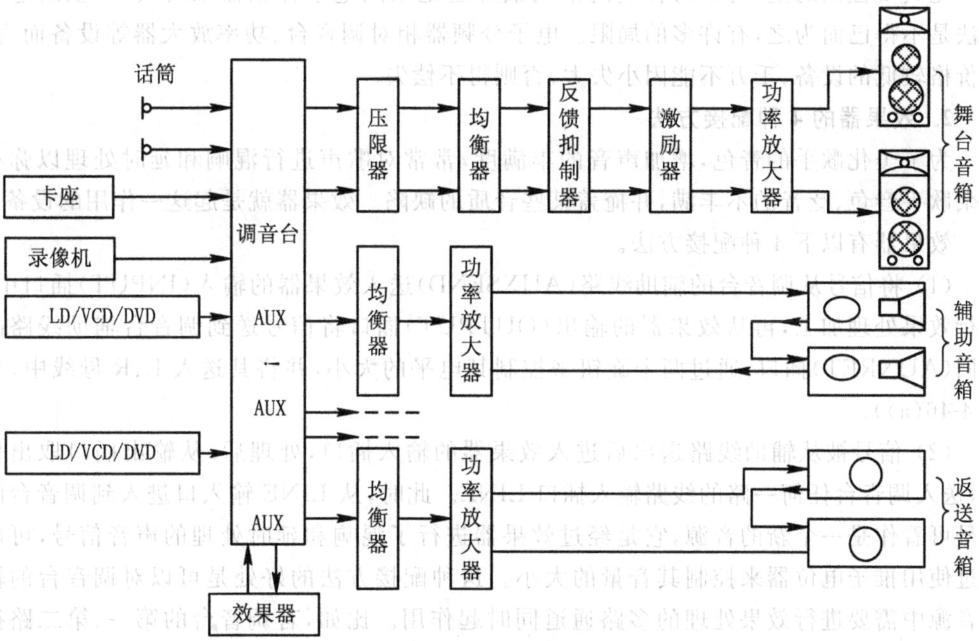

图 4-45　交谊舞厅音响设备的连接框图

以上三种连接框图是较为典型的连接框图，在实际运用时，应根据具体情况进行灵活的处理，适当增减一些设备，以达得较高的性价比。

4.4.4 设备间配接的灵活运用

1. 调音台输出信号的灵活配接

专业的调音台在输出信号的配接上应当视情况的不同而进行灵活有效的运用，例如，在没有电子分频器的特殊情况下要推动 4 对以上的音响进行音乐的重放，使用常规的配接方法是不行的，为了应急，只能使用非常规的配接方法来保证演出活动的正常进行。比如，若我们使用的调音台有 4 个编组输出通道，那么就可以使用编组输出去推动两对音响，编组输出通道的第一路和第二路可分别作为一对音响的左、右输出通道，第三路和第四路可分别作为另一对音响的左、右输出通道，这样就解决了两对音响的推动问题，

而调音台的主输出则可经过双通道的房间均衡器推动另外两对音响，从而解决了 4 对音响的重放推动问题。如果还有其他的音响需要推动，则可以使用监听输出通道解决一对音响的重放，同时，如果调音台有多路 AUX 输出通道，也可使用 AUX 输出通道来解决其余音响的推动问题。当然，这时在调音台上的操作调整就必须视调音台输出信号配接的情况做出相应的变化。

调音台输出信号灵活配接的前提条件是调音台必须有足够多的各种各样的输出接口，这样的调音台可以肯定是专业调音台。巧妇难为无米之炊，没有这样的前提，灵活配接是谈不上的。

尤其要强调的是，对多对音响的推动最好还是采用电子分频器来解决，以上所述的办法是不得已而为之，有许多的局限。电子分频器相对调音台、功率放大器等设备而言，是价格较低的设备，千万不能因小失大，否则得不偿失。

2. 效果器的 4 种配接方法

为了美化歌手的音色，增加声音的丰满度，常常对歌声进行混响和延时处理以弥补业余歌手音色、泛音的不丰满，并掩盖某些音质的缺陷。效果器就是起这一作用的设备。

效果器有以下 4 种配接方法。

(1) 将信号从调音台的辅助线路(AUXSEND)送入效果器的输入(INPUT)插口中，进行效果处理加工，再从效果器的输出(OUTPUT)插口将信号送到调音台辅助线路的返回(AUXRET)插口，通过两个旋钮来控制其电平的大小，并将其送入 L、R 母线中(见图 4-46(a))。

(2) 信号被从辅助线路送出后进入效果器的输入插口，处理后，从输出插口取出信号，送入调音台任何一路的线路输入插口 LINE。此时，从 LINE 输入口进入到调音台的信号可看作是一个新的音源，它是经过效果器进行了混响和延时处理的声音信号，可以通过使用推子电位器来控制其音量的大小。这种配接方法的好处是可以对调音台的输入音源中需要进行效果处理的多路通道同时起作用。比如，若调音台的第一、第二路接的是话筒，希望对第一、第二两路声音都进行效果处理，则将第一、第二路的 AUX1 旋钮打开即可(AUX1SEND 连接到效果器输入插口)。但必须强调的是，从效果器返回到调音台的那一路通道中的 AUX1 必须关闭，否则，从这一路通道进来的信号又会被再一次送到效果器中，再次经过处理后又会被送入调音台，因此形成正反馈从而产生啸叫，以致

损坏音响(见图 4-46(b))。

(3) 使用单路话筒的 INSERT 插口单独对演唱话筒进行混响效果声的处理。这个插口是大三芯接口。大三芯接口的尖是 SEND,话筒的信号从这个点取出送入到效果器的输入(INPUT)插口。经效果器处理后的声音信号从效果器的输出(OUTPUT)插口送入到调音台的 INSERT 插口的环(RET)后返回。插头金属套是公共地线。

这样可以对两只演唱话筒进行混响效果的处理。两只话筒的两个送出(SEND)进入效果器左、右(L、R)输入(INPUT);效果器的左、右(L、R)输出(OUTPUT)送入到调音台两路话筒的返回环(RET)接点(见图 4-46(c))。

(4) 将效果器配接到整个音响系统中(相当于串联),即调音台母线输出(MASTEROUT)到效果器进行效果处理后的声音信号不再返回到调音台,而是向下继续输入到压限器或房间均衡器中。这样的配接会将所有的音频信号都进行效果处理。这种方式在歌舞厅中一般不会选用,但在进行环境音乐的制作中可选用这种方法(见图 4-46(d))。

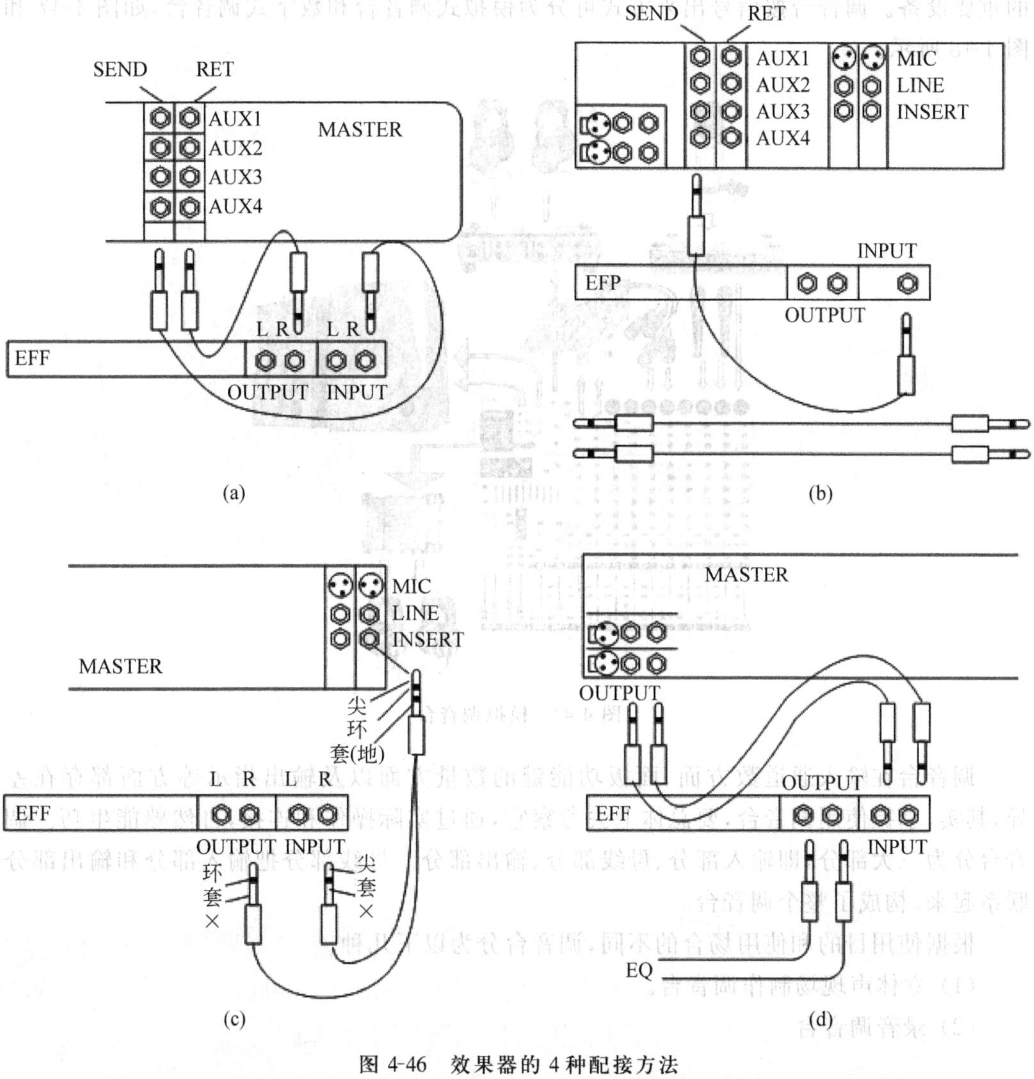

图 4-46 效果器的 4 种配接方法

4.5 音响系统连接实操

音响系统是指根据扩声目的和场地环境，按照设计进行的设备连接调控，以达到正常工作的一个整体。

音响系统有其特定的标准，连接的接插件也是有标准的，连接的线路也有其标准。

音响系统应该经过客观检测与主观评价达到设计指标，并且获得使用者的满意。

4.5.1 调音台

调音台又称调音控制台，它将多路输入信号进行放大、混合、分配、音质信号修饰和音响效果添加，是现代广播电台、舞台扩音、音响节目制作等系统中进行播送和录制节目的重要设备。调音台按信号出来方式可分为模拟式调音台和数字式调音台，如图 4-47 和图 4-48 所示。

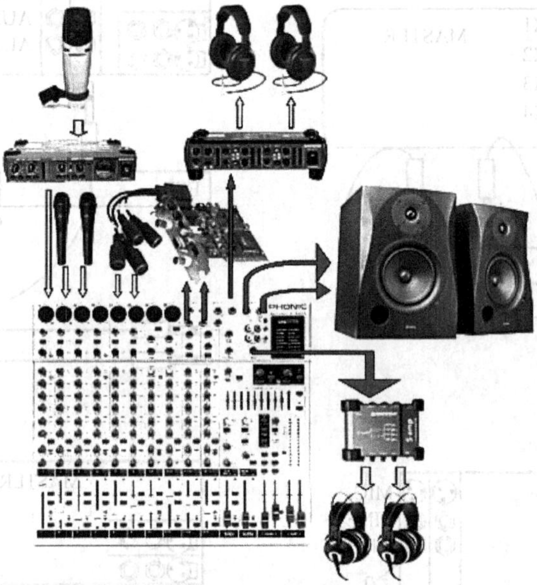

图 4-47　模拟调音台

调音台在输入通道数方面、面板功能键的数量方面以及输出指示等方面都存在差异，其实，掌握使用调音台，要总体上去考察它，通过实际操作和连接，自然熟能生巧。调音台分为三大部分，即输入部分、母线部分、输出部分。母线部分把输入部分和输出部分联系起来，构成了整个调音台。

根据使用目的和使用场合的不同，调音台分为以下几种。

(1) 立体声现场制作调音台。

(2) 录音调音台。

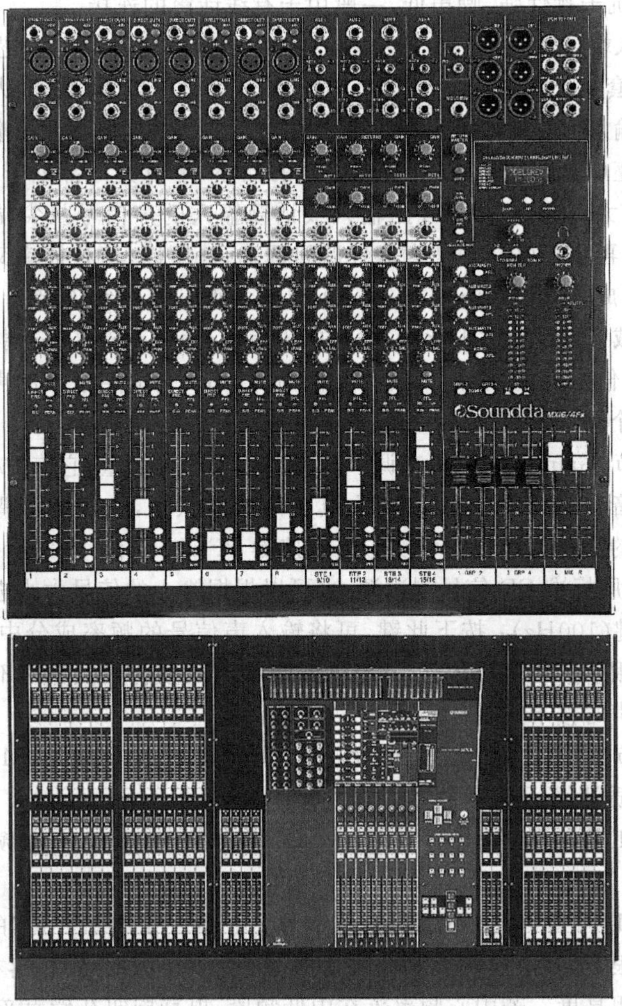

图 4-48　数字调音台

(3) 音乐调音台。

(4) 数字选通调音台。

(5) 带功放的调音台。

(6) 无线广播调音台。

(7) 剧场调音台。

(8) 扩声调音台。

(9) 有线广播调音台。

(10) 便携式调音台。

1. 调音台输入部分

(1) 卡侬插座 MIC：此即话筒插座，其上有三个插孔，分别标有 1,2,3。标号 1 为接地(GND)，与机器机壳相连，把机壳作为 0V 电平。标号 2 为热端(Hot)或称高端(Hi)，它是传送信号的其中一端。标号 3 为冷端(Cold)或称低端(Low)，它作为传输信号的另一端。由于 2 和 3 相对 1 的阻抗相同，并且从输入端看去，阻抗低，所以，称为低阻抗平衡输入插孔。它的抗干扰性强,噪声低,一般用于有线话筒的连接。

(2) 线路输入端(Line):它是一种1/4大三芯插座,采用1/4大三芯插头(TRS),尖端(Tip)、环(Ring)、套筒(Sleeve),作为平衡信号的输入。也可以采用1/4大二芯插头(TS)作为非平衡信号的输入。其输入阻抗高,一般用于除话筒外的其他声源的输入插孔。

(3) 插入插座(INS):它是一种特殊用途的插座,平时其内部处于接通状态,当需要使用时,插入1/4大三芯插头,将线路输入或话筒输入的声信号从尖端(Tip)引出去,经外部设备处理后,再由环(Ring)把声信号返回调音台,所以,这种插座又称为又出又进插座,有的调音台标成Send/Return或in/out插座。使用Y形线连接。

(4) 定值衰减(PAD):按下此键,输入的声信号(通常是对Line端输入的声信号)将衰减20dB(即10倍),有的调音台,其衰减值为30dB。它适用于大的声信号输入。有些调音台是没有这个功能的。

(5) 增益调节(Gain):它是用来调节输入声信号的放大量,它与PAD结合可使输入的声信号进入调音台时处于信噪比高、失真小的最佳状态,也就是可调节该路峰值指示灯处于欲亮不亮的最佳状态。它可以与监听按键PFL一同使用,观看电平显示,将其调整到0dB,可以使用标准CD信号测试源,也可以根据输入的信号大小进行调整。

(6) 低切按键(100Hz):按下此键,可将输入声信号的频率成分中100Hz以下的成分切除。此按键用于扩声环境欠佳,常有低频嗡嗡声的场合和低频声不易吸收的扩声环境。通常语言扩声时按下此键。

(7) 均衡调节(EQ):分为三个频段:高频段(H. F.)、中频段(M. F.)、低频段(L. F.),主要用于音质补偿。

① 高频段(H. F.):倾斜点频率为10kHz,提衰量为15dB,这个频段主要是补偿声音的清晰度。

② 中频段(M. F.):中心频率可调,范围为250Hz~8kHz;峰谷点的提衰量为15dB;这个频段的范围很宽,补偿是围绕某个中心频率进行。若中心频率落在中高频段,提衰旋钮补偿声音的明亮度。若中心频率落在中低频段,提衰旋钮补偿声音的力度。

③ 低频段(L. F.):倾斜点频率为150Hz,提衰量为15dB,这个频段主要用于补偿声音的丰满度。

(8) 辅助旋钮(AUX1/AUX2/AUX3/AUX4):调节这些辅助旋钮,等于调节该路声音送往相应辅助母线的大小,其中,AUX1和AUX2的声信号是从推子(Fader)之前引出的,不受推子影响。AUX3和AUX4的声信号是从该路推子(Fader)之后引出的,受推子大调节的影响。前者标有Pre,后者标有Post。

(9) 声像调节(PAN):用于调节该路声源在空间的分布图像。当往左调节时,相当于把该路声源信号放在听音的左边。当往右调节时,相当于把该路声源信号放在听音的右边。若把它置于中间位置时,相当于把该路声源放在听音的正中。实际上,这个旋钮是用来调节声源左右分布的旋钮,它对调音台创作立体声输出极为重要。

(10) 衰减器(推子Fader):该功能键的调节起两方面作用:一方面用来调节该路声音在混合中的比例,往上推比例大,往下拉比例小;另一方面,用来调节该路声源的远近分布,往上推声音大,相当于将该路声源放在较近的位置发声,往下拉,声音小,相当于将该路声源放在较远的位置发声。它与PAN结合可创作出各个声源的空间面分布。调音台创作立体声输出,用的是 Fader 和 PAN 功能键。

(1) 监听按键 PFL(Pre-FadeListen):衰减前的监听,按下它,用耳机插在调音台的耳机插孔便能听见该路推子前的声音信号。

(2) 接通按键 On:按下它,该路声音信号接入调音台进行混合。

(3) L-R 按键:按下它,该路声音信号经推子、PAN 之后送往左右声道母线。

(4) 1-2 按键:按下它,该路声音信号经推子和 PAN 之后送往编组母线 1 和 2。

(5) 3-4 按键:按下它,该路声音信号经推子和 PAN 之后送往编组母线 3 和 4。

调音台种类是很多的,但主要的功能键都是相同的。值得一提的是调音台每一路输入只能进一个声源,低电平的传声器或者是高电平的音源设备,一个通道不能同时连接两种设备。否则,会相互干扰,阻抗不配,声音造成失真。

2. 调音台输出部分

调音台输出部分的安排有以下规律。

(1) 调音台有几根母线,肯定有相对应的输出插座。

(2) 每个输出插座输出的声信号肯定在调音台上装有其相对应的调节键,可能是推拉键,也可能是旋钮。

(3) 每种输出调节功能键旁边都装有监听按键,一般推拉键旁边的监听按键为推了前监听 PEL,旋钮旁的监听按键为经过旋钮的监听(AFL)。

(4) 从辅助返回(AUXRET)或效果返回(EffectRTN)的插孔进入调音台的信号,肯定安装有调节其大小的按钮和相应的声像调节钮 PAN。

(5) 凡左右输出或编辑输出的插座前,一般都有相应的 INS(又出又进插孔),其目的是可以单独对输出信号在输出前进行特殊加工处理,但辅助输出不装 INS 插孔。

(6) 如果输出部分装有耳机和对讲话筒 T. B. Mic 插孔,一般其旁路都有其音量大小调节钮。

3. 调音台的信号流程

掌握了调音台的信号流程,便能从根本上去理解调音台,流程图分为三个部分:信号输入部分,母线部分,信号输出部分。声源信号从话筒输入或从线路输入,经增益调节,进入均衡处理,做音质补偿,利用衰减器(推子)进行混合比例调节。再通过声像调节,进入左右声道母线和编组母线,同时,在推子前后引出声信号,分别进入辅助母线。从母线出来的混合声信号,经过混合放大、大小幅度调节、隔离放大,送出相应的各种输出。另外,从辅助送出的声信号或外部设备的信号,经过效果机处理或其他方面的处理后,从辅助返回端进入调音台,做大小调节和声像调节后,与左右声道上的信号叠加,再一起送出,这便是声信号的整个流程。

4. 效果器与调音台的连接

(1) 利用每路上的 INS 插孔,单独对该路上的声信号进行效果处理,从 INS 插孔将该路的声信号引入效果机,经效果机处理后,声音信号由效果机出来,再从这个插孔送回调音台,这种接法适合于大型乐团对各类乐音和演唱声的效果处理。

(2) 利用辅助送出(AUXSEND),将声音信号送入效果机的输入端,从效果机输出接到调音台的辅助返回端(AUXRTN),对需要处理的声音信号,将该路上相应的辅助旋钮打开,对不需要处理的声音信号,则把该路上相应的辅助旋钮关闭。这种连接可由一个效果机处理多个同类声源(比如:多个人演唱)。

(3) 利用辅助送出(AUXSEND),将声音信号送入效果机的输入端,从效果机输出接到调音台的某一路的线路输入端(Line)。这时,把这路当作效果的再加工处理(放大、均衡、声像、混合比例等),并且用该路的推子做效果混合比例调节,比较方便。但这路上所有的辅助旋钮必须关闭。否则,会出现扩声系统啸叫,或在辅助母线上出现效果声。

辅助母线可以用作效果线(Effect Bus)、监听母线(Monitor Bus)、有线声控母线(控制灯光等)或可以用来单独对某些声源进行记录或扩声。

总之,辅助母线愈多,调音师使用起来就愈方便,甚至能做到多种场合用一台调音台控制同步放声或播放各种不同的音乐声。

5. 调音台常用术语英汉对照

调音台常用术语英汉对照如表 4-7 所示。

表 4-7　调音台常用术语英汉对照

英文名称	中文名称	英文名称	中文名称
ACTIVITY	动态指示器	LOW	低音电平控制
BALANCE OUTPUT	平衡输出	LOWCUT	低频切除开关
CUE	选听开关	LOWIIN	低阻输入
DISPLAY	电平指示器	MAIN	主要的
ECHO	混响	MASTER	总路电平控制
EFF	效果电平控制	MASTEROUT	总路输出
EFX. MASTER	效果输出电平控制	MID-HIGH	中高音电平控制
EFX. MON	效果送监听系统电平控制	MON. OUT	监听输出
EFX. OUT	效果输出	MON. SEND	分路监听信号控制发送
EFX. PAN	效果相位控制	MONITOR	监听系统
EFX. RET	效果返回电平控制	MONITOR BALANCE	监听输出声像控制
EFX. RETURN	效果返回输入	MONO OUT	单声道输出
EFX. SEND	分路效果信号控制发送	OUT/IN	输出/输入转换插孔
EQ IN(OUT)	均衡器接入/退出按键	PAD	定值衰减,衰减器
EQUALIZER	均衡器	PAN	相位控制
FT SW	脚踏开关	PEL	预监听(试听)按键
FUSE	保险丝	PHANTOM POWER	幻像电源开关
GAIN	输入信号增益控制	PHONO INPUT	唱机输入
HEAD PHONE	耳机插孔	POWER	总电源开关
HIGH	高音电平控制	PROGRAM BALANCE	主输出声像控制
HIGH CUT	高频切除开关	REV. CONTOUR	混响轮廓调节
HIGH IIN	高阻输入	RIGHT	右路信号电平控制
LAMP	专用照明灯电源	SIGNAL PROCESSOR	信号处理器
LEFT	左路信号电平控制	STEREO OUT	立体声输出
LEVEL	声道平衡控制	SUM	总输出编组开关
LIMIT(LED)	信号限幅指示灯		

6. 调音台的作用

一个简单而又完整的音响系统，从开始到结束起码包括话筒、调音台、功放、音响 4 个单元。当然，调音师实际使用的音响系统要比此复杂得多，在多路信号输入的时候，除了话筒，还会有 DVD 影碟机（或者 CD 机）、录放音卡座、MD 卡座等。此外，还会用到专业声频处理设备，如混响器、延时器、激励器、压限器、扩展器、均衡器、分频器等。但是，从整个工作流程来看，调音台无疑位于关键和枢纽的位置，起着承上启下的作用，因而调音师的调节便起着至为重要的作用。

1）哑音（MUTE）和独奏（SOLO）监听按钮

有些台子在音量推子和声像旋钮之间还设计了两个按钮，即哑音（MUTE）和独奏（SOLO）监听按钮。

哑音按钮可以不用动音量推子，就将混音总线中该通道的信号关闭。当该通道的输出音量已经被精确调整好，而不想再去碰它时，这个功能显然是很有用的。当独奏监听按钮被按下时，可以通过监听耳机监听本通道的信号大小，即其他独奏监听按钮没被按下的通道信号不会被耳机监听。

这个功能不是所有调音台都有的。

2）磁带/线路（Tape/Line）的切换开关

为多轨录音系统设计的大型调音台每一个通道都有一个磁带/线路（Tape/Line）的切换开关。这个开关可以决定每一个通道的输入源是话筒/线路输入源还是多轨机的各轨独立输出。当进行多轨录音时，这个开关应放置在线路输入状态；录音完成后，对多轨信号进行缩混时，这个开关应放置在磁带输入状态，这时，各通道推子实际上是调节多轨机各轨信号输出到立体声总线的信号量。

3）UV 指示器

一个调音台一般会有两个或更多 VU（Volume Unit，音量指示）指示器。有的指示器是那种老式的指针表，有的则是 LED（发光二极管）方式的电平表。有的调音台可以通过切换用一对指示器显示不同总线及通道的电平；有的则设计成每个通道及总线都有自己的 VU 指示器。

7. 调音台的连接

（1）检查调音台输入电源电压是否符合中国标准，即交流 220V。

（2）将其连接到电源插座，打开电源开关，观看电源指示灯是否正常。

（3）关闭其调音台，再进行设备的连接。根据扩声目的连接输出设备，使用平衡输出连接到下一级设备，例如功放机的平衡输入。

（4）将动圈式传声器连接到调音台，使用平衡连接线插入到 MIC 插口。

（5）将 CD 机连接到调音台线路输入插口，由于 CD 机是立体声输出的，所以要连接调音台的两个通道，PAN 分别设置于 L 和 R 的位置。

（6）利用监听功能调整其输入信号的电平。

（7）利用监听耳机或者监听音响，试听节目源声音效果。

（8）将其调整好的信号送入主输出通道。

4.5.2 音响与功放机的连接

音响是电变声的重要设备，它的主要元器件是扬声器，扬声器的品质决定了它的声还原效果，主要技术指标有灵敏度、频率响应、额定功率、额定阻抗、指向性以及失真度等参数。

1. 额定功率

扬声器的功率有标称功率和最大功率之分。标称功率称额定功率、不失真功率。它是指扬声器在额定不失真范围内容许的最大输入功率，在扬声器的商标、技术说明书上标注的功率即为该功率值。最大功率是指扬声器在某一瞬间所能承受的峰值功率。为保证扬声器工作的可靠性，要求扬声器的最大功率为标称功率的2～3倍。

2. 额定阻抗

扬声器的阻抗一般和频率有关。额定阻抗是指音频为400Hz时，从扬声器输入端测得的阻抗。它一般是音圈直流电阻的1.2～1.5倍。一般动圈式扬声器常见的阻抗有4Ω、8Ω、16Ω等。

3. 频率响应

给一只扬声器加上相同电压而不同频率的音频信号时，其产生的声压将会产生变化。一般中音频时产生的声压较大，而低音频和高音频时产生的声压较小。当声压下降为中音频的某一数值时的高、低音频率范围，叫该扬声器的频率响应特性。理想的扬声器频率特性应为20～20kHz，这样就能把全部音频均匀地重放出来，然而扬声器是做不到的。每一只扬声器只能较好地重放音频的某一部分。

4. 失真

扬声器不能把原来的声音逼真地重放出来的现象叫失真。失真有两种：频率失真和非线性失真。频率失真是由于对某些频率的信号放音较强，而对另一些频率的信号放音较弱造成的，失真破坏了原来高低音响度的比例，改变了原声音色。而非线性失真是由于扬声器振动系统的振动和信号的波动不够完全一致造成的，在输出的声波中增加一新的频率成分。

5. 指向特性

用来表征扬声器在空间各方向辐射的声压分布特性，频率越高指向性越狭，纸盆越大指向性越强。

扬声器的构造如图4-49所示。

扬声器剖面图如图4-50所示。

1. 扬声器正负极识别

(1) 看标识，一般红色表示正极，黑色表示负极。＋号不是正极，－号不是负极。

(2) 使用一节干电池，连接扬声器两个电极，观看扬声器纸盆运动的方向，如果是向外运动，连接干电池的正极就是扬声器的正极。

2. 音响的接线端子

(1) 接线柱：红色的为正极，黑色的为负极。

(2) 6.35mm大二芯插座：使用6.35mm大二芯插头，顶端为正极，环为负极。

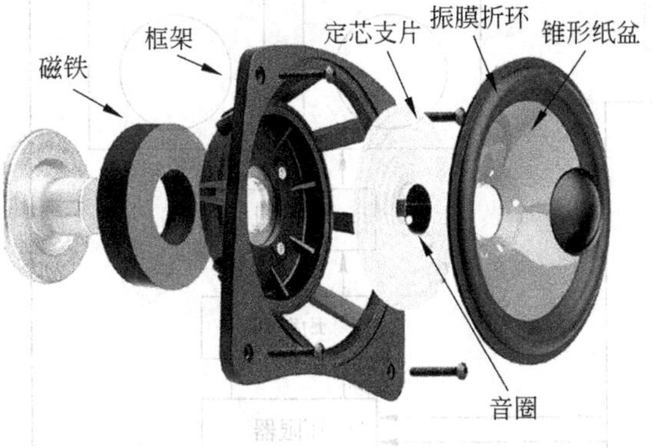

图 4-49 扬声器构造

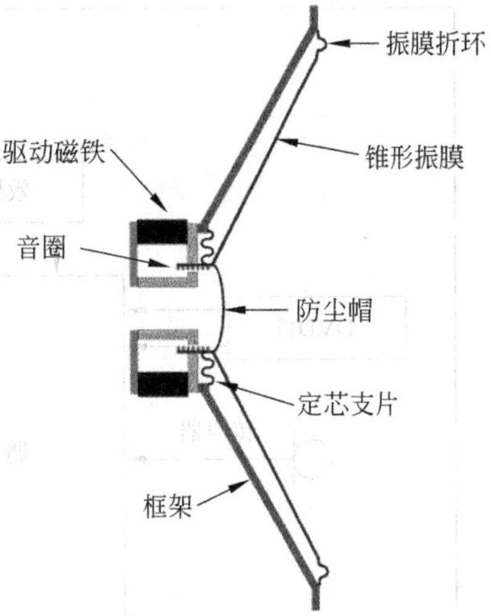

图 4-50 扬声器剖面图

(3) 瑞士插座：瑞士 NEUTRIK1 为正极，2 为负极。(参照音响说明书。)

3. 功放机与音响的连接原则

(1) 功率、阻抗应该匹配。

(2) 功放机的正极连接音响的正极，功放机的负极连接音响的负极。

(3) 功放机与音响的连接线距离越短越好，连接线的线阻越小越好。

如图 4-51 所示为音响系统连接实例。如图 4-52 所示为根据图 4-51 进行连接的线路图。

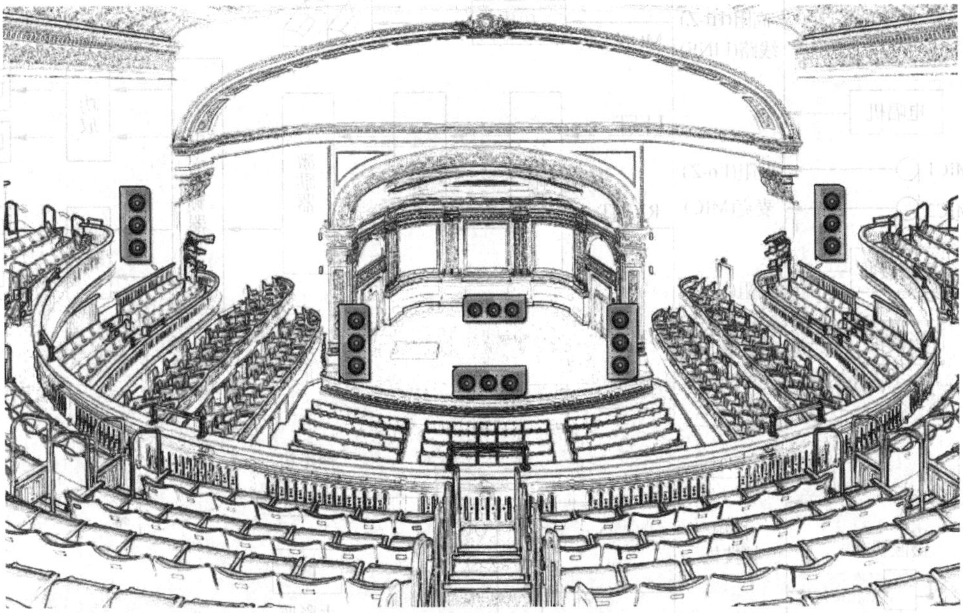

图 4-51 音响系统连接实例

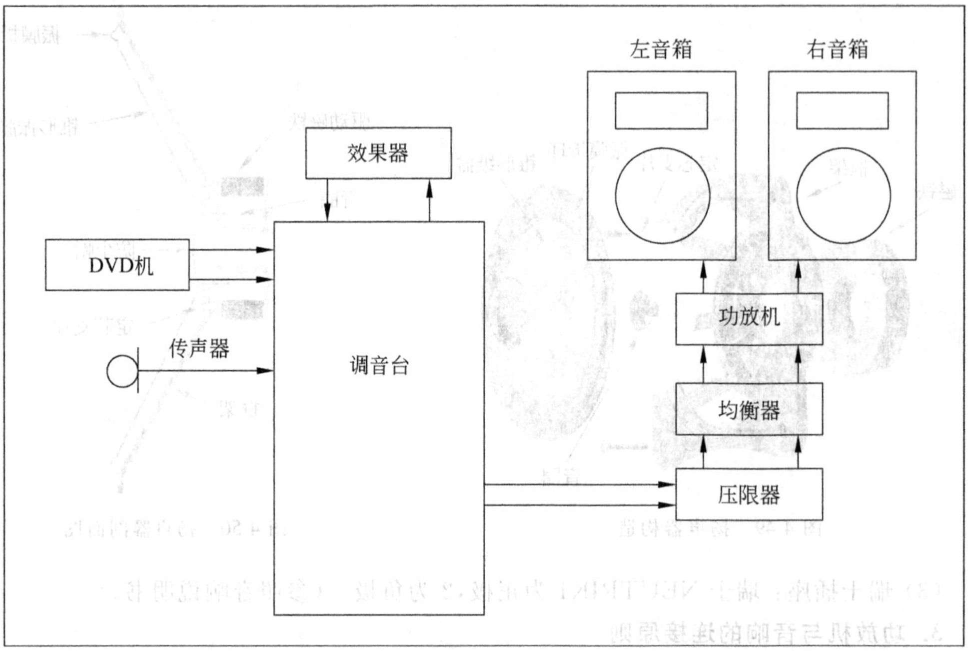

图 4-52　根据图 4-51 进行连接

如图 4-53 所示为多功能厅音视频系统图。

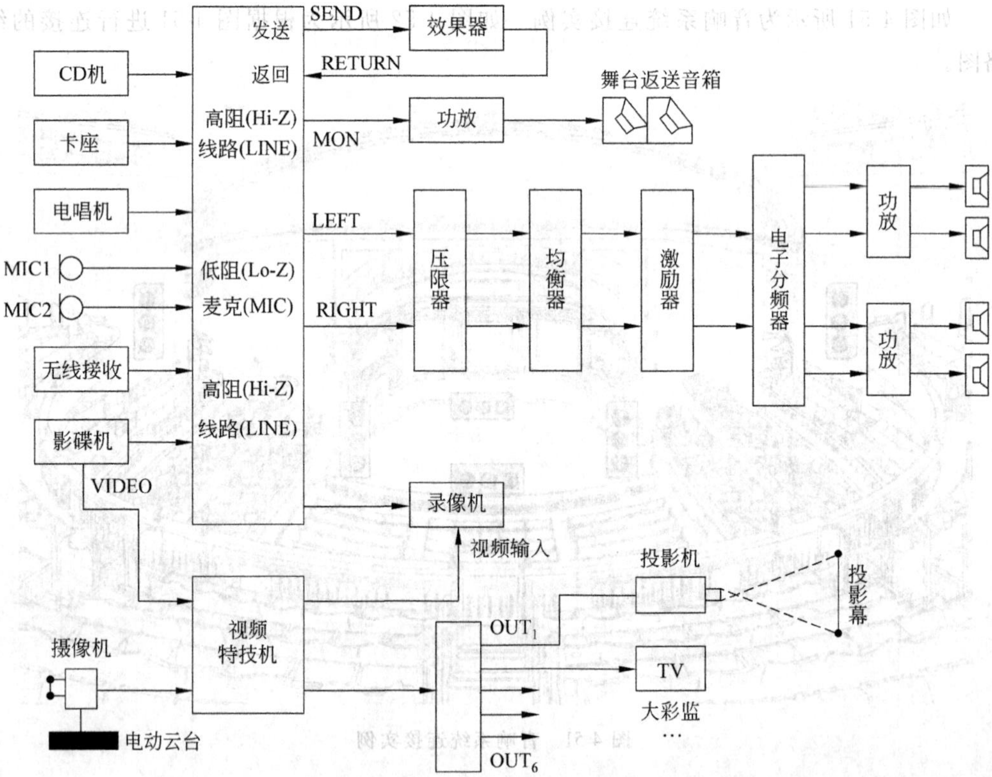

图 4-53　多功能厅音视频系统图

4.6 家庭 AV 系统

家庭 AV 系统是一种老式的提法，这种提法有一种相对狭窄的内涵，即在一套简单的音响系统的基础之上(其定义强调这套音响系统只有一台功放和一对音响，最多再加上一台卡拉 OK 机)，加上一台视盘机和一台电视机。如图 4-54 所示就是一种基本的家庭 AV 系统框图。

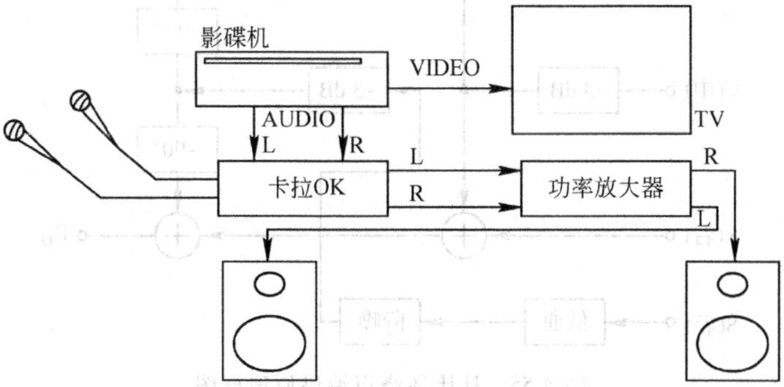

图 4-54 家庭 AV 系统框图

4.7 家庭影院系统

4.7.1 环绕声系统

所谓环绕声，就是使音响设备在听音空间产生一种三维声场，使听者产生一种被声音环绕着的感觉，以便产生强烈的空间感和临场感。而杜比环绕声系统是由美国杜比实验室于 20 世纪 80 年代初研制而成的环绕声处理技术。经过不断的改进，杜比实验室先后推出了“杜比环绕声系统”，即 AC-1，“杜比定向逻辑环绕声系统”，即 AC-2 和“杜比数字环绕声系统”，即 AC-3。

1. 杜比环绕声系统

杜比环绕声系统是将现场录音的四声道(左 L、右 R、中 C、后 S)音频信号经编码成为两声道信号，以便能用普通双声道录音卡座录音，并能与双声道立体声兼容，使家用录像机和 VCD 光盘能方便地录制这种编码后的双声道信号，而在重放时再利用解码器将双声道音频信号还原成四声道音频信号的系统。

从图 4-55 中可见，对于主声道的 L 和 R 声道不做处理，主要是将中央声道 C 和后方环绕声道 S 混合到两个主声道中去。中央声道的处理较简单，将其衰减 3dB 后混合到 L 和 R 声道中去即可。对于后方环绕声道，先用一个 7kHz 的低通滤波器滤掉 7kHz 以下的音频信号作为环绕声，接着进行降噪处理，提高其音频质量，再将其衰减 3dB，之后分成两路，送到 L 声道混合用的一路进行相位超前 90°处理，送到 R 声道混合用的一路进行相位延迟 90°处理。这样，就将四声道信号变成了双声道信号 u_{L_D} 和 u_{R_D}，其中，L_D 和 R_D 分别表示经杜比环绕声处理后的 L 声道和 R 声道。其关系式为

$$u_{L_D} = u_L + 0.7u_C + j0.7u_S$$

$$u_{R_D} = u_R + 0.7u_C + j0.7u_S$$

式中，0.7 为 $\sqrt{2}/2$ 的近似值，是将 C 和 S 信号衰减 3dB 后换算成电平比的系数，j 表示移相 90°。

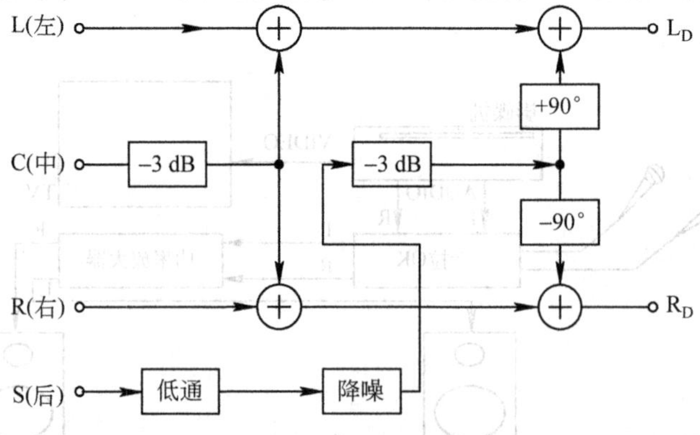

图 4-55　杜比环绕声编码原理框图

杜比环绕声解码原理框图如图 4-56 所示。其原理是通过矩阵电路从信号 u_{L_D} 和 u_{R_D} 中解出中央(C)音频信号 u_C 和后方环绕(S)音频信号 u_S。

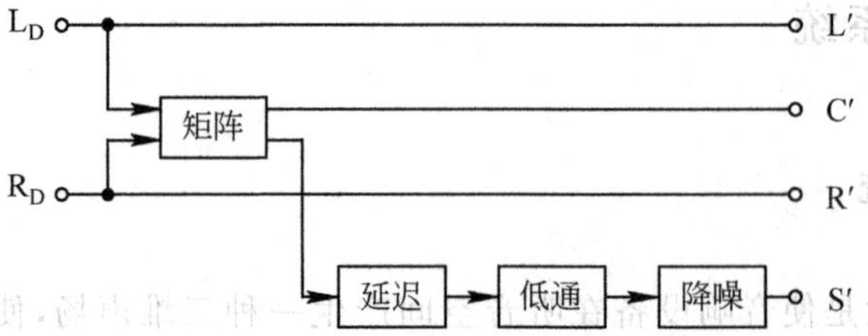

图 4-56　杜比环绕声解码原理框图

矩阵电路的作用如下式所示：

$$u_{C'} = u_{L_D} + u_{R_D} = 1.4u_C + u_L + u_R$$

$$u_{S'} = u_{L_D} - u_{R_D} = j1.4u_S + u_L - u_R$$

C′和 S′是为了与原始的 C 和 S 相区别，在一般表达式中，为了将 C 和 S 的系数用 1 表示，只要分别将 C′和 S′衰减 3dB，这样 $u_{C'}$ 和 $u_{S'}$ 便可表示为：

$$u_{C'} = u_C + 0.7u_L + 0.7u_R$$

$$u_{S'} = ju_S + 0.7u_L - 0.7u_R$$

因此，编码和解码方式虽然解决了用 2 声道来记录和传送 4 声道信号的问题，但解码输出的 4 声道信号却不是原来那种纯净的 4 声道信号了。在 L 和 R 声道信号中混有差 3dB 的中央声道和后方环绕声道信号，在中央声道和环绕声道信号中又混有差 3dB 的 L 和 R 声道信号，这就产生了串音信号，其结果大大降低了左、右声道与中央声道的分离度以及左、右声道与后方环绕声道之间的分离度，使其分离度仅为 3dB，严重影响了声像

定位。

对于家庭影院而言,环绕声有举足轻重的地位,因此,一定要想办法提高左、右声道与后方环绕声的分离度。其方法是:先对环绕声道信号进行延迟处理,根据人耳的听觉特点,先到达人耳的声音会被当成音源(哈斯效应)。于是,前方左、右音响的声音就建立了前方声道的定位性,经延迟的后方环绕声而后到达人耳,两者之间就分开了,分离度也得到了提高。根据房间的大小和前后的距离,此延迟时间一般在15~30ms并可调,以便获得最佳的效果。又因为串音特别容易发生在高频段,对于人耳,高频串音先经低通滤波处理,将环绕声的频带限制在7kHz之内,经低通滤波处理后,既减少了高频串音又不影响环绕效果。最后进行降噪处理,因为后方环绕音响一般比较接近视听者,故同样幅度的噪声对视听者的影响也更大,通过降噪电路可将噪声连同串音降低约1/2,这样便提高了环绕声的质量。

2. 杜比定向逻辑环绕声系统

杜比定向逻辑环绕声系统是杜比实验室对杜比环绕声系统进行改进后的环绕声系统。它与原有的杜比环绕声系统相比主要有以下改进:①采用了自适应矩阵代替原有的固定式矩阵;②增设中置声道和中置声道模式控制电路。如图4-57所示为杜比定向逻辑环绕声系统的原理方框图。

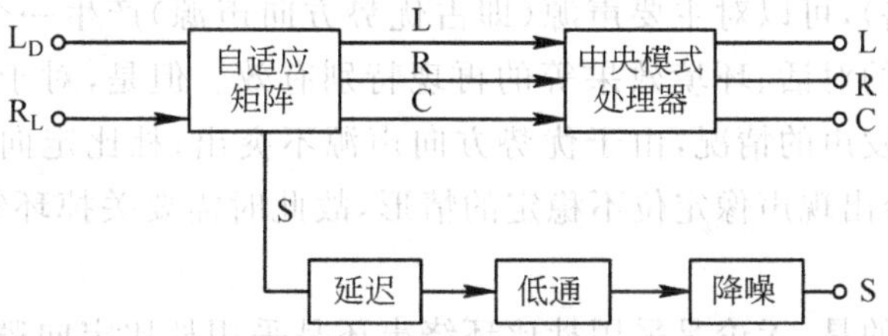

图4-57 杜比定向逻辑环绕声系统的原理方框图

在杜比环绕声系统中采用的固定式矩阵的功能仅是为了得到后声道(环绕声)信号S。而在杜比定向逻辑环绕声系统中采用的自适应矩阵具有非常完善的功能,它可以根据输入的杜比编码信号中的L、R、C、S信号的强弱状况,从中检出占优势方向的信号,并以对数方式加强优势方向信号,这样就可使信号中的主要声像定位非常明确。因此有人将这种自适应矩阵电路称为"方向性增强电路"。这种方向性增强电路可使杜比信号的相邻声道分离度从原有的3dB提高到30dB甚至40dB。

在杜比环绕声系统中,前方中间声道是可用可不用的。从前面的分析来看,不用中间声道还有提高声道分离度的作用。实际上,中间声道对影视片中的人物对白的定位起非常重要的作用,特别是当我们有时可能坐在偏离"最佳听音位置"上观看电视节目时。在杜比定向逻辑环绕声系统中,由于自适应矩阵电路的应用,提高了相邻声道间的分离度,因而也克服了杜比环绕声系统中采用中间声道带来的问题。但由于杜比定向逻辑环绕声系统毕竟是在杜比环绕声系统的基础上改进而来的,因此它和杜比环绕声系统一样,其后置环绕声道S不是全频域声道,其频率范围为20Hz~7kHz。

中置声道模式控制电路的作用是对中置声道信号进行适当的控制,以适应不同场合的需要。在使用杜比定向逻辑环绕声系统的家庭影院系统中,有时因为场地或器材等原因,会遇到不用中置扬声器,或只能使用小型中置扬声器或用大型中置扬声器的情况。

为了使在上述的各种情况下都能获得较好的环绕声效果，杜比定向逻辑环绕声解码器中设置了中置声道模式控制电路。一般的中置声道控制模式有以下三种。

(1) 幻象(Phantom)模式。幻象模式即是不用中置扬声器箱的模式。这种模式是将中置声道信号均匀地分配到左、右声道中，使中置声道信号从左、右声道放送出来。这种模式适合于听音面积较小的空间，虽省掉了中置音响，但由于采用了方向性增强电路，仍能对实际存在的中置声道的声像进行较好的定位。该模式虽是杜比定向逻辑环绕声三种模式中效果最差的一种模式，但与前面的杜比环绕声相比，其效果仍然好一些。

(2) 普通(Normal)模式。普通模式也是家庭影院系统最常用的模式，它适于一般家庭影院系统采用小型中置扬声器箱且听音面积不太大的情况。在该模式下，100Hz 以下的低音信号只送到左、右两个主声道，而不送到中置声道。中置声道中加入了 100Hz 高通滤波器，这使中置声道扬声器只放送 100Hz 以上的信号。

(3) 宽带(Wide)模式。宽带模式实际上是将中置声道信号保持原状输出，既不经高通滤波器，又不将信号分配到主声道。这种模式要求中置声道扬声器箱具有较宽的频响，特别是能重放低频信号。因此，选择宽带模式应使用低频重放性能好的全频带中置音响。

从以上的介绍可以看出，杜比定向逻辑环绕声系统由于采用了动态矩阵解码电路(即方向性增强电路)，可以对主要声源(即占优势方向声源)产生一个清晰的声像，因此它对影视片中人物的对话、环境效果等的再现特别有效。但是，对于重放大型交响乐等的同时有许多声源发声的情况，由于优势方向声源不突出，杜比定向逻辑环绕声系统难以发挥作用，可能会出现声像定位不稳定的情形，故此时需要关掉环绕效果音响，只用两个主音响放音。

特别需要指出的是，无论是采用杜比环绕声还是采用杜比定向逻辑环绕声的家庭影院系统，都要求采用杜比环绕声编码的软件(或光碟)，这样才能得到较理想的环绕声效果。

3. 杜比数字环绕声系统

杜比数字环绕声系统是由杜比实验室与日本先锋公司联合研制的一种最新环绕声系统，于 1994 年年底公布。杜比实验室原来推出的杜比环绕声系统和杜比定向逻辑环绕声系统都是基于模拟音频技术的环绕声系统。而 AC-3 系统则是一种数字音频感觉编码系统，即利用人耳听觉的掩蔽效应，对需要传送的音频信号进行最佳选择，只保留那些对人耳听觉有用的信号，并对信号的每一个样本值采用最佳的比特分配，即不统一按 16 比特分配，以尽量节省码率。另外，在编码时，它采用改进的离散余弦变换，将信号从时间域变换到频率域，根据其频率成分分配比特，以尽量减少码率。AC-3 是一种高效率的数字音频压缩编码系统。

AC-3 系统将前左声道、前右声道、中置声道、两个后声道(环绕声声道)和超低音声道信号经数字编码后成为一个独立的数码流并进行记录。重放时，读出的数码流输入到数码解码器进行相应的处理后，可输出 5 个声道的信号以及超重低音信号。其中，前方的左声道、右声道和中置声道以及后方的左环绕声道和右环绕声道为全频域声道，也就是说从解码器输出的这 5 个声道的信号为全频域音频信号，频率范围为 20Hz～20kHz，而超重低音声道为非全频域声道，其信号频率范围为 20Hz～120Hz，大约为全频域的

0.1左右的范围，故称超重低音声道为0.1声道，因此有人会将AC-3系统中的6个声道说成“5.1声道”。

由于采用了数字音频压缩编码技术，因此AC-3系统具有极高的保真度和极好的环绕声效果。其通道分离度达到了90dB以上，动态范围、信噪比等性能也达到了很高的水平。因此，比起AC-1、AC-2来，AC-3系统的声像定位、相位特性和声场重现等都更为优越。

杜比AC-3编码器的基本组成框图如图4-58所示。

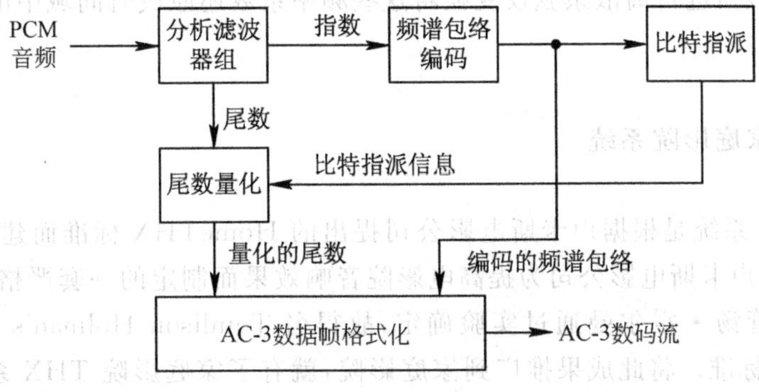

图4-58　杜比AC-3编码器的基本组成框图

首先PCM音频信号经分析滤波器组从时间域变换到频率域（采用改进后的离散余弦变换），使每个时间样本块变换成256个频率系数。再将每一个频率系数用二进制指数记数法表示为二进制指数的一个尾数。该指数送到频谱包络编码器，将指数的集合编码成能大概表示信号频谱的频谱包络。比特指派器利用人耳掩蔽效应分析频谱包络，产生比特指派信息，去控制尾数量化器，以确定每个单独尾数在量化时需要用多少比特。用频率函数表示的人耳听觉的参数模型固化在比特指派器中，利用该比特指派格式化成AC-3数据帧，AC-3数码流就是AC-3数据帧的序列。格式化的过程可以看成是打包的过程，一个AC-3数据帧就是一个AC-3数据包。

杜比AC-3解码器的基本组成框图如图4-59所示。

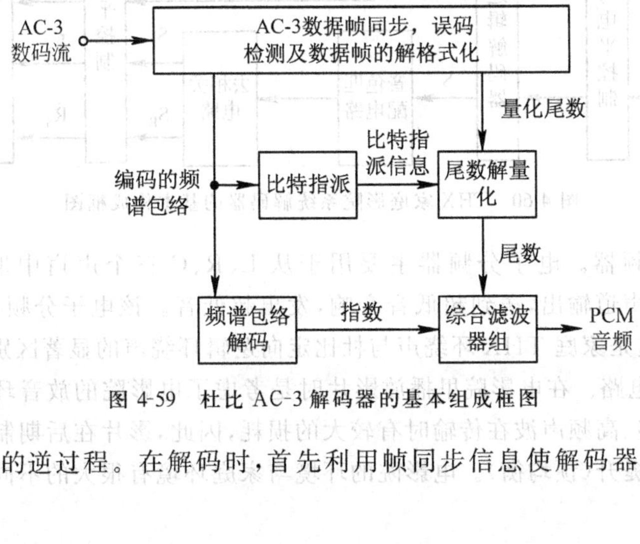

图4-59　杜比AC-3解码器的基本组成框图

解码是编码的逆过程。在解码时，首先利用帧同步信息使解码器与编码数码流同步，接着利用循环冗余校验码对数据帧中的误码进行纠错处理，使其成为完整、正确的数据，然后进行数据帧的解格式化。在编码中的格式化就是按设定的标准将各种数据捆成一包一包的。一个包就是一个数据帧，以包头的同步信息为标志。在解码中的解格式化，就是以同步信息为准，将包打开，以便分门别类地处理各种数据，然后运行比特指派例行程序，从编码的频谱包络中获得在编码中采用的比特指派信息。利用此信息便可对量化的尾数进行解量化处理，还原成原来的尾数，再对频谱包络进行解码，便获得编码前的各个指数。这些用二进制表示的各指数和尾数代表了各样本块的256个频率系数，最后利用综合滤波器进行离散余弦反变换将这些频率系数还原成时间域中的PCM数字音频信号。

4.7.2 THX家庭影院系统

家庭THX系统是根据卢卡斯电影公司提出的HomeTHX标准而建立的家庭影院系统。THX是卢卡斯电影公司为提高电影院音响效果而制定的一套严格的标准。它由公司的技术主管汤·霍尔曼通过实验确定，故得名Tomlison Holman's eXperiment标准，简称THX标准。将此成果推广到家庭影院，就有了家庭影院THX系统，该系统产生的环绕声就是家庭THX环绕声。虽然家庭影院的房间容积、建声条件、吸声性能、音响设备都不能与专业影院相比，但家庭THX系统环绕声比杜比定向逻辑环绕声又前进了一步。

家庭THX环绕声是在杜比定向逻辑环绕声的基础上发展而来的，因此也应属于模拟音频环绕声范畴。其解码器的基本构成如图4-60所示。由图可见，它在杜比定向逻辑环绕声的基础上主要增加了下面4个处理电路。

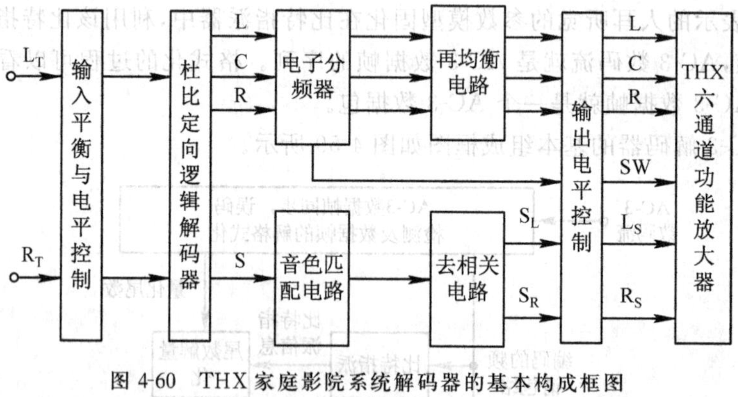

图4-60 THX家庭影院系统解码器的基本构成框图

(1) 电子分频器。电子分频器主要用于从L、R、C三个声道中取出超低音信号(SW)，从超低音声道输出，送到超低音音响，发出超低音。该电子分频器专门设置了一个超低音声道，这是家庭THX环绕声与杜比定向逻辑环绕声的显著区别之一。

(2) 再均衡电路。在电影院里播放影片时是考虑了电影院的放音环境的，由于电影院空间大、人较多、高频声波在传输时有较大的损耗，因此，影片在后期制作时，均将其高音予以适当加强提升(预均衡)。电影院的环境与家庭环境有很大的不同，若对电影音频信号不加处理，直接用于家庭环境(高频声波传输时损耗相对较小)，高音就显得过于明亮，甚至在大信号下出现失真，听起来会刺耳。再均衡电路就是将提升的高音分量去除，恢复正常的平衡状态，以产生良好的放音效果。

(3) 音色匹配电路。当环绕音响与前方L、R、C和SW音响的音色不一致时，环绕声就会显得格格不入，此时，通过音色匹配电路来调节环绕声的音色，可使其与前方各路声道产生的音色相一致，使整个声场融为一体，各声道相互吻合，从而保证声像从前到后的平滑过渡。当声像在前后或左右移动时音色也不致于发生变化，其效果才会逼真。

(4) 去相关电路。去相关电路是将一路环绕信号处理成两路不相关的环绕信号L_S、R_S，并使这两路环绕信号保持一定的时间差和相位差，从而使后部环绕声场立体化，产生空间感。

在AC-3系统推出后，卢卡斯公司宣布，对家庭THX稍做修改，它也能兼容AC-3，主要不同之处在于它不需要对所有声道信号做电子分频处理。为表示区别，将能兼容杜比定向逻辑的THX系统称为家庭THX4.0系统，而将兼容AC-3的系统称为家庭THX5.1系统。

家庭THX系统具有完整的6个声道，而标准的杜比定向逻辑环绕声系统只有4个声道，因此，家庭THX系统比杜比定向逻辑环绕声系统的重放效果要优越。另外，为了达到较好的视听效果，真正的家庭THX系统必须达到以下6条要求。

(1) 对白要清晰。真正的家庭THX系统必须具有良好的音质，能够有效地抑制早期反射声，保证电影对话中的每字每句都能清晰地听到。

(2) 画面定位要准确。要求做到声音与图像一致，即声音与画面发声物的位置吻合，其发声点应与观众所看到的发声位置一致，这就要求有足够大的画面。

(3) 环绕效果要有扩散性。大自然中的风雨雷电声具有扩散性，家用THX系统采用去相关电路和双极环绕音响(前后双向发声)来达到相似的声音扩散效果。

(4) 频率响应要精确。家用THX系统对解码器和音响做了特性的修正，在家庭环境下也能达到专业影院的效果。

(5) 动态范围要足够大。真正意义上的家庭THX系统应能保证具有105dB的动态范围，在大信号下不产生失真，在小信号时，声音应清晰可闻，而且不能产生人耳所能感觉到的噪声。如果音响平均灵敏度为85dB，则家庭THX系统每一个声道放大器功率应能达到100W。听音室的面积不应低于$30m^2$。

(6) 声像移动应平滑。当画面上出现汽车、摩托车等快速移动的物体时，所听到的声音应与画面物体同步移动，不应有跳跃感或中断感。为达到这一点，扬声器的反射抑制要做到最小。

由以上要求可以看出，真正意义上的家庭THX系统，音响设备必须正宗，如AV放大器、音响等都要有卢卡斯电影公司认可的“THX”标志；屏幕尺寸要大，客厅面积要在$30m^2$以上且6个面的装修要达到声学要求。此系统的条件不易满足，但由于我们的生活水平有了较大的提高，应有许多家庭可以用上真正的家庭THX影院系统。

4.7.3 DTS数字影院系统

DTS(Digital Theater System，数字影院系统)是由美国DTS公司与环球电影公司于

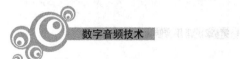

1993年合作推出的数字环绕声系统，当其应用在《侏罗纪公园》《生死时速》等影片中后，在观众中造成了极大的轰动。

DTS与AC-3系统有许多的相似之处：同属于数字环绕声系统范畴，都采用全数字处理、压缩编码、5.1声道输出等。但是也有很大的不同：编码时，DTS采用的是相干声学编码(CAC)，而AC-3采用的是数字音频感觉编码(改进的余弦离散变换)；从编码的本质上来看，AC-3编码是一种不可逆的数字压缩编码，编码所删除的信息，解码后不会得到恢复，而DTS编码则采用了可逆与不可逆两种数字压缩方式相结合的办法，解码后，可以最大限度地恢复节目信息；从压缩比来看，DTS典型的压缩比为3∶1，而AC-3典型的压缩比为12∶1；从数字处理过程中采用的比特数来看，DTS采用的是20b，而AC-3则采用的是非统一性(或动态)16b。

从以上的比较中，不难看出DTS与AC-3各自的特点。

(1) 由于DTS比AC-3所用的压缩比要小，这意味着录制相同的节目DTS所需的节目载体比AC-3要多，通俗地说，某部电影采用AC-3一张碟片就够了，而采用DTS可能就不够。

(2) 由于DTS比AC-3所用的压缩比要小，也就意味着DTS的传送码率比AC-3高许多，当然也就意味着DTS比AC-3的瞬态更好，即音视频在细节变化的过渡上更流畅、更平滑、更精致。

(3) 由于AC-3采用的是不可逆压缩编码，而DTS采用的是可逆与不可逆相结合的压缩编码，因此，解码后DTS在音视频上比AC-3解析力更强，效果更清晰。

通过以上的分析我们发现，DTS公司宣称DTS音质与AC-3相比，声音更清晰、动态范围更大、分离度更好、空间感更强的说法，是有一定根据的，绝非是宣传口号。

目前，DTS与AC-3在市面上同时存在，相互竞争，互不相让，各有所长。就我国的情况而言，AC-3进来得更早，抢占了市场的先机，节目片源丰富，价格便宜；而DTS性能更好，更有发展前景，也是被追捧的对象，因而也很有竞争力，但节目片源少，价格相对较高。在经济大潮中磨炼出来的聪明的中国生产厂家，想用户所想，急用户所急，干脆将DTS与AC-3放在了一起，同时置放于AV功放中，让它们互惠互利起来：AC-3片源丰富，价格便宜，现在用AC-3，等今后DTS片源丰富了，价格便宜了，即便AC-3被淘汰了，也不用急，机器没有浪费，用DTS就可以了。因此，从减少升级换代时可能带来的损失方面考虑，现在买稍贵一点儿的"双解码"，未尝不是一种明智的选择。当然，如果考虑到今后可能还会出现比DTS更好的产品，升级可能出现跳跃，则可以买相对便宜一点儿的"单解"AC-3。

4.7.4 多媒体家庭影院系统与双声道环绕声系统

1. 多媒体家庭影院系统

1) 概述

微型电子计算机能够采集、处理与演示声音(或活动)、图像(或数字)数据信息。它配以带有TV调谐器的视频电路板(或电视卡)，就可使用户在微机显示器上观看电视节目。现在还可采用MPEG-Ⅱ实时解压缩卡通过大屏幕彩色电视机观看节目，它在只读光盘(CD-ROM)驱动器支持下,可提供画面质量优于影碟机的全活动电影和其他视频节目。这意味着只要再付出一定代价,以电视接收系统为中心的家庭影院就可使其 PAL、NTSC 制式电视画面清晰度成倍增加。

随着 MPEG-Ⅱ实时解压缩卡大量上市,许多软件商已能敞开供应各种应用软件,用以借助屏幕显示菜单搜寻与检索已存储入 CD-ROM 中的诸多电影或者其他视像节目。基于这种体系的家庭影院,其视频信息源在质量上均优于 AV 家庭影院,另外,它具有"交互"功能,因而只要纳入某个宽带高速计算机网络(如商用 CATV 网、卫星转播网),用户就可随时点看自己的 CD-ROM 中所没有的影视节目。

与多媒体家庭影院系统相配套的音响设备业已先后问世。许多技术领先的音响制造商已能为多媒体影院系统提供高保真音响,包括环绕声处理芯片、环绕声或其他多声道音响设备。不少软件商也正在将多声道音响系统的音响效果纳入新的影视节目。

尽管多媒体家庭影院系统在技术上与设备上尚需实践的考验,但就其已具备的主体技术设备来说,时下以视频/音频设备为中心的 AV 家庭影院系统所需要的 TV、VCR、LD、AV 功放器等均有可能省去,从而可以减少许多分立设备,便于室内布设。更重要的是,它是面向数字技术的,故向家庭信息中心发展将会顺利得多。

应该看到,这种多媒体家庭影院系统的使用必须要有一定的知识和技术,要有较多的资金投入,而且对许多只求一般自我娱乐的家庭来说,并不需要这么多的功能。所以在短时间内,只有少部分经济收入高的、适应技术型的家庭才有可能率先应用这种多媒体家庭影院系统。对于绝大多数家庭,还是愿意选择普通的家庭影院系统。多媒体家庭影院系统的发展与运用还有一段较长的路要走,相信随着计算机技术的进一步发展和人民经济水平与文化程度的提高,会有越来越多的人选择多媒体家庭影院系统。

2) 多媒体家庭影院系统的组成

多媒体家庭影院系统的基本配置一般包括个人计算机、CD-ROM 光盘驱动器、声卡、MPEG 解压缩卡、音响和话筒等几部分,如图 5-8 所示。个人计算机是整个系统的核心,从某种意义上讲,CD-ROM 光盘驱动器又是多媒体计算机的灵魂,影片、音乐和计算机软件等都存放在 CD 盘上。声卡用来录制、编辑和回放数字音频,进行 MIDI 音乐合成。MPEG 解压缩卡(又称 MPEG 回放卡、电影卡)用来播放 VCD 和 CD-I 资料。当然,现在有的计算机显示卡上有了 TV-OUT 功能,也可不要单独的 MPEG 解压缩卡。

图 4-61 中下半部分为增强配置,可以任选。如果觉得个人计算机中的 17 英寸或 19 英寸显示屏的画面太小,则可通过 MPEG 解压缩卡或显卡 TV-OUT 连接大屏幕彩色电视机;如果要将 VCD 影片内容转录至录像带上,也可通过 MPEG 解压缩卡连接上一台录像机;当然也可通过电视卡将电视节目录制在计算机的硬盘上或在计算机显示屏上观看;如果觉得与声卡直接相连的音响功率小,还可直接与功放相连,并通过宽频响音响放音。

3) 多媒体家庭影院的选择

作为多媒体家庭影院的个人计算机,其配置应稍高一些,以使视频及音频的重放效果较好,一般为:内存 64MB 以上,硬盘 40GB 以上,VGA 彩色显示卡、电视卡,17 英寸或以上纯平彩色监视器,声卡,以及系统软件 Windows 98(2000 或 XP)。从价格上考虑,可以选购品牌机也可自配,自配的好处在于可以根据自己的经济实力或主要需求来决定如

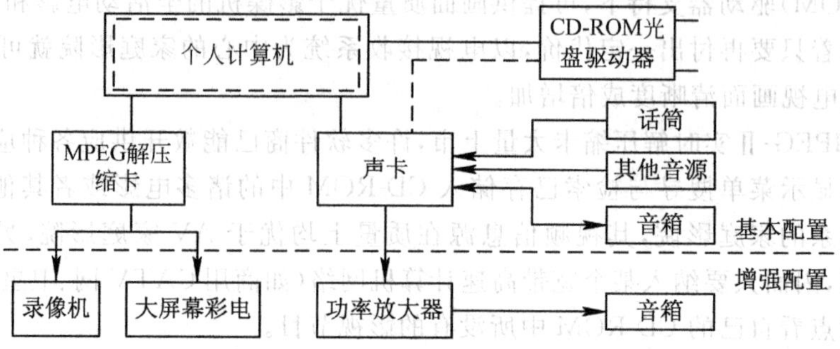

图 4-61　多媒体家庭影院系统的基本组成框图

何配置，可以为今后的升级换代进行更为详尽的考虑。

自配时选购要点如下。

(1) 选择光驱的注意事项。

① 是否是品牌货。品牌货的质量更有保障。

② 光驱所支持的播放格式应多一些。比如有 CD 唱片、VCD 片、DVD 片、CD-ROM/XA、CD-1 格式等。

③ 是否具有刻录功能。

④ 数据传输率应高一些，最好有 36 倍速以上。

⑤ 光驱的接口标准。常见的有 IDE、SCSI 和其他专用接口，建议选带有 IDE 接口的。

⑥ 内置式或外置式。外置式可移动，价格要高一些。

(2) 选择声卡的注意事项。

① 采样频率与量化位数。一般要求是 44.1kHz 和 16 位。

② 有无 MIDI 合成器，合成器是 FM 合成器(低档)还是波表查找合成器(高档)。

③ 有无 CD-ROM 光驱接口。

④ 有无 DSP 芯片。

选购 MPEG 解压卡，首先应注意与计算机 VGA 显示卡的兼容性；其次要看播放质量、色彩及平滑程度；此外还要考虑有无视频接口，或可否与彩电或录像机相连。

其他设备的选购问题不再赘述，只是建议读者在购买之前应首先查阅相关的资料，询问行内人士，明确自己的主要用途，然后货比三家(价格、质量、售后服务)，最后才能下单。

2. 双声道环绕声系统

无论是杜比环绕声、杜比定向逻辑环绕声、THX 环绕声、AC-3 环绕声还是 DTS 环绕声系统，都离不了多路输出功率放大器和配置多个音响，因此都要求有较宽的环境以满足音响的合理摆放。为了适应不同用户的需要(如个人计算机用户、网络用户等)和不同电子产品发展的需要(如电视机、各类视盘机、卫星接收机、多媒体音卡等)，在研究人员建立了可定量描述耳廓效应(单耳效应)的数学模型——声音的“头部相关传递函数”(Head Related Transfer Function，HRTF)的基础之上，双声道环绕声系统进入了一个飞速发展的阶段。

所谓耳廓效应，是指耳廓能对入射声波产生类似于梳状滤波器的效应，它能使声波频谱出现场起伏，从而为人脑带来具有方向感的信息。双耳效应加上耳廓效应，即普通立体声加上HRTF信息，就能够获得更多的空间感信息，以建立一个三维的立体声场(3D环绕声)，这就是两声道环绕声技术。

目前，双声道环绕声系统有许多，如SRS、SPATIALIZER、Qxpander、VDS等。下面对国内较普及的SRS和VDS做简单介绍。

1) SRS

SRS(Sound Retrieval System，声音恢复系统)是用SRS技术对双声道立体声进行特殊处理后，产生一种仿真的三维(3D)环绕声音响效果。SRS技术的核心就是HRTF，它通过HRTF固有的特性即"透视曲线"来传递两个不同的信号，就可将原始录音的空间信息还原恢复出来，产生身临其境的感觉。

SRS应用方式有两种：一种是预处理方式，即在节目录制时，采用SRS技术制成音源，在普通双声道立体声系统中重放；另一种是后处理方式，在影碟机与功放之间加入SRS处理器，恢复普通双声道立体声的空间感信息，构成两声道环绕声家庭影院。目前，后一种方式应用更为广泛。SRS的原理框图如图4-62所示。

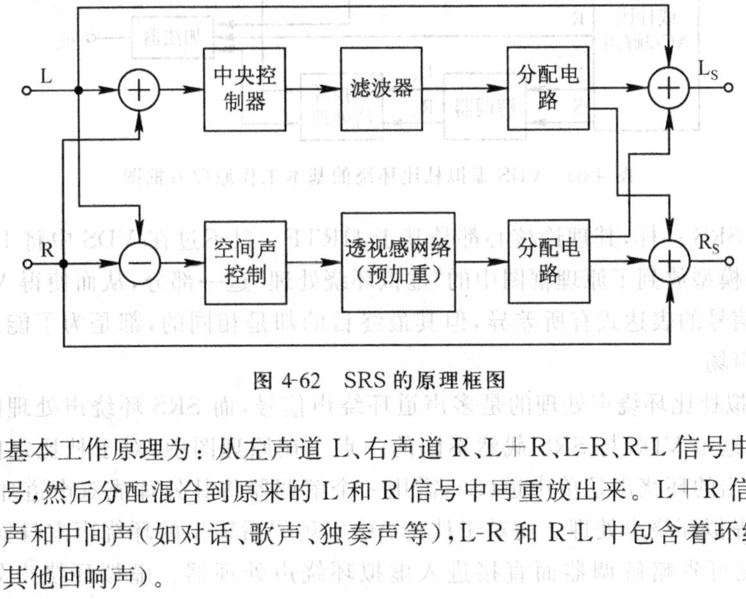

图4-62 SRS的原理框图

SRS的基本工作原理为：从左声道L、右声道R、L+R、L-R、R-L信号中提取完整的音场修正信号，然后分配混合到原来的L和R信号中再重放出来。L+R信号中包含着所有的直达声和中间声(如对话、歌声、独奏声等)，L-R和R-L中包含着环绕声信号(包括反射声和其他回响声)。

SRS的左(L_S)、右(R_S)两个声道的输出信号可表示为：

$$u_{L_S} = (k+1)u_L + ku_R + f(u_L - u_R)$$

$$u_{R_S} = ku_L + (k+1)u_R + f(u_R - u_L)$$

可见，处理后的左声道信号中包含右声道信号和环绕声信号，右声道信号中包含左声道信号和反相的环绕声信号，这样便可营造出三维环绕声音响效果。

运用时，其效果通过中央声和空间感两种功能电位器来控制。空间感电位器(对应上式中的系数f)调大，可以使空间感增强，能展宽声像。中央电位器(对应上式中的系数k)调大，可以使声像向中央聚集，强调对白的清晰度。在实际使用过程中，用户需要调节的仅是中央声与空间感两个效果电位器，操作十分简单。当然，由于空间感与中央声两项功能在最终效果上有相消性，因此需要调整匹配好，否则会降低效果。

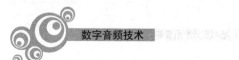

具体操作时，可选用一部立体声场较宽的影片，如《侏罗纪公园》，将中央声电位器关至最小，调整空间感电位器，使空间感增强到满意为止，此时声像不能太模糊，然后缓慢调大中央声电位器，使对白清晰即可。一般来说，空间感电位器的调整幅度要大于中央声电位器的调整幅度，在小房间里，空间感电位器可以调大一些，反之要调小一些。音响间距较大时，中央声电位器要调大一些，反之要小一些。

2）VDS

VDS（Virtual Dolby Surround，虚拟杜比环绕声系统）就是用双声道配置的两个音响来营造出杜比定向逻辑环绕声那样的音响效果的系统。VDS适于播放4-2-4编码的软件，而VDD（虚拟杜比数字环绕声）适于播放AC-3编码的软件。对于用户来说，VDS既能减少投资，又适用于小面积的视听房间，无疑是家庭书房影院的最佳选择。

VDS虚拟杜比环绕的基本工作原理方框图如图4-63所示。

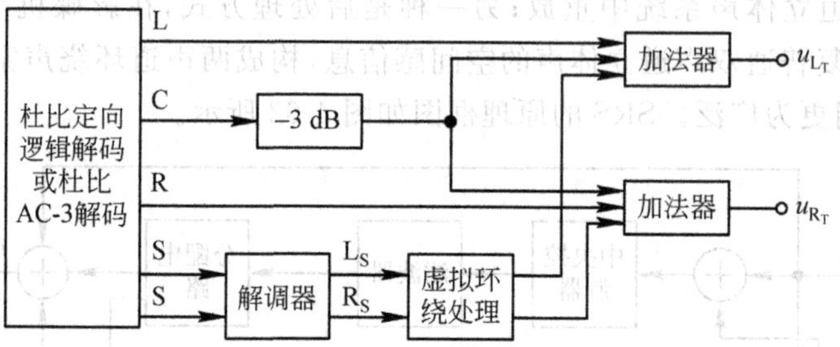

图4-63　VDS虚拟杜比环绕的基本工作原理方框图

VDS与SRS一样，其理论核心都是基于HRTF。只不过在VDS中将HRTF“透视曲线”的数字模型放到了原理框图中的“虚拟环绕处理”这一部分，从而使得VDS同SRS的最终输出信号的表达式有所差异，但其最终目的却是相同的，都是为了能用一对音响重放出三维声场。

VDS虚拟杜比环绕声处理的是多声道环绕声信号，而SRS环绕声处理的是双声道立体声信号，这是VDS与SRS截然不同的一点。在原理图中，对于杜比定向逻辑环绕声，解码后输出的环绕声是单声道（S），需用一个解调器将其处理成双声道环绕声（L_S和R_S），再进行虚拟环绕声处理。而对于杜比AC-3，解码后输出的环绕声本身就有两路，即L_S和R_S，因此可省略解调器而直接进入虚拟环绕声处理器。虚拟环绕声处理器利用HRTF透视曲线对L_S和R_S进行运算处理，使其与左、右和中央声道信号混合后产生的双声道信号符合头部相关传递函数的特性。在这里，中央声道（C）也采用衰减3dB后混合到左、右声道信号中的方法。

虚拟杜比环绕声营造出的三维声场效果，与杜比多声道（如AC-3）相比，其三维声场的宽度比杜比多声道的窄一点儿，见图4-64。但对于小型视听间（面积在20m²以下），虚拟杜比环绕声营造的三维声场效果往往比采用杜比多声道的好。另外，随着虚拟环绕声技术的进步，这一差距将会逐步缩小。

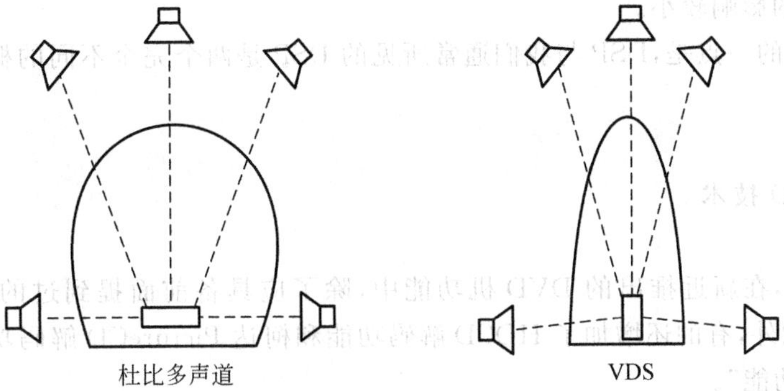

图 4-64 VDS 与杜比多声道的三维声场的宽度对比

4.7.5 DSP 数字声场处理系统

DSP(Digital Sound-field Processing,数字声场处理系统)是很著名的环绕声系统,由日本雅马哈公司推出。雅马哈(Yamaha)公司的工程技术人员通过对世界著名的音乐厅、影剧院以及各种音响场所进行的大量的声场测试,获得了大量极其宝贵的声学数据,然后将这些声学资料以数字方式存储于 DSP 大规模集成电路中。当用具有 DSP 系统的视盘机重放节目时,即可创造出各种逼真的、富有临场感的声场效果。如果将杜比环绕声系统和 DSP 系统组合在一台机器内,当播放杜比环绕声碟片时,则可让观众身临其境,仿佛置身于事发现场。数字声场处理技术具有多种声场处理模式,用户可以根据碟片内容予以选择和设定。例如,播放音乐会的节目,就可以选择音乐厅效果档。即便同一节目,设置不同,感觉到的效果也不同,其不同的风格相当引人入胜。

雅马哈 DSP 是一个 7 声道系统,7 声道分别为两个主声道(左、右)、一个中置声道、两个前置效果声道和两个后置效果声道(即环绕声道)。这 7 个声道通过简化可以演变成 4 声道、5 声道、6 声道。如图 4-65 所示为雅马哈 DSP 的部分电路构成原理图。

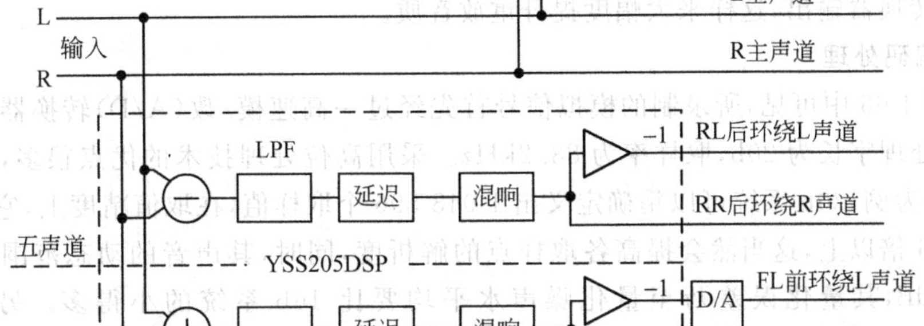

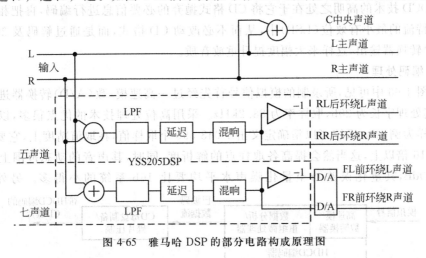

图 4-65 雅马哈 DSP 的部分电路构成原理图

采用 CinemaDSP 重播时最显著的特点是:声像定位十分准确,声场分布连续而平滑，且受音量的影响较小。

需要注意的一点是，DSP 与我们通常所见的 DSP 是两个完全不同的概念，千万不能混为一谈。

4.7.6 HDCD 技术

大家知道，在新近推出的 DVD 机功能中，除了应具备前面提到过的 AC-3 解码和 DTS 解码功能外，有的还增加了 HDCD 解码功能和柯达 PictureCD 解码功能，即所谓的"超强四解码功能"。

HDCD 是高解析度兼容数字(High Definition Compatible Digital)的英文缩写。实际上，HDCD 技术是一种改善 CD 音质的录放音方式。它在完全兼容 CD 规格的基础上，能够最大限度地提升数字音响的重放质量。1993 年，HDCD 技术已初露锋芒，曾引起国际音响界极大的关注和重视，先后已有几十家公司争取到了 HDCD 技术的生产授权。

大家知道，传统的 CD 规格采用了 16b/44kHz 的声频规格，这样就存在着几个限制：首先，16b 的保真度在经过复杂的录制和编码处理之后，可能仅剩下 14b 或更低的精度，声音的漏损失真大，动态范围降低。即使在理想状态下，按照 1b 等效于 6dB 计算，该系统的动态范围的上限限定在 96dB，又考虑到实用中的衰减等因素，将难以适应更大动态的节目源。其次，根据奈奎斯特取样定理，44.1kHz 的取样率可处理的声频上限为 22.05kHz，实用中取到 20kHz。

然而，某些乐音的高次谐波或隐含着高频细节乃至室内混响的信息频率，则可能要远高于 20kHz。因此，在高品质录放技术中，44.1kHz 的取样率已无法满足要求。再则，量化噪声"掩蔽"了一些声音中的弱音信号，很难"原汁原味"地再现出乐曲的神韵。讲到这里，可能有的读者会问：人耳的听觉范围不是 20Hz～20kHz 吗？高于 20kHz 的声音我们又听不到，何必多此一举呢？但研究表明：对于高于 20kHz 的声音信号，人耳不能听到，人体却能感受到。这就是需要保留高于 20kHz 的声音信号的原因。

HDCD 技术的高明之处在于它将 CD 格式抛弃的必要信息进行编码，再把相关指令存入比特流的最小有效位(LSB)中，从而不必改动 CD 格式，而是通过解码及 20b D/A(数/模)转换器输出，这样来大幅度提升重放音质。

1. 编码处理

从图 4-66 中可见，所录制的模拟信号首先经过一高速模/数(A/D)转换器进行数字处理，其处理字长为 20b，取样率为 88.2kHz。采用高位处理技术的优点很多，以一个样点的取样为例，20b 系统可以精确定义出 1 048 596 个取样值，在取值精度上，它要比 16b 系统高 16 倍以上，这当然会提高各取样点的解析度，同时，其声音的动态范围上限可扩展到 120dB，其量化误差乃至量化噪声水平均要比 16b 系统的小得多。另外，选用

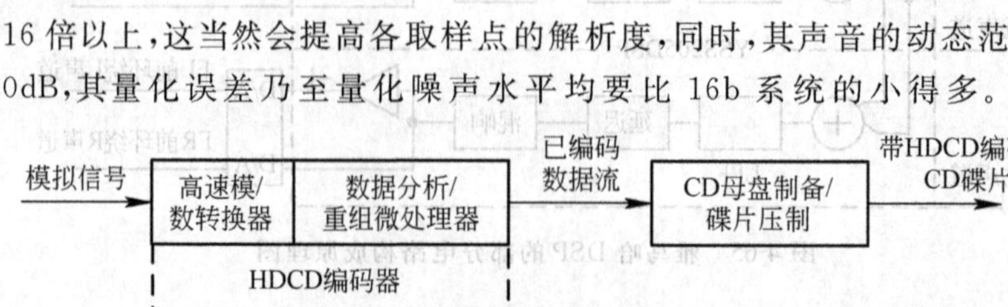

图 4-66 HDCD 编码处理的系统框图

88.2kHz 取样率，不仅可展宽高端响应，以减少漏损失真，而且为了再现那些与 HDCD 编码相关的信息，要求该系统具有远高于 20kHz 的峰值响应，以免损伤音乐瞬态。

经 A/D 转换的信号，再通过微处理器分析、滤波、数据再格式化之后，把会被传统 CD 格式漏损掉的信息分离出来。这类信息可能涉及音乐细节、乐器音色、人声齿音、空间混响或种种弱音信号等。用 20b 字组段中的最小有效位(LSB)承载与这类信息相关的指令，这样它与该字组段中的主要信息相伴而生，时序上不会错位。经 HDCD 编码后的节目源再转制到 CD-R 或母盘上，可压制出带有音乐“基因”的 CD 碟片。

2. 解码器

HDCD 解码器有解码和数字滤波两种方式。解码器通过检索 CD 比特流的 LSB，看是否载有 HDCD 的编码信息，以决定处理方式。当它检索到 LSB 上有 HDCD 编码信息时，就按照 LSB 时序所携带的连续指令组激活并处理碟片上的数据；如果检索的是普通 CD，则该解码器通过专用 D/A 转换器处理来提升音质。

美国 PM 公司推出的 PMD100 滤波/解码组合芯片的内部结构框图如图 4-67 所示。当含有 HDCD 编码的 PCM 数据流送入该芯片时，先进行控制码分析，再进行数据重组。它们与校准网络相连，修正后的数据经超取样数字滤波网络，进入 D/A 补偿与校正电路。该电路不但可以提供 8 种超声 Dither，而且可用来优化 D/A 转换器的线性，以解决数字滤波时的量化问题以及提升 20b D/A 的转换品质。另外，PMD100 芯片的插脚具有很强的兼容性，它可与很多数字滤波芯片的插脚互换，例如，NPC 公司的 SM5803A～SM5813A 系列 IC 的一些常规芯片，这样可使旧机换新颜，即刻升级为 HDCD 解码器。

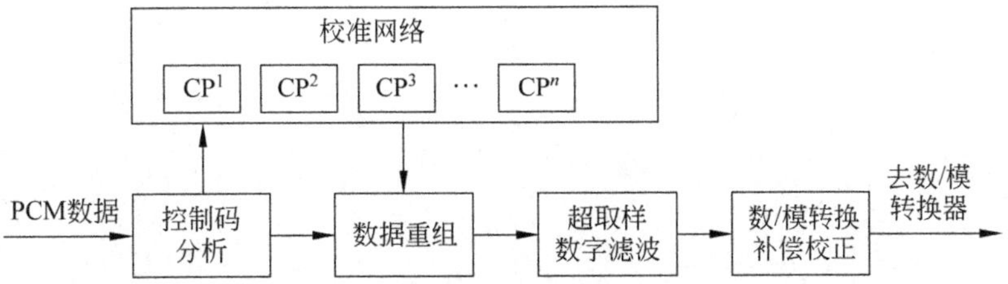

图 4-67 HDCD 解码处理系统框图

HDCD 盘片既可以通过解码器播放，也可由一般 D/A 转换器输出。综合一些评测报告的意见认为：经过解码的 HDCD 录音，酷似模拟式的原声母带，听起来其声场宏大，纵深感强，但声像凝聚略显单薄，低电平的空间混响与背景噪声再现自然，保留了弱信号时的音色与瞬态响应。

HDCD 技术主要用于纯音响器材或高档解码器。比如，EAD 公司的新一代 TheaterMaster 产品以及创维“蓝芯”DVD 系列产品就集 HDCD、杜比 AC-3、DTS 等解码方式于一身，而在中低档产品中则难觅其踪。

习　题

1. 对你所在地区或城市的主流音响系统设备的情况做一个详细的报告，其中应包括设备的类型、型号、价格、产地及特点等。

2. 请用上题所述报告中存在的音响系统设备组成一个价位在1.5万～2万元的歌舞厅音响系统。要求：性价比高、适用性强、稳定性好、品质优良；做一个简约的设计报告。

3. 收集各类调音台、效果器、激励器、压限器、房间均衡器、声反馈抑制器等设备的使用说明书各两份，了解其与本书所述设备操作的不同之处。

4. 音响系统开机与关机需要注意些什么问题？

5. 如何对音量进行调控？

6. 画出你所在地区或城市的某一大型迪斯科歌舞厅的音响系统的连接图。

7. 阐述声迹调音台其中一路输入通道中所有控制件的操作使用方法。（要求：脱书进行。）

8. 阐述REV-100效果器的所有控制件的操作使用方法。（要求：脱书进行。）

9. 阐述AB231房间均衡器的调整方法。

10. 简述你对压限器控制原理的理解。

11. 简述声反馈抑制器的操作方法。

12. 简述扩展门与噪声门的应用。

第 5 章 音响设备常用连接头及音视频线材的制作方法

思政素材 5

不同的音频应用领域，往往会有不同的接口，随着技术的进步，接口的种类也在不断地发展、增多。

首先，明确两个概念的含义及关系：接口（Interface）和连接器（或叫作接头，Connecctor）。不同的音频标准都需要定义各自的硬件接口标准，硬件接口定义了电子设备之间连接的物理特性，包括传输的信号频率、强度，以及相应连线的类型、数量，还包括插头、插座的机械结构设计。简而言之，连接器是接口在物理上的实现，是实现电路互连的装置。人们习惯于将接头分成两类："公头"（或"阳头"）和"母头"（或"阴头"），一言以蔽之，即插头和插座。在实际应用中，由于习惯，人们经常将接口和接头二者不加区分地通用，因此，本文在文字上也不做严格的区分。

5.1 模拟音频接口

5.1.1 TRS 接头

TRS 接头是一种常见的音频接头。TRS 的含义是 Tip（signal）、Ring（signal）、Sleeve（ground），分别代表了该接头的三个接触点。TRS 插头为圆柱体形状，触点之间，用绝缘的材料隔开。为了适应不同的设备需求，TRS 有三种尺寸（符号 & 表示英寸）：1/4&（6.3 mm），1/8&（3.5mm），3/32&（2.5mm），如图 5-1 所示。

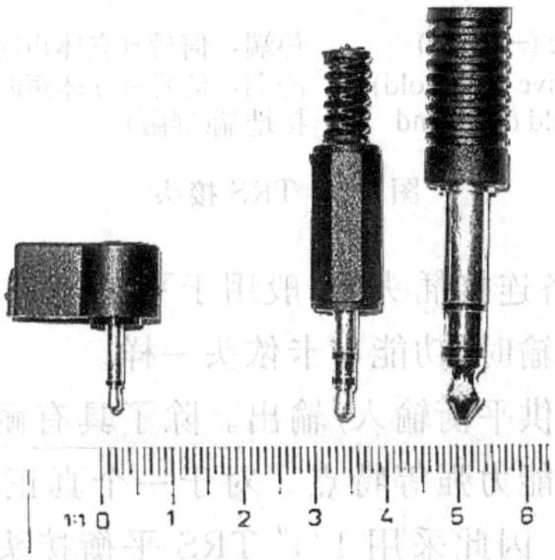

图 5-1 从左至右尺寸依次为 2.5mm、3.5mm、6.3mm

2.5mm 接头在手机类便携轻薄型产品上比较常见，因为接口可以做得很小；3.5mm 接头在 PC 类产品以及家用设备上比较常见，也是最常见到的接口类型；6.3mm 接头是为了提高接触面以及耐用度设计的模拟接头，常见于监听等专业音频设备上。

1. 1/8(3.5mm)TRS 接头

3.5mm TRS 接头又叫作小三芯或者立体声接头，如图 5-2 所示，这是我们目前看到的最主要的声卡接口，除此之外，包括绝大部分 MP3 播放器，MP4 播放器和部分音乐手机的耳机输出接口也使用这种接头。

3.5mm 接头提供了立体声(即双声道：左声道和右声道)的输入输出功能，因此一般对支持 5.1 的声卡(6 声道)或音响来说，就需要三个 3.5mm 立体声接头来连接模拟音响(3×2 声道=6 声道)；7.1 声卡或音响就需要 4 个 3.5mm 立体声接头(4×2 声道=8 声道)，以此类推。如前所述，这种接口有三个导体接触点，如图 5-3 所示。

图 5-2　3.5mm 立体声插头与插孔

图 5-3　3.5mm 立体声接口母头

2. 1/4″(6.3mm)TRS 接头

关于大三芯插头的定义，如图 5-4 所示。

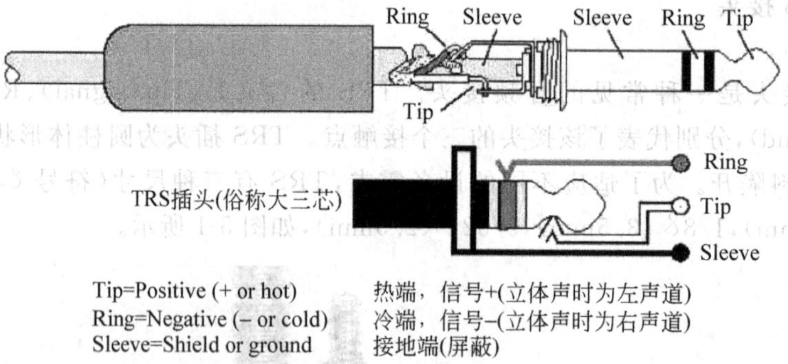

图 5-4　TRS 接头

它是一种常见的音频设备连接插头，一般用于平衡信号的传输或者非平衡立体声信号的传输，用作平衡信号的传输时，功能与卡侬头一样。

1/4″ TRS 平衡接头能提供平衡输入/输出。除了具有耐磨损的优点外，还具有平衡接头独有的高信噪比、抗干扰能力强等特点。对于一个真正的 1/4″TRS 平衡接头来说，其成本将是非平衡的二倍多。因此采用 1/4″ TRS 平衡接头的设备一般是高档设备，只有在 2000 元以上的专业卡上才可以看到。

5.1.2　RCA 接头

如图 5-5 所示，RCA 接头就是常说的莲花头，RCA 接口在日常生活中也非常常见，音响、电视、功放、DVD 机等设备上基本都有。它得名于美国无线电公司的英文缩写(Radio Corporation of America)，20 世纪 40 年代时，该公司将这种接口引入市场，用它来连接留声机和扬声器，也因此，它在欧洲又称为 PHONO 接口。我们对它更熟悉的接头称呼则是“莲花头”。

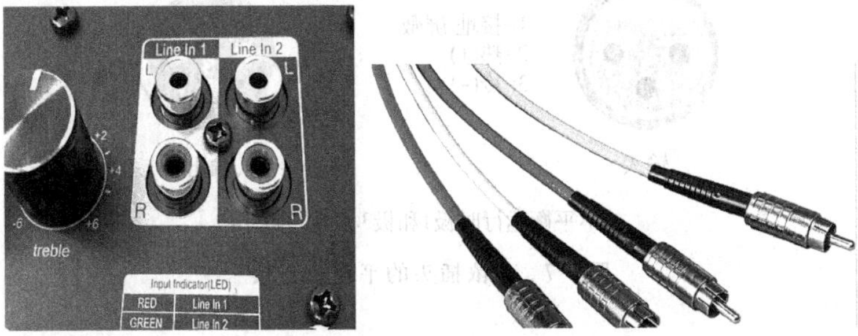

图 5-5　RCA 接口和接头

RCA 接口采用同轴传输信号的方式，中轴用来传输信号，外沿一圈的接触层用来接地。每一根 RCA 线缆负责传输一个声道的音频信号，因此，可以根据对声道的实际需要，使用与之数量相匹配的 RCA 线缆。比如要组双声道立体声就需要两根 RCA 线缆。

5.1.3　XLR 接头

XLR 接头，又称作卡侬头，之所以被称作卡侬头是因为 James H. Cannon 先生(Cannon Electric 的创立者，现在该公司已经被并入 ITT Corporation)是卡侬头最初的生产制造商。最早的产品是 Cannon X 系列，后来对产品进行了改进，增加了一个插销，产品系列更名为 Cannon XL，然后又围绕着接头的金属触点，增加了橡胶封口胶(Rubber Compound)，最后人们就把这三个单词的头一个字母拼在一起，称作 XLR Connector，即 XLR 接头。这里需要提醒的是，XLR 接头可以是 3 脚的，也可以是 2 脚、4 脚、5 脚、6 脚。当然，使用最普遍的接头，如图 5-6 所示，是 3 脚的卡侬头，即 XLR3。

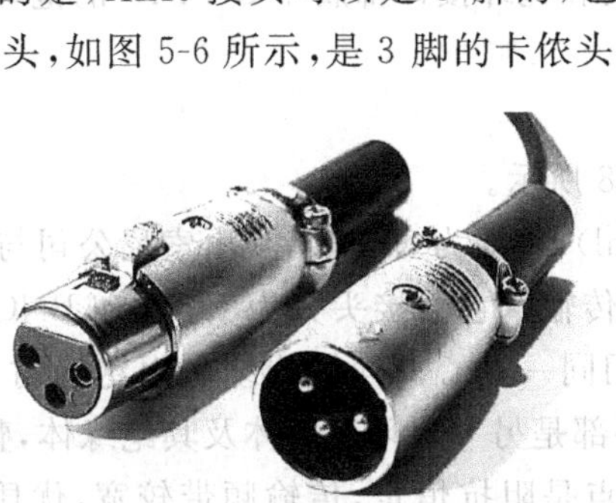

图 5-6　XLR 接头

通常见到的 XLR 插头是 3 脚的，当然也有 2 脚、4 脚、5 脚、6 脚的，比如在一些高档耳机线上，也会看到四芯 XLR 平衡接头。XLR 接口与"大三芯"TRS 接口一样，可以用来传输音频平衡信号。这里简单说一下平衡信号与非平衡信号。声波转换成电信号后，如果直接传送就是非平衡信号，如果把原始信号反相 180°，然后同时传送原始信号和反相信号，这就是平衡信号。平衡传输就是利用相位抵消原理，将音频信号传输过程中受到的其他干扰降至最低。当然，XLR 接口也跟"大三芯"TRS 接口一样，可以传输非平衡信号，因此仅从接口看，看不出来它到底传输的是哪种信号。

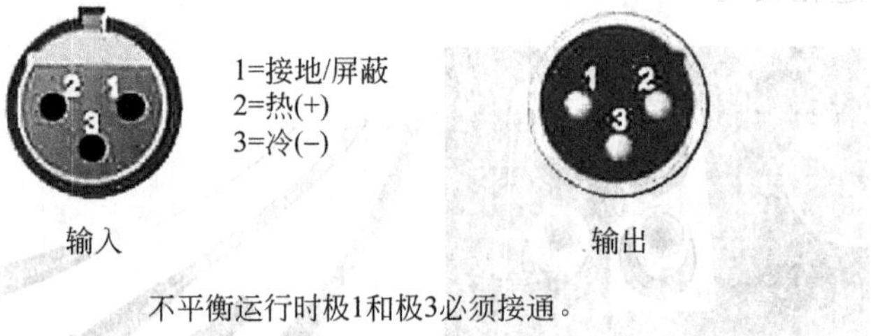

图 5-7　卡侬插头的平衡式连接

5.2　数字音频接口

数字接口的优势在于它在传输中有较强的抗干扰能力，即便出现误码，一些编码方式也能够对其进行修正，因此信号的可靠性对比模拟信号有着不可比拟的优势。

5.2.1　S/PDIF

S/PDIF(Sony/Philips Digital InterFace，索尼和飞利浦数字接口)是由 SONY 公司与 PHILIPS 公司联合制定的一种数字音频输出接口。该接口广泛应用在CD 播放机、声卡及家用电器等设备上，能改善 CD 的音质，给我们更纯正的听觉效果。该接口传输的是数字信号，所以不会像模拟信号那样受到干扰而降低音频质量。需要注意的是，S/PDIF 是一种标准，同轴数字接头和光纤接口都属于 S/PDIF 的范畴，下文将对两种接头分别进行介绍。

1. 同轴数字接头

同轴数字接头如图 5-8 所示。

同轴音频接头(Coaxial)，标准为 SPDIF，是由索尼公司与飞利浦公司联合制定的，主要是提供数字音频信号的传输。它的接头分为 RCA 和 BNC 两种。同轴线缆有两个同心导体，导体和屏蔽层共用同一轴心。同轴线缆是由绝缘材料隔离的铜线导体，阻抗为 75Ω，在里层绝缘材料的外部是另一层环形导体及其绝缘体，整个电缆由聚氯乙烯或特氟纶材料的护套包住。其优点是阻抗恒定，传输频带较宽，优质的同轴电缆频宽可达几百兆赫。同轴数字传输线标准接头采用 BNC 头，其阻抗是 75C，与 75C 的同轴电缆配合，可保证阻抗恒定，确保信号传输正确。传输带宽高，保证了音频的质量。虽然同轴数字线缆的标准接头为 BNC 接头，但市面上的同轴数字线材多采用 RCA 接头。

2. 光纤接头

光纤接口的英文名字为 TOSLINK，来源于东芝(TOSHIBA)制定的技术标准，器材上一般标为 Optical。它的物理接口分为两种类型，一种是标准方头；另一种是在便携设备上常见的外观与 3.5mm TRS 接头类似的圆头。由于它是以光脉冲的形式来传输数字信号，因此单从技术角度来说，它是传输速度最快的，如图 5-9 所示。

图 5-8　RCA 同轴数字接头(左)和 BNC 同轴数字接头(右)

图 5-9　光纤接头

光纤连接可以实现电气隔离，阻止数字噪声通过地线传输，有利于提高 DAC 的信噪比。然而由于它需要光线发射口和接收口，而这两个口的光电转换需要用光电二极管，光纤和光电二极管之间不可能有紧密接触，从而会产生数字抖动类的失真，而且这个失真是叠加的。再加上在光电转换过程中的失真，它在数字抖动方面比同轴差了很多。也因此，现在光纤接口也开始逐渐淡出人们的视野。

5.2.2　HDMI

HDMI，英文全称是 High Definition Multimedia Interface，中文名称是高清晰多媒体接口，如图 5-10 所示。2002 年 4 月，日立、松下、飞利浦、索尼、汤姆逊、东芝和 Silicon Image 7 家公司联合组成 HDMI 组织。HDMI 能高品质地传输未经压缩的高清视频和多声道音频数据，最高数据传输速度为 5Gb/s。同时无须在信号传送前进行数/模或者模/数转换，可以保证最高质量的影音信号传送。

图 5-10　HDMI 接口

HDMI 不仅可以满足目前最高画质 1080P 的分辨率，还能支持 DVD Audio 等最先进的数字音频格式，支持八声道 96kHz 或立体声 192kHz 数码音频传送，而且只用一条 HDMI 线连接，免除数字音频接线。同时 HDMI 标准所具备的额外空间可以应用在日后升级的音视频格式中。足以应付一个 1080p 的视频和一个 8 声道的音频信号。而因为一个 1080p 的视频和一个 8 声道的音频信号需求少于 4GB/s，因此 HDMI 还有很大余量。这允许它可以用一个电缆分别连接 DVD 播放器、接收器和 PRR。此外，HDMI 支持 EDID、DDC2B，因此具有 HDMI 的设备具有“即插即用”的特点，信号源和显示设备之间会自动进行“协商”，自动选择最合适的视频/音频格式。

HDMI 接口在物理层没有采用对同步时序要求严格的光纤连接，而是采用了成熟的电缆连接。另外，理论上 HDMI 可以实现最远 20m 的无损耗数字音频信号传播，那些对距离有要求的用户也能较好接受。视频线缆和音频线缆的结合有效降低了用户的购买成本，也能让设备端实现瘦身，同时降低厂商的生产成本。

5.3 平衡信号和非平衡信号

音频接头是音频信号的载体，所传输的信号种类不同，接头也有所不同。

在音频设备间传输的音频信号，可大致分成两类：平衡信号和非平衡信号。

声波转变成电信号后，如果直接传送就是非平衡信号，如果把原始信号反相(相位差为 180°)，然后同时传送反相的信号和原始信号，就叫作平衡信号。与之相对应的是音频信号的平衡传输与非平衡传输。平衡传输是一种应用广泛的音频信号传输方式。它是利用相位抵消的原理将音频信号传输过程中所受的其他干扰降至最低，即：平衡信号送入差动放大器，原信号和反相位信号相减，得到加强的原始信号，由于在传送中，两条线路受到的干扰几乎一样，在相减的过程中，减掉了干扰信号，因此抗干扰能力更强。所以，平衡传输一般出现在专业音频设备上，以及传输距离较远的场合。这种在平衡式信号线中抑制两极导线中所共同有的噪声的现象便称为共模抑制。

实现平衡传输，需要并列的三根导线来实现，即接地线、热端线、冷端线。因此，平衡输入、输出接头，必须具有三个脚位，如卡侬头、大三芯接头。非平衡传输只有两个端子，即：信号端与接地端。对于这种单相信号，为防止共模干扰使用同轴电缆，外皮是地，中间的芯是信号线。常见的接头，如 BNC 接头、RCA 接头等。这种传输方式，通常在要求不高和近距离信号传输的场合使用，如家庭音响系统。这样连接也常用于电子乐器、电吉他等设备。

这里有一点要提醒读者注意：平衡信号需要用平衡接头来传输，那么反过来，看到平衡接头，如大三芯 TRS 接头或者 XLR3 接头，电路中传输的一定是平衡信号吗？答案是否定的。比如，当大三芯 TRS 接头用来传输立体声信号的时候，Tip 脚传输左声道信号，Ring 脚传输右声道信号，Sleeve 脚接地，那么它此时传输的是两路不同的信号，即不是平衡信号。而平衡信号本质上是一路信号，只不过将其反相后，两路同时传输而已。鉴于此，读者在实际应用中，应当结合实际电路，细心分辨。

一套可使用的音响设备无论是专业系统还是非专业的民用音响设备，除了设备本身外还需要各种连接线材将设备进行连接才能够使用。通常民用的设备从简单的 DVD 机到一套组合音响的线材都是附带的，也就是不用另加购买或制作；但一套专业的扩声或 VOD 工程中由于安装环境的不同其使用的线材都是需要施工人员自己进行制作的。一根完整的线材是由接插头和线组成的。下面对常用插头、线材及连接线的制作进行简单的介绍。

5.4 常用的音频线材

5.4.1 话筒线

话筒线为二芯带屏蔽(按严格要求芯及屏蔽应为无氧铜材质),每芯为若干细铜丝的结构,如图 5-11 所示。通常由两芯、每芯的护套层、抗拉棉纱填充物、屏蔽层及外层橡胶护套层组成。话筒线外部橡胶护套层通常为黑色,也有红、黄、蓝、绿等不同颜色。屏蔽层分为缠绕和编制两种,缠绕为屏蔽层缠绕在两芯及棉纱填充物外部,编制为屏蔽层按照"网状"结构缠绕在两芯及棉纱填充物外部。编制屏蔽话筒线比缠绕屏蔽话筒线从物理角度来讲抗干扰能力要好,同时价格也稍贵一些。话筒线也可用于设备之间的连接,但成本较高,建议连接设备时使用音频连接线。

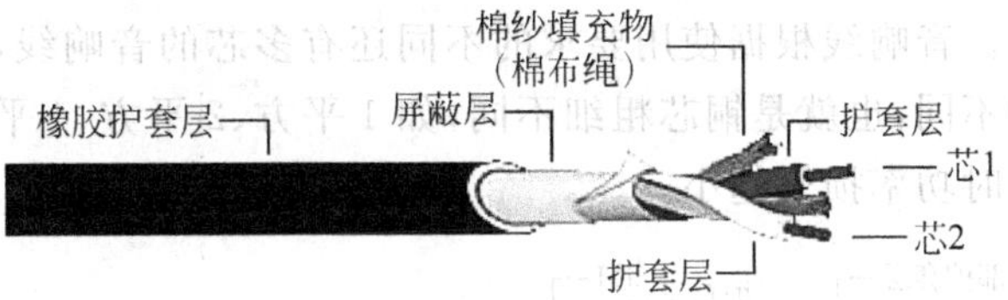

图 5-11 话筒线

5.4.2 音频连接线

音频连接线同样是二芯带屏蔽结构与话筒线类似,如图 5-12 所示。两个芯和屏蔽层为铜质镀锡,外观为银白色。音频连接线无棉纱填充物,抗拉强度差,所以很少用于话筒的连接,在特殊情况下可用于短距离临时连接话筒。通常在音频工程中机柜内部的设备连接采用音频连接线,因为音频连接线比话筒线细一些,方便机柜内部线材的捆扎,捆扎后比较漂亮且成本比话筒线低。

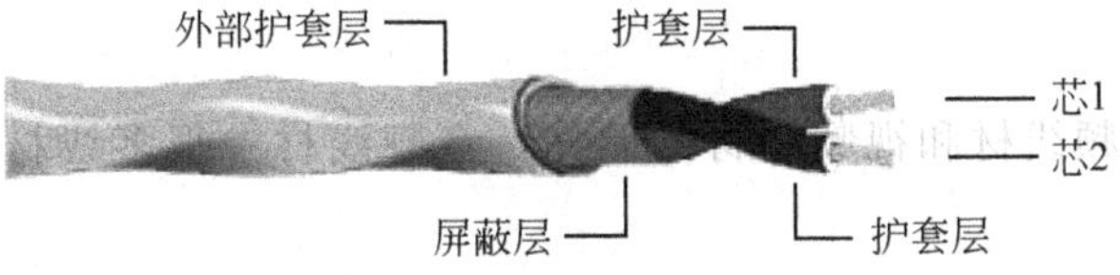

图 5-12 音频连接线

5.4.3 音频信号缆

音频信号缆其实就是若干根音频连接线组合在一根缆线中,如图 5-13 所示。因内部音频连接线的数量不同,所以有 4、8、12、24 等路数之分。音频信号缆的重量较大,通常缆的内部有一根钢丝来增加抗拉强度。音频信号缆多用于现场演出中周边设备与功放的信号传输连接，音响工程中控制室至舞台的信号连接。

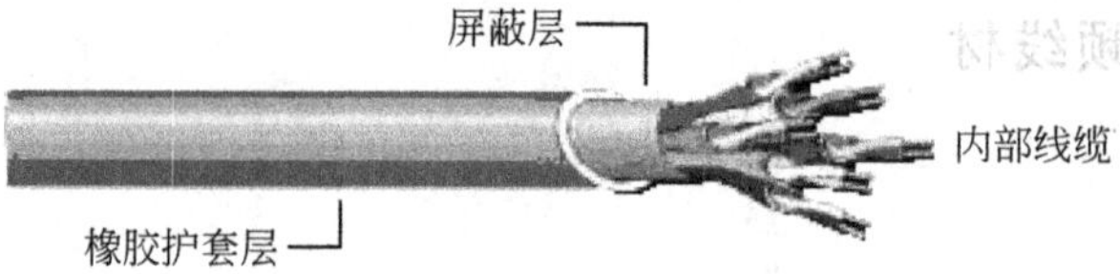

图 5-13　音频信号缆

5.4.4　音响线

音响线(如图 5-14 所示)从外观来说有护套音响线、金银线之分，护套线根据外层护套和使用场合的不同又有橡套音响线和塑套音响线等；金银音响线通常为透明或半透明护套包裹金色和银色的铜质线芯，因此俗称“金银线”，也有两根芯为同色的但在一根芯的外层护套上通常印有文字以便对两根芯进行区分。总之，音响线最基本为两根各自带有护套的铜质线材。音响线根据使用要求的不同还有多芯的音响线，如四芯音响线。音响线还有截面积的不同，也就是铜芯粗细不同，如 1 平方、2 平方、4 平方等。截面积越大的音响线传输信号时功率损失越小。

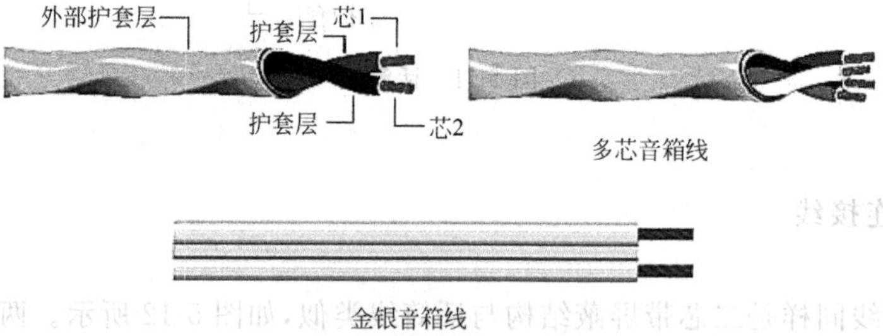

图 5-14　音响线

5.5　线材的制作

线材制作有音频线材和视频线材的制作。音频线材中很多线材的焊接方法是相同的，线材可以互用。

线材制作时需要一些常用的工具，下面做简单的介绍。

电烙铁和焊锡丝是线材制作不可缺少的工具，如图 5-15 所示。音频接插头内部多为塑胶绝缘材料，虽然具有一定的防高温特性，但为保证焊接的质量，电烙铁通常选择 30W 功率的产品。功率过低不易融化焊锡丝，功率过高容易烫坏接插头内部的塑胶绝缘材料。焊锡丝通常选用含锡量在 67%以上的。现在的焊锡丝多为带松香的焊锡丝，如焊锡不带松香在焊接时焊接点不易粘锡，建议在焊接时使用松香或焊锡膏。

偏口钳或剥线钳是剪切线材和刨掉各层护套层以便露出铜质线材时的工具，在线材制作中是经常使用的辅助工具，如图 5-16 所示。尖嘴钳常用于二芯、三芯、莲花插头焊接

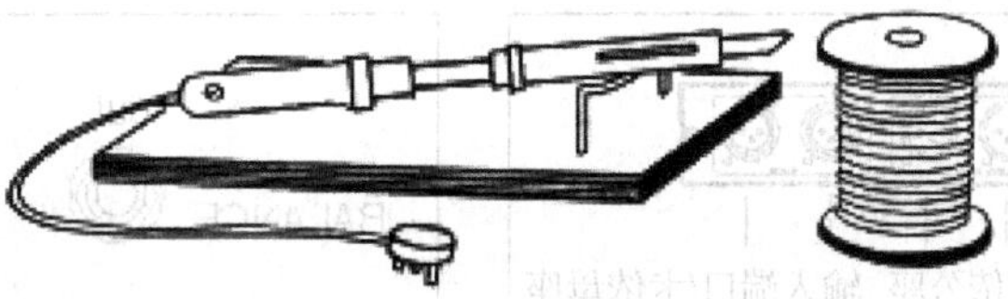

图 5-15　内热式电烙铁焊锡丝

后加固定线材与插头时使用。

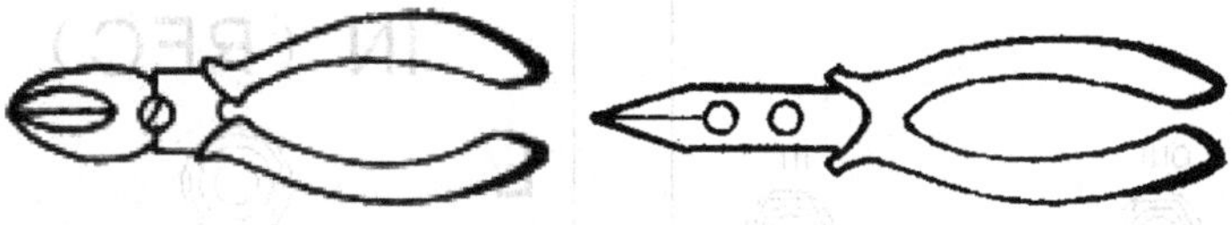

图 5-16　剥线钳或偏口钳尖嘴钳

小一字改锥常用于音响插头与音响线时的连接，如图 5-17 所示。音响插头内大多数采用“一字”头的螺丝来固定音响线。

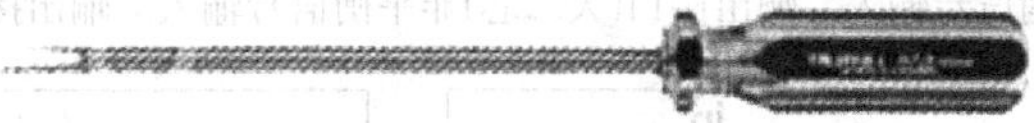

图 5-17　小一字或小十字改锥

音频插头有平衡和非平衡之分，与之相应焊接好的线材同样也有平衡信号用线材和非平衡信号用线材的区分。平衡信号线材包括卡侬线(公对母、公对公、母对母)、卡侬(公、母)对大三芯、大三芯对大三芯。非平衡信号用线材包括：大二芯对大二芯、莲花对莲花、大二芯对莲花。平衡与非平衡插头也可在一根线材上使用，即平衡信号转非平衡信号用线材，如卡侬(公、母)对莲花或大二芯插头，大三芯对莲花或大二芯插头。总之，一根线材的两端均为平衡信号插头，那么就是平衡信号用线材，两端均为非平衡信号插头，就是非平衡信号线材。

这里需要强调的是，信号平衡与否并不取决于插头和线材，而是取决于设备是否采用平衡或非平衡的形式输入和输出信号。可以从设备背板的输入和输出接口来了解该设备是采用什么输入、输出方式：卡侬及大三芯输入、输出的设备为平衡输入、输出方式，大二芯及莲花头输入、输出的设备为非平衡输入输出方式。这一点请初学者一定要记牢，不能混淆。

下面列举几种接口图形供参照，如图 5-18 所示。

5.5.1　卡侬(平衡)线的制作

卡侬线常用于话筒与调音台，调音台主输出与周边设备(如均衡器、分频器、音响控制器)，周边设备(均衡器)、分配器或音响控制器与功放的连接。总之，用于卡侬输出、输入设备之间的连接。卡侬输入、输出的音响设备(图 5-19)输出信号端为“卡侬公座”(与母头连接)，输入信号端为“卡侬母座”(与公头连接)，因此设备连接用的卡侬线为一头为“卡侬公头”，另一头为“卡侬母头”的话筒线或音频连接线。下面以话筒线为例制作一根卡侬线。

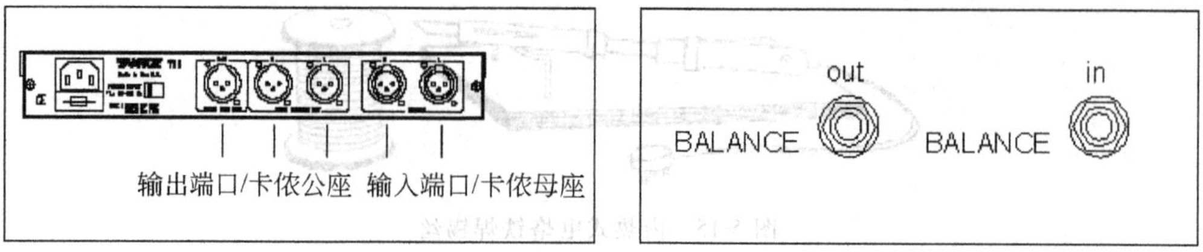

(a) 平衡信号输入、输出接口(卡依)平衡信号输入、输出接口(大三芯)

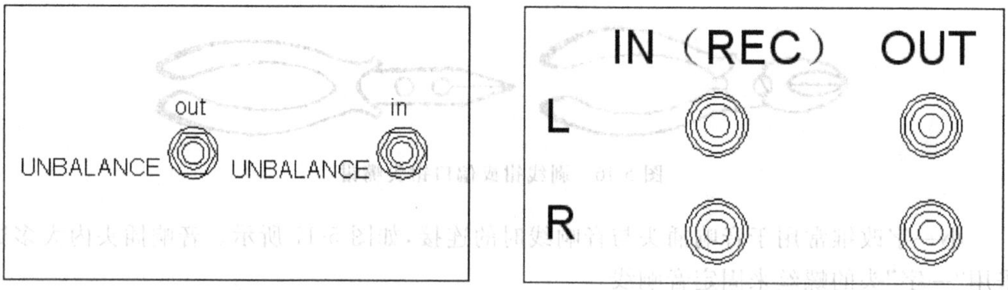

(b) 非平衡信号输入、输出接口(大二芯)非平衡信号输入、输出接口(莲花)

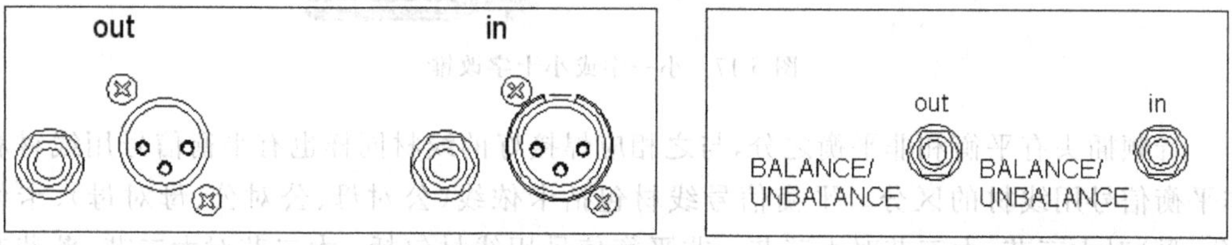

(c) 平衡(卡依)非平衡(大二芯)输入、输出接口平衡(大三芯)非平衡(大二芯)输入、输出接口

图 5-18　接口图

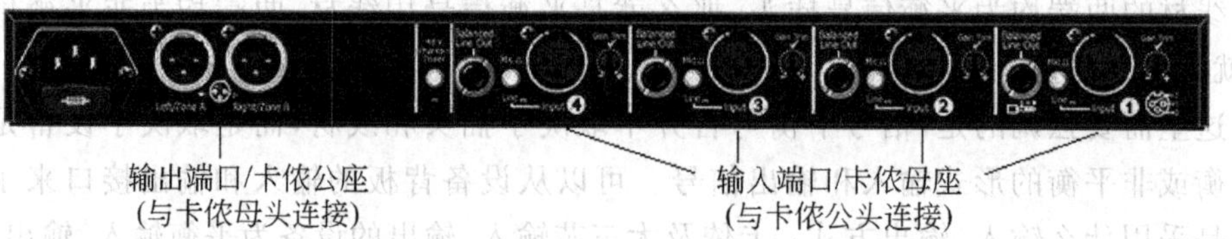

图 5-19　卡依输入、输出音响设备

1. 剥线

在剥线前请将电烙铁通电使之升温。先选择一根话筒线用偏口钳在距离一端约2.5cm处剥去外层橡胶护套层，拨开屏蔽层，去除棉纱填充物（音频连接线无棉纱填充物），只留下带护套层的两芯及屏蔽层。再用剥线钳或偏口钳在距每根芯的0.5cm处刨去每根芯线的护套层露出铜质内芯，再用手将屏蔽层拧扎结实，如图5-20所示。

2. 线材粘锡

用电烙铁粘焊锡涂抹在线材的铜质两芯和屏蔽层，屏蔽层涂抹的焊锡与两芯一样即可，如图5-21所示。

3. 拆卡侬头、粘锡

将粘好锡的线材及电烙铁放置一旁，取出一只卡侬头（公、母头都可以），拧下底盖、

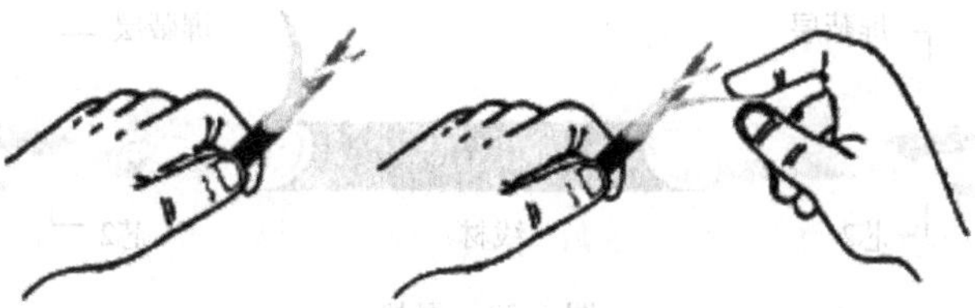

图 5-20　剥线

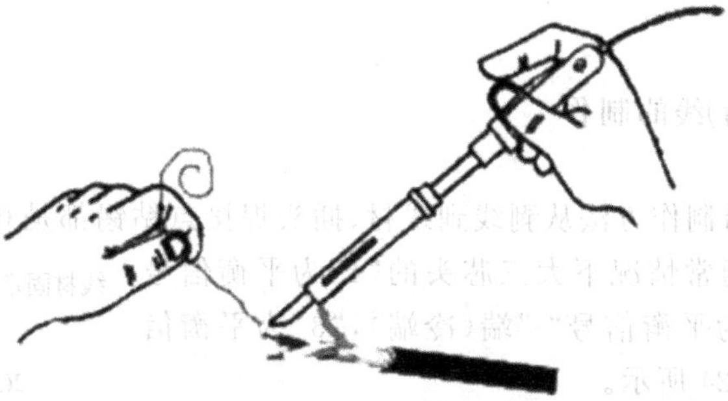

图 5-21　线材粘锡

拆掉线卡及外壳取出内芯。用上面的方法在卡侬头内芯的三个焊接点上粘锡(见图 5-22)。

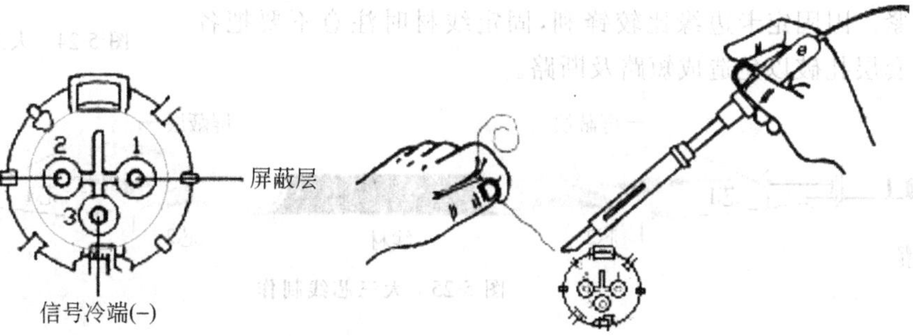

图 5-22　卡侬头内芯焊接点图

4. 焊接

把卡侬头的底盖、线卡套入线材，将“红色护套的芯”与卡侬内芯上的焊接端“2”焊接；将“白色护套的芯”与卡侬内芯上的焊接端“3”焊接；将“屏蔽层”与卡侬内芯上的焊接端“1”焊接。将焊接好的内芯插入卡侬头外壳，插紧线卡，拧上底盖后线材的一端就焊接好了。采用同样的方法焊接线材另一头，如已焊接的是“公头”，另一头就焊接“母头”，如图 5-23 所示。

须注意的是如已焊接好的一端“红色的芯”焊接的是卡侬内芯的焊接点“2”，那么“红色的芯”另一端也应焊接在另一端卡侬内芯的“2”端点上，以此类推。也就是说同一根芯的两端应焊接在两个头的同一焊接点上，卡侬头内芯的焊接端“1”始终与话筒线或音频连接线的“屏蔽”焊接在一起。

图 5-23 焊接

注：(1) 不同厂商生产的话筒线或音频连接线每芯的护套颜色会不同，本次仅以“红、白”两种颜色为例。

(2) 卡侬头的三个焊点分别为：“1”屏蔽，“2”平衡信号“＋”端(热端)，“3”平衡信号“－”端(冷端)。

5.5.2 大三芯(平衡)线的制作

大三芯头的线材制作方法从剥线到线材、插头焊接点粘锡都是和卡侬线的焊接相同的。要注意的是在通常情况下大三芯头的“1”为平衡信号“＋”端(热端)，“2”为平衡信号“-”端(冷端)，“3”为平衡信号“屏蔽”端，如图 5-24 所示。

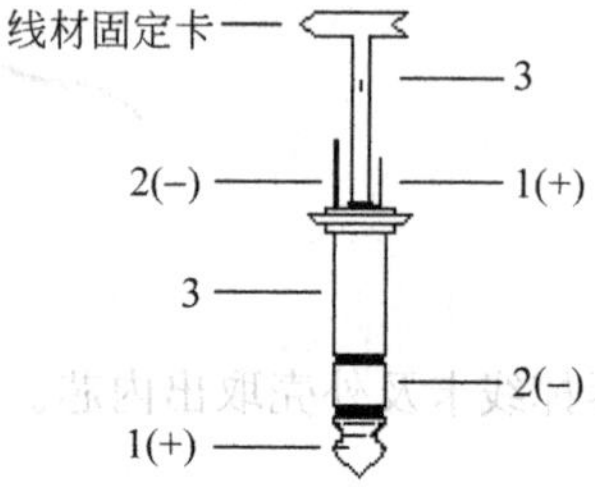

图 5-24 大三芯线各端

大三芯焊好后就要固定线材了，大三芯的线材固定卡是与屏蔽端连为一体的。具体方法是将线材束直接用尖嘴钳将“固定卡”轻轻弯曲包裹住线材后再用尖嘴钳将固定卡钳紧。因固定卡边缘比较锋利，固定线材时注意不要把各护套层扎破以免造成短路及断路。

图 5-25 大三芯线制作

用同样的方法焊接线材的另一头后线材就焊好了。

5.5.3 大三芯对卡侬头(公、母)线材的制作

在实际工作中会遇到所带的卡侬头(公/母)或大三芯头不够用了而设备的输入和输出端口同时具有卡侬和三芯两种形式(现在的设备通常都具有此种输入、输出方式)，那么就可以制作一条卡侬(公/母)对三芯的线材。

剥线、线材、插头粘锡、线材套底盖的步骤完成后具体的焊接点位如图 5-26 所示。

图 5-26 大三芯对卡农头焊接点

5.5.4 音源(非平衡)线的制作(大二芯对莲花头)

大二芯对莲花头的线材常用于音源(DVD、卡座、VOD 单机板等)与调音台的连接、KTV 工程中音频设备之间的连接。通常音源设备的输出、输入接口均为莲花接口形式,调音台的音源输入接口为大二芯形式,如图 5-27 所示。

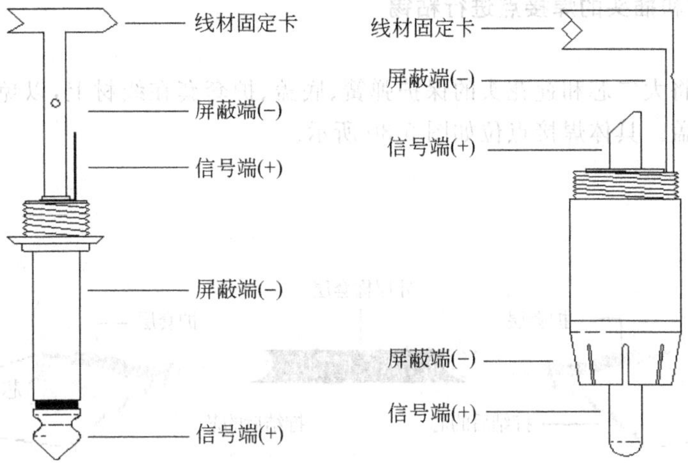

图 5-27 大二芯、莲花头焊接点位图

由于大二芯和莲花头都是两芯的结构(非平衡),话筒线或音频连接线包括屏蔽层共有三个芯,因此在刨线时就与卡侬、大三芯(平衡)的线材有所不同。

1. 剥线

选择适当长度的线材,用偏口钳或剥线钳在距一端 3cm 处刨去线材的外部橡套层;剪去棉纱填充物(话筒线);将屏蔽层挑起露出芯"1"和芯"2"。再用偏口钳或剥线钳刨去白色护套芯的白色护套,去除长度与屏蔽层外露的长度相同即可。线材剥好后形成屏蔽层、去除护套层的芯线两根铜线和一根带有护套的芯线共计三根线,如图 5-28 所示。

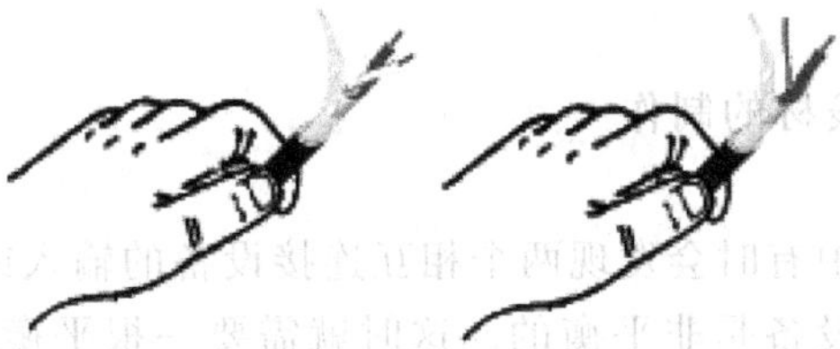

图 5-28 剥线

2. 线材的拧结

线材剥好后将去除护套的芯线和屏蔽层拧结在一起,拧结时应拧得结实些尽量不要松散。拧结好的线材形成了两芯的结构,如图 5-29 所示。线材拧结的目的是将三芯(两根芯线和一根屏蔽层)改为两芯,以便和两芯的插头(大二芯、莲花头等)焊接。

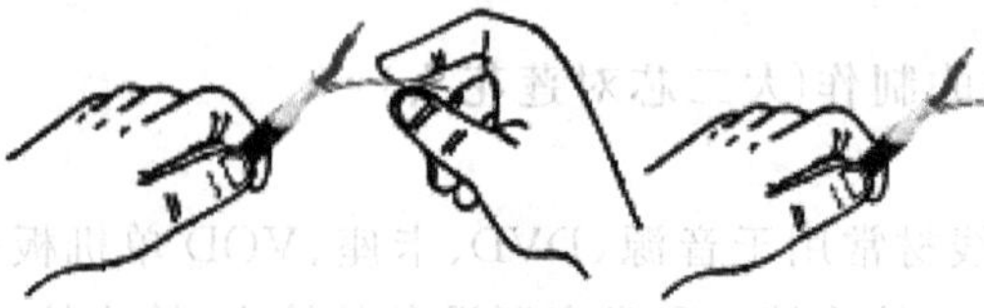

图 5-29 线材拧结

3. 对线材和插头的焊接点进行粘锡

4. 焊接

焊接前请将大二芯和莲花头的保护弹簧、底盖、护套套在线材上，以免焊接好后无法套上插头的底盖。具体焊接点位如图 5-30 所示。

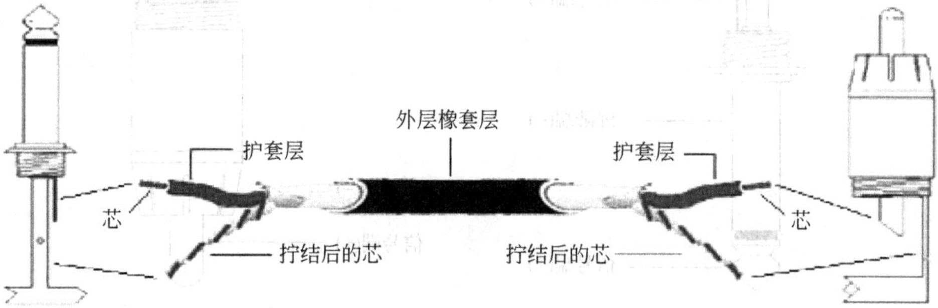

图 5-30 焊接

5. 用尖嘴钳将线材固定好并将底盖拧好

5.5.5 其他非平衡线材的制作

其他非平衡线材(大二芯对大二芯、莲花对莲花)的制作和 5.5.4 节中所介绍的制作方法没有差别，只是线材的两端插头相同。如大二芯线就按照图 5-30 中大二芯一端的焊接方法，莲花线就采用莲花一端的方法。

5.5.6 平衡转非平衡线材的制作

在实际的设备连接中有时会发现两个相互连接设备的输入或输出接口是不同的，如一个设备是平衡的一个设备是非平衡的。这时就需要一根平衡转非平衡的线材。平衡转非平衡的线材中经常用到的是卡侬(公/母)转大二芯线。下面就用卡侬(公/母)和大二芯制作一根平衡转非平衡线材，如图 5-31 所示。

焊接平衡转非平衡线材时一定要注意非平衡端那根芯与屏蔽拧结在一起，如果拧结错误线材将无法使用。焊接时卡侬的焊接点“2”(热端)对应大二芯的“信号端(+、热端)”焊接点；卡侬的焊接点“1”“3”在大二芯端拧结在一起焊接到大二芯的“屏蔽端(−)”。

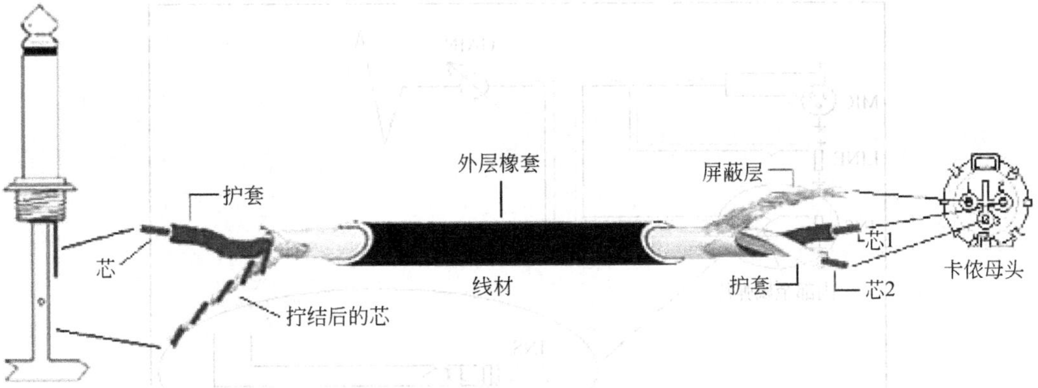

图 5-31　平衡转非平衡线的焊接点

5.5.7　insert 线的制作

在一套专业音响系统中音频信号是通过调音台进行混合后分配给其他的周边处理设备进行各种相关的处理。

通常情况下，信号通过平衡的卡侬（MIC）或非平衡的线路（LINE）接口及返回（RETURN，二芯非平衡）接口进入调音台，在调音台混合后再通过总输出（ST/L、R/MIX/MAIN）、辅助输出（AUXSEND）、编组输出（GROUPOUT）等接口将音频信号传送出入。上述接口都是独立的输出或输入接口，在调音台上还用一种将输出、输入集为一身的接口，这种接口旁都有“insert”（读“因斯特”）或“ins”（读“因斯”）字样，因此称之为“insert”或“ins”接口。通过调音台的 ins 接口可以任意给一个或几个不同的音频信号进行不同的处理。ins 接口为大三芯接口，如图 5-32 所示，从调音台前端信号流程可以很直观地了解 ins 接口是怎样通过大三芯插头实现输入和输出的。

从图 5-32 中可以看到，ins 接口无插头时信号无论是从 MIC 或 LINE 输入到调音台后通过增益（GAIN）调节再向后传送（红色标线），当大三芯插头插入后，将 ins 接口内部金属弹片顶起便形成了断路。图中显示形成断路后大三芯的前端将调音台的信号送出给外部设备进行处理，处理设备将处理完毕的信号通过大三芯的中端又返回到调音台中通过增益调节再向后部传送（红色标线）。

从图 5-33 中可以看出，insert 线其实就是一根一端为大三芯另一端分成两个大二芯的线。

1. 剥线

insert 线大三芯一端的剥线方法其实和制作大三芯线是一样的，首先选择一根话筒线用偏口钳在距离一端约 2.5cm 处去除外层橡胶护套层，剥开屏蔽层，去除棉纱填充物，只留下带护套层的两芯及屏蔽层。用剥线钳或偏口钳在距每根芯的 0.5cm 处去除每根芯线的护套层露出铜质内芯，再用手将屏蔽层拧扎结实，如图 5-34 所示。

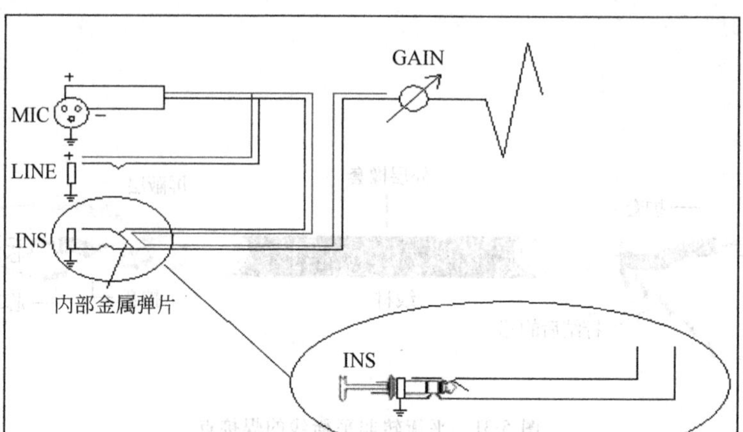

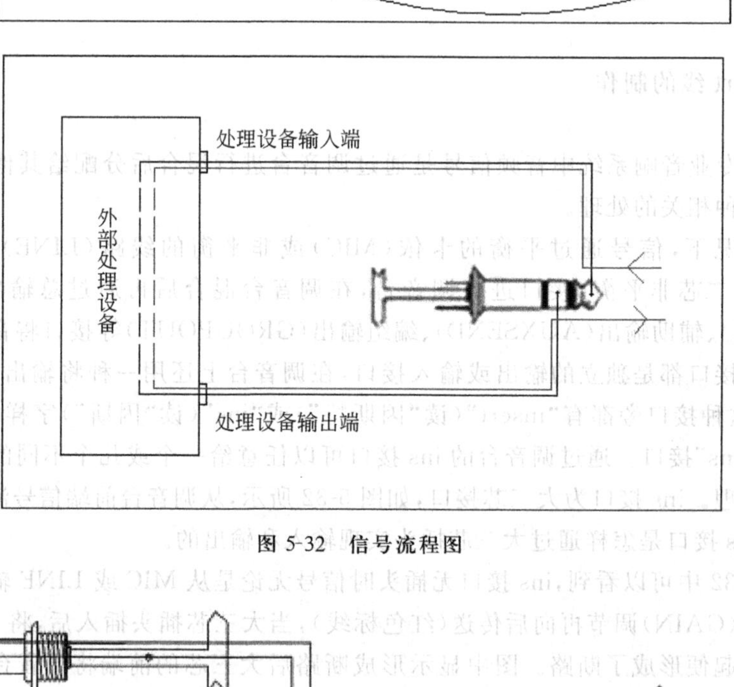

图 5-32　信号流程图

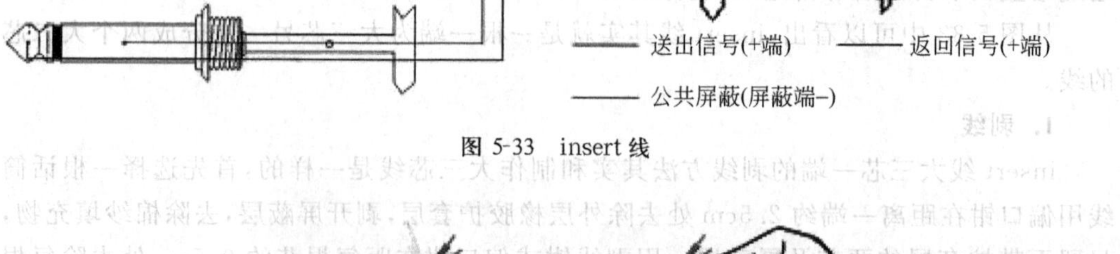

图 5-33　insert 线

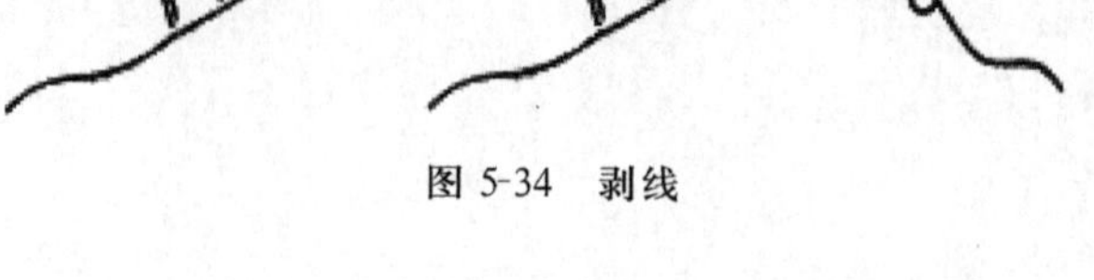

图 5-34　剥线

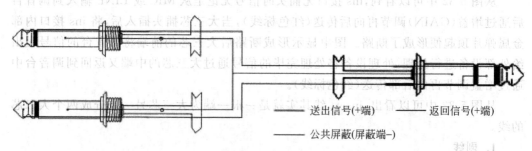

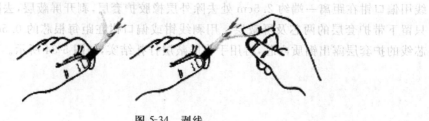

2. 分线

insert 线另一端的剥线要复杂一些。将线材的另一端的外部橡胶护套层去除 20cm 左右后剪去棉纱填充物，再用剥线钳或偏口钳在距每根芯的 0.5cm 处去除每根芯线的护套层露出铜质内芯，在将屏蔽层一分为二分别用手拧扎结实，如图 5-35 所示。

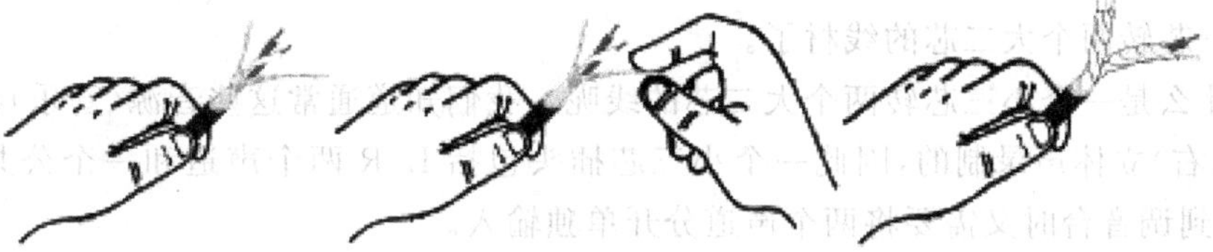

图 5-35　分线

完成分线后再用绝缘胶布（或热缩管）将每根芯和一根分开后的屏蔽缠绕包裹形成两根两芯的线，即每根均由一根芯和一根屏蔽组成。

3. 焊接

剥线及分线完成后就要在线材和插头的焊接点上粘锡了，粘完锡后开始焊接。具体焊接点位参照图 5-36。

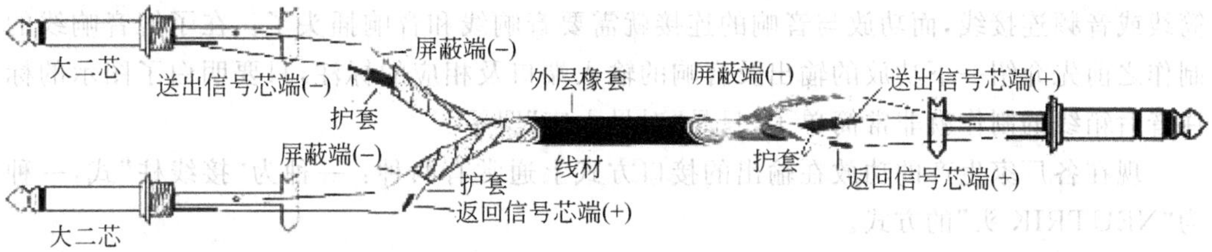

图 5-36　焊接

insert 线只用于调音台和其他音频处理设备的连接，因此 insert 接口通常是在调音台上。调音台最基本的都有输入路的 insert 接口，有一些带编组的调音台还具有编组 insert 接口，如图 5-37 所示。

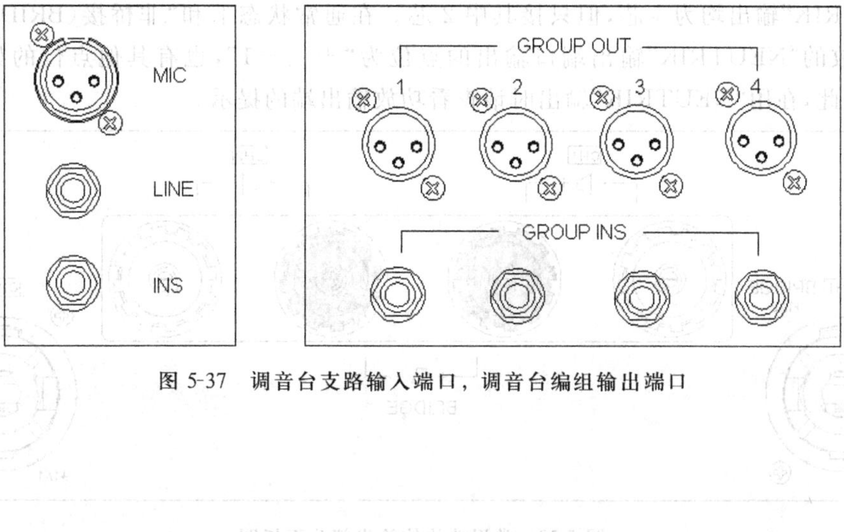

图 5-37　调音台支路输入端口，调音台编组输出端口

5.5.8 便携式CD/MD/MP3的音源线材制作

一套扩声系统中有时音源会临时用到CD/MD/MP3等音源，而播放器又是便携式的播放器，这些便携式播放器的音频输出(线路或耳机)又都是小三芯接口，那么就需要一个小三芯转两个大二芯的线材了。

为什么是一个小三芯转两个大二芯的线呢？我们知道通常这些音源(音乐)都是分L(左)、R(右)立体声录制的，因此一个小三芯插头包括L、R两个声道和一个公共的屏蔽端，转接到调音台时又需要将两个声道分开单独输入。

这种线的制作方法与制作insert线的方法是一样的，只是将大三芯换成小三芯而已。这种音源线在使用时请注意小三芯前端的输出信号是R(右)，只要记住这一点就会避免在调音台输入端插错L/R声道而造成“相位反相”。

5.5.9 音响线的制作

在连接一套音响系统时截止功放(功放的输入)以前的信号输入、输出线材都是用话筒线或音频连接线，而功放与音响的连接就需要音响线和音响插头了。在了解音响线的制作之前先介绍一下功放的输出及音响的输入端口及相应的标注，只要明白了图示的标注音后箱线的制作就非常简单了，只是“对号入座”罢了。

现在各厂家生产的功放在输出的接口方式上通常有两种：一种为“接线柱”式，一种为“NEUTRIK头”的方式。

图5-38是一台常用功放的输出部分面板图。其中，中间部分为“接线柱”输出，两侧为“NEUTRIK头”输出。有些功放为了方便用户使用同时提供两种接线方式。无论是“接线柱”输出还是“NEUTRIK头”输出都有CH1/CH2(有的功放标注为A/B)及“+、－”的标注，此标注说明该功放具有两个输出通道，每个通道的信号又有“+、－”之分。在前面介绍“NEUTRIK插头”时说过这种插头有2芯、4芯、8芯之分，功放输出端的“NEUTRIK”输出均为4芯，但只接其中2芯。在通常状态下和“非桥接(BRIDGE)”状态下功放的“NEUTRIK”输出端口输出的点位为“+1、－1”，也有其他点位的如“+2、－2”。因此，在用“NEUTRIK”输出时请查看功放输出端的提示。

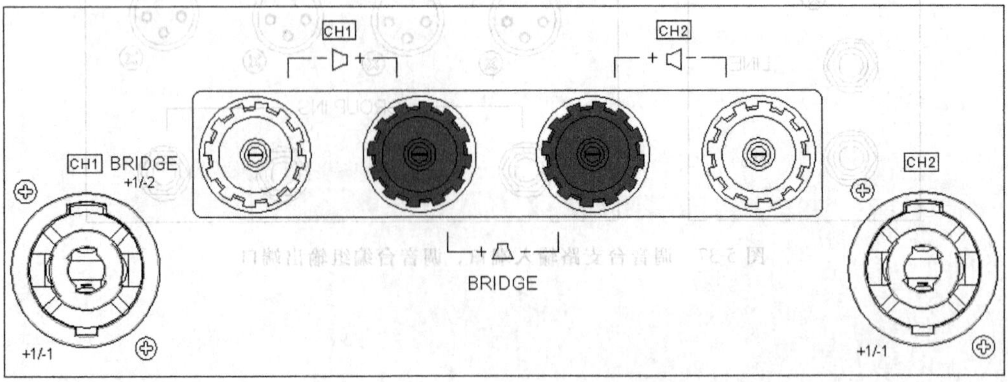

图5-38 常用功放的输出部分面板图

音响的输入端口也有"NEUTRIK"、"压线卡"及"接线柱"等形式。图 5-39 标示出 4 种常见的音响"NEUTRIK"输入面板图。通常带"NEUTRIK"输入端口的音响会有两个"NEUTRIK"端口，也会有"PARALLELINPUTS"(并连输入)字样或者一个标示"IN"一个标示"OUT"字样，其实这两种标注的意思是相同的，即两个接口是并接可以任意使用其一(图 5-39 中 1、2)，并且也可通过另一个接口并接其他音响；"PIN1＋/1－、PIN2＋/2－"表明是 4 芯的音响插头。

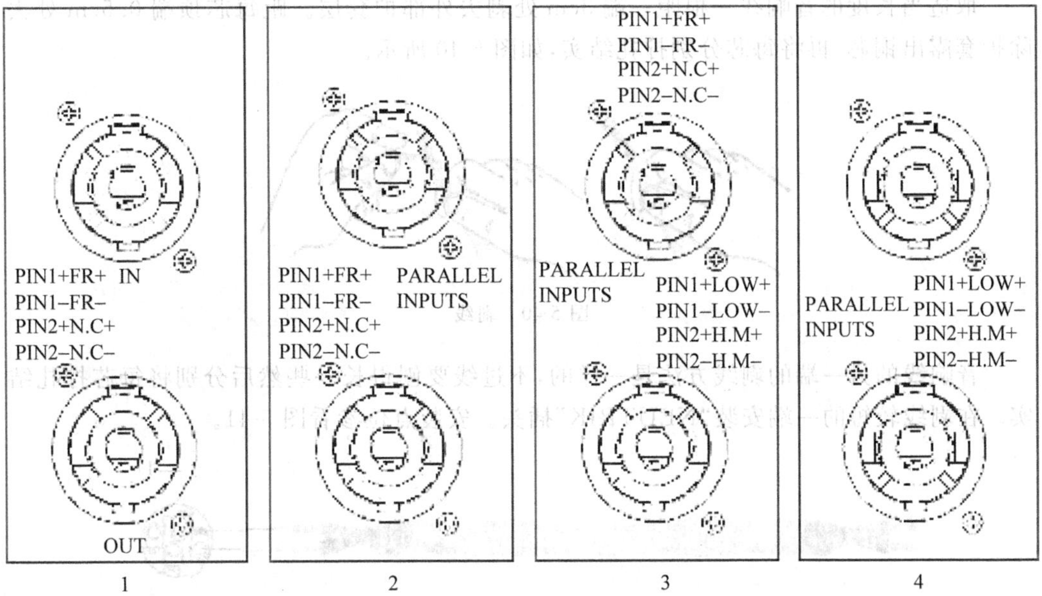

图 5-39　常见的音响"NEUTRIK"输入面板图

大家在很多杂志中见过全频音响的图片，一只全频音响至少由两个单元组成，即一个高音单元(较小)，一个中低音单元(较大)。一个音频信号通过"分配器"分频后将相应的频率分配给高音和中低音单元。大多数音响本身是具备内置分配器的，内置分配器也称"无源内置分频"(如 EV 的 E、G、F、SX；TANNOY 的 V、i 等系列音响)。有些音响不具备内置分配器功能，必须通过外置分配器(音响处理器或控制器)将音频信号分频后通过相应的功放传送给一只音响的不同单元(如 EV 的 QRX153，TANNOY 的 iQ10 等系列音响)，外置分配器又称"有源外置分频"。还有些音响是内、外置分频都可以的(如 EV 的 RX/QRX112/75、115/75、SX500 等音响)。我们又如何分辨一只音响是内置还是外置分频或这两者全可以呢？首先音响的使用手册中会有该音响的说明，其次，音响输入端口同样也有说明。

图 5-39 中 1、2 为内置分频、4 为外置分频、3 则两种方式都可以。1、2 标注"PIN1＋FR＋/PIN1－FR－、PIN2＋N. C＋/PIN2－N. C－"意思为："NEUTRIK"4 个芯中"1＋"端为信号"＋"、"1－"端为信号"－"，"2＋、2－"为空(N. C)。4 标注"PIN1＋LOW＋/PIN1－LOW－、PIN2＋H. M＋/PIN2－H. M－"意思为："NEUTRIK"4 个芯中"1＋"端为 LOW(低音)信号"＋"、"1－"端为 LOW(低音)信号"－"，"2＋"端为 H. M(中高音)信号"＋"、"2－"端为 H. M(中高音)信号"－"。3 表示这两种方式都可使用。音响的输入端口除"NEUTRIK"外还有"压线卡"式(如 EV 的 EVID 系列、TANNOY 的 i5/i7/i9

等音响)，它们虽然形式不同但道理一样，只是后两种形式不用在音响线上安装"NEUTRIK"头直接刨线后该卡的卡该拧的拧罢了。

以上介绍了功放和音响的有关知识，这些都和音响线的制作有紧密的关系。读者如果理解了上面所讲述的内容，那么音响线的制作就可以举一反三了。为了使读者更直观地了解音响线的制作，下面对音响线的制作进行具体的讲解。

(1) 功放输出端为"接线柱"式，音响为内置分频的"NEUTRIK"输入。

取适当长度的音响线一根距一端 3cm 处剥去外部护套层。距每芯顶端 0.5cm 处去除护套露出铜芯，再将每芯分别拧扎结实，如图 5-40 所示。

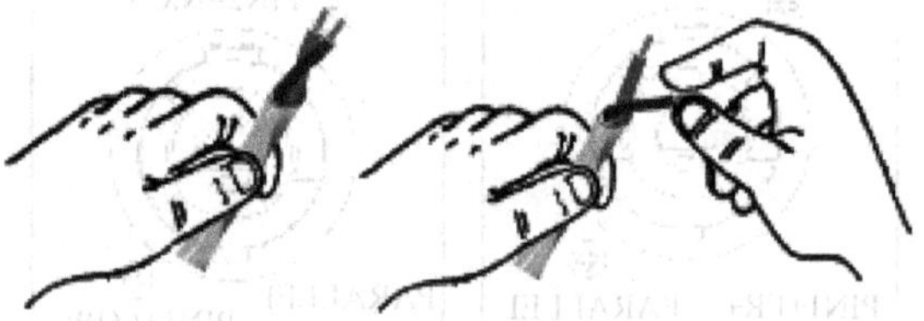

图 5-40 剥线

音响线的另一端的剥线方法是一样的，不过线要刨得长一些然后分别将每芯拧扎结实。在剥线较短的一端安装"NEUTRIK"插头。安装点位参看图 5-41。

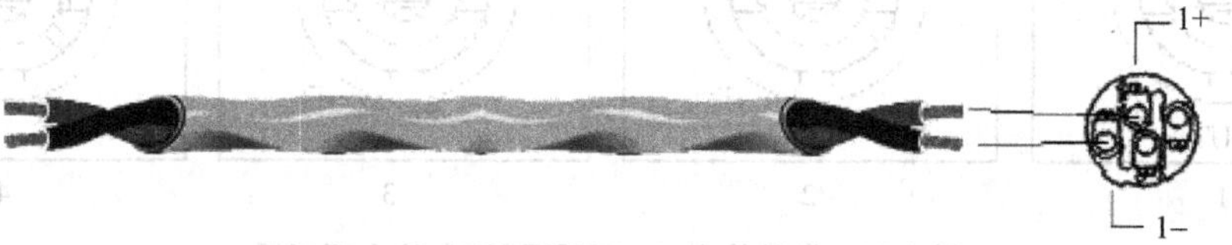

图 5-41 NEUTRIK 插头安装点

这种音响线是如何连接功放与音响的呢？图 5-42 以左声道信号(通常功放的 CH1 或 A 通道连接立体声信号的左声道)为例演示如何连接。

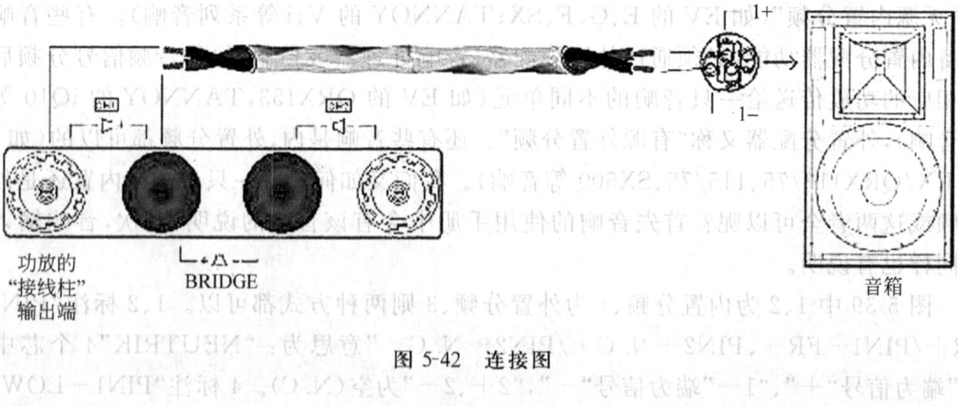

图 5-42 连接图

(2) 功放的输出端口和内置分频全频音响的输入端口均为"NEUTRIK"的线材制作。

这种音响线的制作很简单，只需将刨好的线材按照功放及音响的标注与"NEUTRIK"头内的相应点位连接即可。

5.5.10 视频线的制作

视频在这里只做简单的讲解供读者参考，便于读者在工作中能够了解一些视频线材的制作。

视频插头通常又称莲花头和BNC头，视频线为单芯带屏蔽的结构，芯的护套较厚。焊接时只需将芯焊接在莲花头的“信号端”，屏蔽焊接在莲花头的“屏蔽端”就可以了。BNC头和莲花头的焊接方法是相同的，只是接口样式不同。

音频线与视频线的阻抗不同，但音频线可以在短距离内临时代替视频线来使用。

小　结

本章就音响系统中常用的插头、线材、线材制作及与之相关的音频系统知识进行了介绍，对于初学者来说可能显得有些不太清楚，这是可以理解的。其实，任何事情都是有它的规律性，正所谓“万变不离其宗”，只要掌握了规律事情就变得清晰了。

首先，制作线材前应考虑好所用的线材、插头及工具是否齐备；第二就是选择适当的线材进行剥线。剥线时注意不要将每芯的护套划破以免造成断路。线材剥完后就可以粘锡焊接了，焊接平衡线材时两端插头的“热端”对“热端”、“冷端”对“冷端”、“屏蔽端”对应“屏蔽端”。如果是非平衡线就将线材改成二芯结构，焊接时线材的芯焊接插头的“信号端(＋)”、拧结后的芯焊接在插头的“屏蔽端(－)”。非平衡转平衡线材的制作时平衡端按平衡的焊接方法，非平衡端将信号“冷端”与“屏蔽”拧结在一起再焊接；在非平衡端芯线焊接插头的“信号端(＋)”、拧结的芯焊接在插头的“屏蔽端(－)”。对于音响线的制作更简单了，只需按照功放和音响的标示来安装插头或拧结在“接线柱”上就可以了。当然音响线常见的两端为“NEUTRIK”插头的线材制作还是有规律的，即“1＋”对“1＋”、“1－”对“1－”(音响端请查看标示)，功放的输出端基本上都是“1＋”和“1－”。

需要提醒读者的是线材在焊接之前请将各插头的“底盖”及“套管”套入线材，否则线材焊接完毕后才发现无法安装底盖将造成重复工作。线材制作时还应注意安全，以免被烙铁烫伤或被工具扎伤。

总之，线材和插头是设备与设备之间信号传递的载体，理解了设备输出、输入端口的对应点位后制作线材就很简单了。希望读者通过介绍能够对音频线材的制作有更多的认识，能够做到“举一反三”，在今后的工作中发挥更大的作用。

思政素材 6

第 6 章　音响系统的整体操作调校与保养

6.1　音响系统的系统调校

6.1.1　音量调控

音量调控是使扩声音响系统正常工作、扩声声场获得最佳听闻响度条件的重要手段，主要包括控制声音信号的动态范围、各路信号之间的比例关系以及扩声声场的响度控制等。

1. 电平调整

电平调整是使扩声音响系统正常工作的重要条件，其调整的一般原则是：输入电平应控制在信号出现最大峰值而本级电路正好不过载的状态，而输出电平控制则应使输出的信号处在最大不失真状态。按照这个原则进行调整，使各级电平、电路都工作在不失真的最大信号电平状态。只有这样，才能使系统的动态和信噪比指标达到最佳。

具体调整要求是，对于输入、输出电路上配置有峰值指示单元的设备，一般将其调整在最大不失真状态即可；对于输入、输出电路上未配置峰值指示的设备，可通过听其重放效果，将电平调整在刚好出现可感觉到的失真时，再回旋 6dB，该位置即为此控制钮的最佳调整位置。

具体的调整步骤以典型的扩声系统(由音源、调音台、效果器、均衡器和功放、扬声器组成)为例进行说明。

第一步，先将音源设备上的 VOL(音量)钮开到最大不失真状态(对于专业音源设备，可开到最大位置)，并启动音源使其发出信号。

第二步，将调音台上的通道 Fader(衰减器)推子放在最小位置，调整输入 GAIN(增益)旋钮，至其上的 PEAK 或 CLIP(峰值)指示灯偶尔被点亮为止。如果 PEAK 或 CLIP(峰值)指示灯一直被点亮，则说明信号已经失真了。当 GAIN(增益)旋钮调整好以后，再将 Fader(衰减器)推子推至 0dB 处。

第三步，将调音台的总控音量推子推至其相应的 VU 表指针大致在 0dB 刻度上摆动，或是其发光二极指示表的指示在绿橙色之间闪动。

第四步，调整均衡器上的 I/P 或 INPUTLEVEL 电平控制钮，至其上的 PEAK 或 CLIP(峰值)指示灯偶尔被点亮后，再将 O/P 或 OUTPUTLEVEL 电平控制钮开到最大位置或 0dB 处。

第五步，调整功放上的 VOL 旋钮至最大音量位置（功放与音响的匹配良好时），或将功放上的 VOL 旋钮旋至最大音量位置后，再回旋 3～6dB（功放的功率较音响功率稍大时）。如果将 VOL 旋至最大时功放进入了削波状态（削波指示灯变红），则应换用功率大一些的功放，或将调音台总推子向下拉一些。

第六步，将调音台通道上对应效果器的 AUX（辅助）旋钮旋至其调整范围的 1/2～2/3 处，将调音台上所对应的 AUXMASTER（辅助总控）旋钮开到最大位置。

第七步，调整效果器的 INPUTLEVEL 或 I/P 电平控制钮，至其 PEAK 或 CLIP 指示灯偶尔被点亮为止。将效果器上的 O/P 或 OUTPUTLEVEL 电平控制钮开到最大位置。

第八步，将调音台上效果器返回通道的增益调整好（同第二步），并将通道中相应的 AUX（辅助）旋钮（与第六步中的 AUX 旋钮编号相同）旋至最小位置（注意，这一步非常重要，如果此通道的 AUX 没有打至最小，则会引起严重的啸叫，甚至烧坏音响），然后，再将该通道的推子向上推，至效果声效果满意为止，一般情况下大致为－30～－20dB 处。

第九步，上述调整使整个系统进入一个基本工作状态，即设备均处于满负荷状态。为了使系统具有一定的抵御意外大峰值信号冲击的能力，系统还应留出 6～10dB 左右的动态余量。调整方法是在基本工作状态的基础上，将调音台的总控音量推子往回推 6～10dB 左右。

经过这样 9 步的调整，系统的电平调整就算完成了。当然，如果系统中还有其他的设备，其调整的方法也按上述调整的原则来进行。

2. 响度平衡

响度平衡就是调整各路声音信号的比例关系，它是通过调音台相应通道的音量控制推子的调整来进行的。在实际工作中，这种调整也只能在基本状态（即音量推子放在 0dB 位置）的基础上再往下调，以防设备过载。

1）乐队的响度平衡调整

乐队的响度平衡调整，一般是以其乐曲配器的艺术效果需要为基准的，可按以下几条原则进行。

（1）主旋律在所有声部当中，其响度为最大；

（2）伴奏声部的响度等于或稍低于主旋律；

（3）副旋律以及背景声部的响度应比主旋律低 4～6dB；

（4）和声声部的响度应比主旋律低 4～6dB（节奏型和声声部）或 6～8dB（持续音型和声声部）。

2）歌曲的响度平衡调整

一首好听的歌曲，应该是伴奏音乐占 40%，演唱歌声占 60%，这就是歌曲的响度平衡调整原则。当然，如果演唱者音色不错，可适当减小一些伴奏音乐的分量，以突出演唱者的歌声；如果演唱者对这首歌曲的旋律不很熟悉，容易走调或合不上拍，为了掩饰这些缺点，可适当加大一些伴奏音乐的分量。总之，在具体的操作中，既不能把话筒音量过分调大，使伴奏音太弱，好似一个人在那里清唱，从而失去卡拉 OK 的气氛，也不能让伴奏音乐太强，以致淹没了演唱者的歌声，听上去好像只是一支乐队在演奏乐曲，体会不出演唱者的情趣。

3）根据艺术需要进行响度平衡调整

响度平衡是一个技术问题，但它与声音的艺术效果有很大的关系，为此在响度平衡调整中，不能单一依据仪表指示来进行调整，还要结合听感，以求达到较好的艺术效果。比如解说与背景音乐的平衡，如果把背景音乐调大则感觉解说的声音减小，反之，把背景音乐调小则会感觉解说的声音增大。如果响度平衡处理得当，则解说与背景音乐会有机地融合在一起，得到一种非常舒服的效果。这好比摄影时处理画面的反差明暗，不仅增强了声音的清晰度，而且整体上具有丰富的层次感。因此，响度平衡要根据听感来调整信号的比例关系。调整过程中，要充分运用艺术手法，如对比法、衬托法以及声音的渐显、渐隐、切出、切入等手法，以使声音达到较好的艺术效果。

3. 响度控制

响度控制就是调整扩声声场的平均响度，它是通过调音台的总控音量推子来进行的。值得说明的是，响度控制不仅是调整音量使声场达到最佳响度的问题，还有等响度补偿、均衡等方面的调整。

1）扩声声场的最佳响度

扩声声场的最佳响度是根据人耳的听觉以及声源的特性以求达到一个有力、明亮、宽阔的声音效果的响度级，如表 6-1 所示。

表 6-1　声场最佳响度

节目内容		最佳响度/dB
语言扩声		68～74
音乐扩声	背景音乐	60～70
	具有较好的旋律与演奏效果	80～85
	具有较好的声像定位效果	85～90
	具有较好的音感与刺激效果	95～110

2）低响度扩声的等响度补偿

由于人耳听觉上的原因，当扩声系统处于 60phon（方）以下的低响度扩声状态时，还需对其进行等响度补偿。其方法是，从 400Hz 开始向低频率平滑提升，至 100Hz 处提升到 15dB；从 6kHz 处向高频平滑提升，至 10kHz 处提升到 8dB。

3）完全响度的调整

在进行响度控制的过程中，绝对不能引起啸叫，为此，响度控制应使扩声系统处于一种安全稳定的响度位置。其调整方法是，在总音量稍小的状态下完成电平调整以及响度平衡调整之后，在有人进行卡拉 OK 演唱的过程中逐渐将调音台总音量推子向上慢慢推（这时必须很小心，并认真进行监听），当推到刚好出现啸叫时，再向下推 6dB，即为安全响度位置。这个位置应当记住，在调整响度的过程中，千万不能超过此位置。如果在总音量推子向上推的过程中，当声场的响度还没有达到所需的响度要求时就已经出现啸叫，这时则应对话筒输入通道的均衡或效果器和激励器返回通道的均衡做适当的处理，以消除啸叫，然后再慢慢将总音量推子向上继续推。

如果声场的响度还是没有达到所需的响度要求时已经出现啸叫，而且对相应均衡的调整做了处理后仍不能消除啸叫，则应考虑采用声反馈抑制器来进行控制，或使用移频器来解决，或使用方向性更强、灵敏度稍低的话筒等来解决。当然，这种响度没达到要求就产生啸叫的主要原因一般是房间声学环境不好所造成的，因此，对这类房间传输特性不好的声学环境，在音响系统中加入房间均衡器进行补偿性调整就显得更为重要了。在房间均衡器调整得很好的情况下，这种响度还没有达到要求而啸叫却产生了的情况是很少见的。这里再强调一下，对响度的调整应当在房间均衡器的调整完成之后再进行。

6.1.2　压限调控

压限器是压缩与限制器的简称，是将音频信号进行压缩处理，即压缩与限制音频信号的动态范围的一种专业音响处理设备。其主要的作用如下。

(1) 保护音响系统中的功放与扬声器系统的安全，同时防止产生过载削波失真。

(2) 改善和创造一些音响效果。如对音量变化较大的原声进行压缩处理时，可以使音量变化平稳；对人声的齿音分量进行压缩处理时，可以对话筒或调音均衡不当而产生的过重咝咝声起限制作用；对某些乐器声进行压限处理可以产生一种特殊的音响效果。

为了便于压限调控，压限器主功能电路有两个调整单元，一个是阈值电平(THRESHOLD)，另一个是压缩比(RATIO)。两个单元的调控以处理后的信号动态范围低于后级设备允许的动态范围为原则，充分发挥压限器对音频信号的处理功能。

压限器根据使用场合的不同，大致有三种处理方案，即整体压缩处理、高电平压缩处理和峰值压缩处理。

1. 整体压缩处理

整体压缩处理是用于设备所处理的信号源的动态范围大于设备本身的动态范围的情况，多用于录音扩声场合。整体压缩的压缩比由节目信号动态范围与设备动态范围之比来确定。比如录音话筒音源的动态范围在100dB左右，设备的动态范围为70dB，此时压缩比应定在1.5∶1左右。

整体压缩的阈值电平一般置于音源的最弱信号电平以下8dB或本底噪声电平以上10dB处，整体压缩的动作时间(ATTACK)一般定在最低位置，其恢复时间(RELEASE)可根据音源发音的缓慢程度而定，以使尾音的较弱部分也比较自然为宜，一般情况下可定在1s左右。

2. 高电平压缩处理

在很多的节目演出扩声过程中，其信号电平高于平均值20dB以上的情况只有5%的短暂时间。而一般的演出扩声的音响系统，特别是流行乐演唱的演出扩声系统，其平均音量较大，音响系统一般都工作在接近满负荷输出状态，不可能有20dB的动态余量。此时，为了防止这约5%的短暂时间的大峰值信号的冲击，常采用高电平压缩处理，压限器只对这短暂的高电平进行压缩。

由于不是整体压缩，压缩处理在拐点处对原信号将有明显影响。为解决此问题，可采取如下措施：一是为了不使压限器频繁交替地工作在动作/恢复状态，压限处理后的阈值电平应确定在音源平均电平3dB以上处；二是再现已被压缩了的大响度信号的原动态特征，在设备进入压缩状态的起始过程中加一个合适的音头。这样处理可以使实际上已被压缩了的大响度片段在主观听觉上产生比此片段响度大的效应。为了模拟此听觉特征,将压限器进入压缩状态时的动作时间调整在5～10ms左右即可,这样,当大响度信号出现时,可以上冲一小段距离后再进行压缩。

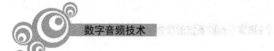

压缩比的确定可根据阈值电平以上的动态余量和可能出现的高电平片段而定。例如流行音乐,在节目高潮时可能出现的高电平比平均电平值大20dB左右,而用于流行音乐演出的扩声系统其功率储备若只有6dB,则此时将20dB压缩至6dB所需的压缩比为3.3∶1。

3. 峰值压限处理

当设备临近过载失真状态时,输入电平的微小上升即可导致信号的削顶。为了有效地控制设备的过载失真,常采用峰值压限(PEAKLIMIT)处理。

峰值压限处理的阈值电平通常都很接近系统动态的最高极限。在此处,用于形成音头感的电平上冲的余地很小,其动作时间一般设置在150μs,其压缩比一般都大于10∶1,通常在10∶1～20∶1之间。

6.1.3 频率均衡调控

频率均衡调控是一种音质补偿调控,它对声源进行音色加工,不仅具有技术性而且具有艺术性。在实际调音工作中,要做好调音工作,首先要了解节目信号的声源特征,无论是语言还是音乐,每一种声音都具有独特的波形,它包含着十分丰富的各种频率分量。调音中的频率均衡调控实际上是运用均衡器与滤波器变化各中心频率或单频的增益,来改变声音的音质。为做好均衡调控,就要根据频率的音感特征,遵循频率均衡的一般原则,对各种不同的扩声内容进行均衡调控。

1. 一般节目的频率音感特征

为了更好地进行分析,下面结合声源的有关特色来介绍典型频段的音感特征。

(1) 60Hz以下的频段。人们对它的感觉要比听觉灵敏,因而,它给人的更深印象是空气的振动感。此频段的发音,如果没有相当大的响度,人耳一般听不到。

(2) 频率在80Hz附近的声音。人对其听觉的灵敏度与感觉差不多一样。此频段的一个突出特点就是,即使其响度达到很大,也不会给人以不舒服的感觉。并且,由于它能产生极强的"重感"效果,因而可以给人以强烈的声场刺激作用。

(3) 500Hz以上的频段。它常给人一种浑厚、有力感,但也很容易由其"嗡嗡"的声响而引起人们心里的烦躁,这就是所谓的低频烦躁效应。而在此频段当中,频率越低,其效应就越不明显,当频率低到600Hz左右时,低频烦躁就完全消失了。

(4) 800Hz附近的频段。由于人们日常生活中各种噪声集中占据此频段,因而它能在听觉方面使人产生明显的厌烦感;如果对800Hz频段提升10dB,其音响会明显产生一种嘈杂、狭窄的感觉。

(5) 2800Hz附近的频段。它对音响的明亮度关系的影响最大,只要将此频段稍微提升,即可明显增加音源的明亮度。由于音响的明亮感特征比较明显,它与坚实、圆润、清澈等音色特征都有关系,因而能产生明亮感效果的非常宽的频段,500～7500Hz频段内都对其有影响,只是频率越趋向500Hz,音感就越坚实,越趋向7500Hz,音感则越清澈。

(6) 3400Hz附近的频段。该频段是人外耳道的共振频率，因而人耳对它的听觉灵敏度是最大的。当然，在另一方面，此频段还最易于使人产生听觉方面的疲劳感。

(7) 6800Hz附近的频段。由于该频段是3400Hz的二次谐波，因而它也易于使人产生听觉上的疲劳感，只是与3400Hz频段相比，它所引起的疲劳感更倾向于音感效果方面，而且有明显尖啸、刺耳的感觉。

(8) 7500Hz以上的频段。该频段音感清澈纤细，即使其响度很大，也不会产生像6800Hz那样尖啸的音响，因而它给人的听感比其他频段要好得多。甚至，该频段可以单凭其声场效应而给人以清新、宜人的感觉，此感觉效应在12 000Hz频点处最为明显。

(9) 100～250Hz频段。该频段具有良好的丰满效应，可用于调整诸如人声、小号、吉他、弦乐等发音的丰满度。

(10) 2500～6000Hz频段。该频段具有一定的临感效应。当然，不同的音源可产生临场感的频段是不一样的，如人声的临场感在5000Hz处，钢琴的临场感在2500～5000Hz频段上等。

(11) 4000～10 000Hz频段。该频段可使某些音源产生“近距离”的亲切感，而2500～3500Hz之间的频段则又可产生“遥远”的空间感效果。

2. 乐器频率音感特征

乐器频率音感特征如表6-2所示。

表6-2 乐器频率音感特征

乐　器	重要的均衡频段
低音鼓	低音为60～80Hz，敲击声为2.5Hz，鼓皮声为8kHz
小军鼓	饱满度为240Hz
立镲、吊镲	铿锵声为100Hz，尖锐声为7.5～10kHz，镲边声为12kHz
通通鼓	丰满度为240Hz，硬度为8kHz，中间频率要衰减
地筒鼓	丰满度为80～120Hz
电贝司	低音为80～250Hz，拨弦力度为700Hz～1kHz，拨弦噪声为2.5kHz
电吉他	丰满度为240Hz，明亮度为2.5kHz，拨弦噪声在3kHz以上
木吉他	低音弦为80～250Hz，琴箱声为240Hz，清晰度在三段中心频率(即2.5kHz、3.75kHz、5kHz)上随频率上升声音变硬
手风琴	饱满度为240Hz，明亮度为2.5～8kHz
钢琴	低音为80～120Hz，临场感为2.5～8kHz
小号	丰满度为120～240Hz，清脆感为5～7.5kHz
小提琴	丰满度为240～400Hz，拨弦声为1～2kHz，明亮度为7.5～10kHz

3. 频率调控的一般方法

调音时，频率可按以下6个频段的调控效果来调整。

(1) 16～60Hz的频率段为最低音，能给音乐带来强有力的感觉，尤其是20Hz以下的频率，可以加强空气的振动感，但过多地提升会使声音混浊不清。

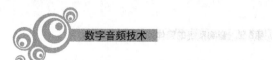

(2) 60～250Hz 频段为低音，包含着音乐中节奏声部的基础音，对这段频率的调整可改变音乐的平衡状态，使其趋向丰满或单薄，过多地提升会引起“隆隆”声。为了加强一些功率较弱的乐器演奏的丰满度，在单个乐器的拾音中，如电吉他、铝板琴、古琴、竖琴、钢琴等乐器的低音部分给予补偿是很有益的，但不要超过 6～8dB。对于语言声，其音区较音乐窄，元音的基音频率，男低音在 80～320Hz，女高音在 250～1200Hz。为了增强语言的清晰度，语言节目调音时，可对低频段 100Hz 以下衰减 6～12dB。

(3) 250Hz～2kHz 频段为中低音区，包含着乐器的基波和大多数乐器的低次谐波，如果在 800Hz～2kHz 范围内加上一个很宽的提升峰值，可以使声音更突出。中心频率增益的提升不宜超过 8dB，在 500Hz 处不宜过多提升，在使用时也多用于衰减状态。在 1～2kHz 过多提升时，会产生类似铁皮声的音色，但对小军鼓来说，提升 6dB 左右对增加韵味是有用的。

(4) 2～4kHz 频段为中高音区，这段频率要慎用，过多提升会掩蔽语言的识别，特别是“M、B”这样的唇音容易模糊。在 3kHz 左右过多提升会引起听觉疲劳。但在录吉他时就不能把拨弦声衰减掉，因拨弦声在音乐中与音符同等重要，去掉它就会失去演奏活力，因此提升 2～4kHz 能使手指触弦的微妙之处显露得称心些。总的来说，这段频率音色发偏，比较锐利，并且对中、高频的层次感有破坏作用，应慎用。

(5) 4～8kHz 频段为高音，具有临场感的频段，它可增加语言、音乐的清晰度，提升这段频率可使表演者与听者的距离拉近。4kHz 音色清澈，4. 5kHz 具有穿透性的听觉，5kHz 的提升或衰减对响度影响很大。在平衡乐队总体比例时，突出或衰减某一乐器的 5kHz 频率，有助于制造远近层次感。

(6) 8～16kHz 频段为最高音，这段频率控制着整体声音的明亮度和清晰度。对语言节目来说，过多提升这段频率会加重齿音，使声音发破；对管弦乐来说，以 8kHz 为中心频率适量提升会增加明亮度，但不应超过 6dB 的提升量。

4. 几种典型扩声的声音调控

1) 节目主持人的声音调整

现在大中型歌舞厅均设有节目主持人，主持人多为女性，不仅年轻貌美而且语言清晰流利富于表情。节目主持人的音乐及其特有音色，直接影响听众的情绪。因此，首先要把节目主持人的声音调好，使之声音清晰明亮、音量适中，具有较好的亲切感。节目主持人的语调一般分为两种：一种是低语调，一种是中语调(也就是一般语调)。特别是低语调时，要把话筒放得近些，也就是采取近距离拾音方法。因距离近可能拾到语音的纤细部分，可以使高低音丰富、音域宽厚，而且有亲切感。

但也有许多问题，需从话筒操作和调音上来解决。比如，距离越近，低音越多，从而影响声音清晰，而且高音多会造成声音不干净等毛病。为了避免这些毛病，首先在话筒选择上要注意话筒的特性，要用音质明亮的话筒，也就是要求中音特性好；其次，要在调音台上下功夫，比如把低频在 100Hz 附近衰减 6～10dB，把中频段 250～2000Hz 提升 3～6dB，把高音频段 6000Hz 以上衰减 3～6dB。这样处理就可以大大增加清晰度而且音质明亮；第三，对主持人的讲话声音，要尽量少用加效果器这类的加工手段，否则会失去声音的真实感和亲切感，在音量掌握上要适中，一般控制在一10dB 左右。

2）专业歌手的声音调整

在歌厅里有专业歌手为客人演唱，一方面供客人欣赏，另一方面也为了给客人演唱作示范。专业歌手有响亮的歌喉和扎实的演唱基本功，无论发声、吐字、行腔，都有一定的水平，而且具有个人的演唱风格。歌手演唱时的伴奏由卡拉OK机或视盘机播放，当伴奏乐曲进入调音台以后，经过调音台进行适当的调整，并同专业歌手的歌声混合在一起，然后通过放大器播放出去。此声音调整要从两方面下功夫：一是对乐曲的调整；二是对歌声的调整。

歌声的调整——在歌声调整之前，第一，要熟悉歌手的发音特点及演唱风格；第二，要了解他的音色及音域宽度以及动态范围；第三，要熟悉歌曲和歌词；第四，要注意歌曲风格和歌手的演唱情绪。歌手演唱时需使用音质明亮、频响宽、失真低、动态范围大的话筒。歌手站在散射面的声场中，利用声场条件使歌声有明亮和宽阔感。这样处理即使歌手离话筒近也会获得最好的音质，当然，歌厅里的歌坛需要进行适当的声学处理。

演员演唱时，可以用近距离拾音法，但拾音方法主要根据歌声的声压级、歌声的动态以及表演姿态和演唱情绪来定。如果是艺术歌曲，可用中距离拾音，话筒放在演唱者斜下方20～70cm处，话筒指向歌手的嘴巴；如果是抒情歌曲或轻声唱法，可用手持话筒采取近距离拾音，歌手可根据自己的音量和情绪来调整，但要注意掌握歌唱过程中的情绪变化，以突出歌手的独特韵味。

在音质补偿上，要注意低频段的调整，提升中频段可以增加亮度。例如，将2000～4000Hz频段提升3～6dB可以明显地感到歌声明亮；提升2000Hz附近频段，就会感到歌声有力而且显得浑厚；为防止不必要的气音或嘶音，可以对7000Hz以上频率进行适当衰减；如果歌是男声唱的，在低频100Hz附近要衰减3～6dB，以减少近距离效应从而提高清晰度。

在音量调整上，要注意提高平均音量，也就是把弱的声音提上来，把强的声音压下去。这是因为有的歌声动态范围较大，而话筒距离歌手的嘴巴很近，当歌声强时容易产生过荷失真，所以要把强声压小；有的歌声很弱，要把弱的声音提上来，提高弱声就是为了提高平均音量，只有提高了平均音量才有响度。要掌握这种调音技巧，必须熟悉歌手的演唱特点，而且要有调音的经验，否则不易获得理想的效果。现在的调音台都装有自动音量控制，这种自动控制就是为上述目的而设置的，它是纯物理性质的，不会掌握歌手的演唱特点，而且容易造成音质不亮，所以要慎重使用。当然，适当调整压限器的阈值电平及压缩比，也可以达得此目的。对演唱音量的调整，最好的办法是自动控制与手动控制调整结合起来进行。

卡拉OK伴奏乐曲的调整——卡拉OK带在录音过程中，已把乐器间的平衡与歌声的比例关系基本上调好。因此对卡拉OK带要非常熟悉，掌握它的乐器平衡及其与歌声关系的比例。但是调整歌手的歌声时不能照搬，因为不同的歌手有不同的特点，要根据歌手的歌声特点来进行调整。总的原则是以歌声为主，始终突出歌声，首先要调整合适的混合比。突出歌声有两个目的：一是为了歌声优美；二是为了歌词清晰，特别是在歌厅用大扬声器的放音条件下，歌词往往不易听清，对于伴奏带的音质一般不进行过多的补偿，但是伴奏带在放音过程中必然有一定的频率损失，因此也可对高频给予适当的补偿。

声音调整要结合图像——在歌厅里所播放的卡拉OK带，多是录像带和激光视盘，这些节目带已进行过声音加工，画面与歌声紧密结合，每句歌都配合画面人物的动作和表情。因此，歌手在演唱中为画面上的意境和主人公的动作、情绪所感染，随着情景的展开及乐曲的发展而纵情歌唱。所以，调整歌声也要配合画面上的情景，譬如画面上是宽阔的草原，歌声就要辽阔一些，音量要小一些；当表现人物内心的情感的特写镜头时，歌声就实一些，音量就大一些。总之，歌声的大小虚实，均要随着画面做相应的调整，这样调整才能达到情景交融的境界。视与听是分不开的，听众是看着画面来聆听歌声的，如果视听不结合，即便是动听的歌声，达不到视听效果的统一，也会使人感到特别别扭。

3）一般演唱者的声音调整

（1）调整音质音量。没有经过训练的嗓音，音质不太纯正而且缺乏亮度，男声容易出现喉音和沙哑，女声容易出现气息噪声和疵音。因此，对高频 5000Hz 以上需要切除，对低频 100Hz 以下也需加以切除，同时在中频段提升 3～6dB，以增加明亮度，使声音清晰明亮。一般演唱者声音较低而且缺乏响度，所以音量要尽量调大一些，把 2000Hz 附近的频率段加以提升，这样处理也可增加声音响度。总之要使歌唱者的音质纯些，声音响度要大一些。凡是没有训练的歌喉不会有大的动态范围，因此，不需要使用自动音量控制。

（2）用混响加以美化。卡拉 OK 歌声的特点，就是在歌声中加上电子混响，加混响对于专业歌手来说，可以产生一种电子音响美，使歌声别有一番韵味。而对于一般歌手来说，它可以掩蔽嗓音和发声中的一些缺陷，如沙哑声。喉音或尖硬刺耳的声音加上混响后，可以变得不那么难听，可以把原声变成混响电子声，就像在浴室里喊唱一样，虽然声音混浊不清但却另有味道。加上电子效果器，也可使不好听的声音变得好听一些。

5. 放音频率特性补偿

在扩声系统中，常需播放一些乐曲节目，这时就需要根据不同的乐曲对扩声系统的频率特性进行补偿，即校正好系统的频率特性，以营造适宜于这些乐曲的音响效果。表 6-3 为迪斯科或摇滚乐（Rock）、流行乐（Pop）、爵士乐（Jazz）和古典乐（Classic）的频率补偿特性。

表 6-3 Rock、Pop、Jazz 和 Classic 的频率补偿特性

频率/Hz	35	60	100	150	30	350	580	1k	1.6k	2.5k	4k	6k	10k	15k
Rock	+6	+12	+6	0	0	−3	−3	−3	0	0	0	+6	+9	+6
Pop	0		−3	−3	0	+3	+3	+6	+3	+3	+3	+3	0	0
Jazz	+3	+6	+3	+3	0	0	0	−3	0	0	0	+3	+3	0
Classic	0	+3	+3	+3	0	0	0	0	0	−3	0	0	+3	+5

6.1.4 混响调控

混响器是扩声音响系统调控音响效果的主要设备，它可以对扩声声源的空间、距离等信息进行加工，以改变声源的主观音质效果。下面就混响器的几个参数的调整说明如下。

1. 混响预延时的调整

混响预延时实际上是混响进行时间，它是室内声场大小的主要因素。预延时越长，

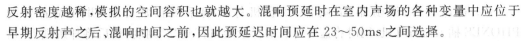

反射密度越稀，模拟的空间容积也就越大。混响预延时在室内声场的各种变量中应位于早期反射声之后、混响时间之前，因此预延迟时间应在23～50ms之间选择。

2. 混响时间的调整

在扩声调控中，人工混响要准确地模拟符合节目的时空关系，不可违反人的听觉经验随意夸大或缩小。混响时间不仅决定了余音的长短，而且对声音的色彩和清晰度都有直接影响。一般地，语言节目根据厅堂的大小可在1.2～1.5s范围内选择调整，音乐节目根据厅堂的大小可在1.8～2.4s范围内选择调整。比如，男低音演唱时，可适当调短混响时间，以增加声音的清晰度；女高音演唱时，可适当延长混响时间，以增加声音的色彩。对于演唱场所来说，如果房间吸声量小，则可将混响调小一些，以免声音含糊不清；反之，可将混响时间调长一些，以免声音发干。

3. 混响扩散时间的调整

混响扩散时间实际上是混响建立以后的衰减时间，也就是混响时间之后的余音，它对音色听感有重要影响。衰减太快，便会余音不足，声音发干并显得力度不够；衰减过慢，便会使声音浑浊。混响扩散时间的调整应根据房间的大小与选定的混响时间成比例。一般的混响器的扩散时间是与混响时间对应按程序预置的，但也可以手动调整，调整范围在5～40ms内。通常，厅堂混响扩散时间在20～40ms内调整。

4. 直混比的调整

直混比是混响器的直达声信号与混响声音信号的比例，它是控制直达声与混响声的声能比的重要手段。在自然音响中，直达声高于混响声时，清晰度高，说明声源距拾音点近，反之，说明声源距拾音点远。在扩声音响系统中，可通过调整直混比来配合预混响延时和混响扩散时间，以制造出较好的艺术效果。在一般的情况下，直混比调整在1∶1的位置上，对于音乐节目，可适当加大混响声成分的比例，使声音丰满动听并产生较好的立体声感，但注意不能太大，否则会产生"染色"效果，造成严重失真。对于语言节目，应适当减少混响声成分的比例，以使语言清晰明亮。

5. 混响声、激励声返回调音台后的均衡处理

在前面已经介绍过英国"声迹"调音台，这类专业级的调音台没有专用的混响声返回输入插孔，因此，混响声一般都选取一普通输入通道来作为混响器输出混响声的返回通道。所以，返回至调音台通道后的混响声也有一个均衡处理的过程(其他的诸如激励声的返回也要进行这样的均衡处理)。这一均衡处理对于话筒演唱的歌声尤其重要，如果处理不好，无论混响器的调整有多好，我们听到的歌声也可能出现歌声发破、发刺、发闷等不良效果。

混响声返回调音台后的均衡处理是一个难点，它要求调音者要有良好的听力，同时要有一定的技巧。

下面就以英国声迹(SOUNDTRACS)16路4编组调音台为例对混响声返回调音台后的均衡处理做一个详细的介绍。假设视盘机输出的伴奏声从调音台的第1、第2输入通道输入，调音台的AUX2辅助输出孔连接混响器的输入端，混响器的输出端连接到调音台的第16路输入通道，调音台的AUX1辅助输出孔连接激励器的输入端，激励器的输出端连接到调音台的第15路输入通道。那么，对返回到调音台混响声的均衡处理就可以按如下步骤进行。

(1) 将调音台、激励器、混响器、视盘机等音响系统正常开启，并在调音台的PHONES插入监听耳机，同时将监听耳机的音量旋钮打到“8”刻度，然后将耳机戴上，播放熟悉的音乐。

(2) 将第1、2路(音源输入通道)的EQ“弹起”(不均衡)，将MIX“弹起”(总输出声中无直达声)，ON按下，将AUX1、AUX2打至“7”刻度，将第1、2路的音量推子推到适当的位置。

(3) 将第15、16路的MIX键、ON键、EQ键、PFL键按下，最好将PRE/POST键“弹起”，此时就可以监听到音乐信号的激励和混响声，而且是纯的激励和混响声，没有直达音乐信号，这样就可以更方便地对激励和混响器返回调音台的信号进行有效的EQ(均衡)了。

(4) 先将第15路的PFL键“弹起”，只对第16路的混响声信号进行监听，然后对其均衡进行调整。

(5) 弹起第16路的PFL键，按下第15路的PFL键，只对第15路的激励声信号进行监听，然后对其进行均衡调整。

(6) 将第1、2、15、16路的PFL键同时按下，听一听整体的效果，如果不满意，则继续对第15、16路的均衡进行相应的调节，直到满意为止。

(7) 将总音量推子推到适当的位置，同时将第15、16的音量推子也推到适当的位置，调音员到扩声厅里听一下实际的混响和激励声，然后进行进一步的调整，直到较为满意为止。做这一步是因为在耳机里听到的效果同实际声场中的效果有时有较大的出入。

(8) 将第1、2路的MIX键按下，调音员到扩声厅里听一下实际的整体效果，注意音量不要太大，然后进行一些修正式的调整。此时声场中既有激励和混响声，又有直达声。

(9) 在调音台上接入一支话筒，将此通道的AUX1及AUX2调到适当的位置，同时将第1、2路的AUX1及AUX2调到最小(关闭)，请人演唱一支卡拉OK歌曲，调音员再到扩声厅里听一下实际的整体效果，然后进行最后的细调，直到效果满意为止。

经过以上步骤的调整，第16路混响声返回通道的均衡大致为：HF：0dB；MF_1：4kHz提升3dB；MF_2：0dB；LF：衰减6dB。

第15路激励声返回通道的均衡大致为：HF：0dB；MF_1：2kHz提升3dB；MF_2：250～300Hz提升3～6dB；LF：提升6dB。

耳听为实，看书为虚，以上均衡值是在某一特定环境中测得的，仅供参考。之所以用音乐信号而不是用话筒人声信号作为信号源，是因为音乐信号的频带宽一些，在反复的调整过程中，其连续性和持久性强一些，因此最后调整出来的效果的适用性也就更广一些，即适用于所有人声。如果用某一特定人声作为信号源来调整，则适用性就窄了。

当然，针对不同的人声，也可对以上调整好的均衡做适当的修改，但是，最好不要进行大的变动。人声不同所引起的问题最好是通过对话筒输入通道中的均衡调整加以解决。

激励器和混响器的返回通道的均衡用此调整法，其他返回调音台的信号的均衡的调整也可照此进行。

6.1.5 立体声扩声的校准和调整

1. 平衡校准

一般情况下,在调音台上,立体声左、右通道的增益、均衡、音量推子要尽可能保持一致。如果从调音台至功放之间有其他的双通道音频处理设备,它们的调整也要按平衡原则加以调整,比如双通道房间均衡器的调整就应如此。有时候,我们在调音台的总音量指示图表上发现,一会儿左声道的信号强一些,一会儿右声道的信号强一些,这是十分正常的现象,并非平衡没校准好,真正意义上的立体声信号就应当是这样的。如果左、右声道的信号一直保持一致,没有强弱的变化,那反而是不正常的,可能是非正版碟片。这里所说的平衡,是整体意义上的动态平衡,而非瞬间的静止平衡。

但如果是从录音机中送入调音台的立体声信号就需要特别留意了,因为演出中所用的录音带许多都是自己翻录组合而成的,在翻录的过程中,由于录制人的水平参差不齐,翻录所用的录音机的性能好坏不一,因此,有些录制在磁带上的信号左、右声道本来就不平衡。这种信号送入调音台后,如果调音台左、右输入通道是平衡校准的(视觉上),则在调音台总音量指示图表上就常常会发现其左、右声道信号的强弱相差较大,这时,就应将信号强的通道的推子向下推一些,或是将信号弱的通道的推子向上推一些,以使从调音台输出的左、右声道信号平衡。当然也可通过调整GAIN的方式来实现。所以从本质上讲,平衡校准是立体声信号左、右声道信号强弱的平衡校准,而非左、右通道控制件视觉上的平衡。

2. 相位校准

相位校准一般都要在演出前完成,主要包含两方面:一是扬声器系统的连接问题;二是声像电位器(PAN)的调整问题。

(1) 扬声器系统的连接问题:必须采用统一的连接原则,如方形线接"+",圆形线接"−";或红芯接"+",白芯接"−"。在功放端也是如此。虽说接错扬声器也可发声,但声像定位会出差错。尤其要强调的是,在扬声器单元被拆下维修好以后,在安装的过程中,也要注意其正负的连接问题,否则也将破坏音响的重放效果。我们在实际工作中经常会忽视这一问题,希望读者注意。

(2) 声像电位器(PAN)的调整问题:在立体声扩声系统中,调音台连接视盘机左声道的输入通道的PAN应打至最左端,而调音台连接视盘机右声道的输入通道的PAN应打至最右端。当视盘机播放时,将调音台上相应的左声道的推子推至适当位置,而将右声道的推子向下推至最小时,如果没有问题的话,舞台上应只有左面的音响发声,反之,则应只有右面的音响发声。如果情况刚好相反,则说明连接有问题,此时,可以检查连接线并纠正错误,或将两个通道上的PAN打至相对的位置,这样,声像定位才会准确。

3. 左右通道校准

之所以在讲过平衡校正之后,还要讲左、右通道校准的问题,是想强调一下下面将要讲的问题。在调音工作中可能会遇到这样的情况,即所使用的音响设备使用年限已经很久,并且经过了许多次的维修,在使用的过程中,发现诸如功放或房间均衡器等设备的两个通道的性能差异很大,而老板不愿再修或更换,并且要求调音者用这样的设备调出较好效果时，要做的一个重要的工作就是想方设法使左、右音响重放的声音达到平衡，对左、右通道进行反复的调校。这种调校，一般选用自己十分熟悉的音乐，对所怀疑有问题的设备分别进行调校。

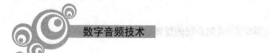

同时，坚持这样的原则：先大信号，后小信号；或者说，先底层，后上层。比如，如果认为房间均衡器和功放的两个通道都存在性能差异的问题，那么，可以先将房间均衡器拆下，将送入房间均衡器的信号直接送入功放，这样，就可以比较容易地对功放的两个通道进行调校了。当功放的两个通道调校完成以后将房间均衡器接入，恢复原来的连接方式，再对房间均衡器进行两个通道的调校。在对房间均衡器进行两个通道的调校过程中，千万不要再去动功放。经过这样的调校，问题就基本上解决了。

6.1.6 演出过程中调音员应注意的问题

1. 演出开始前调音员的准备工作

在准备阶段，调音员必须和组织演出的有关人员进行有关的协调工作。在这一阶段，调音员必须明确几个问题：首先是演出的规模。知道了演出的规模，才能确定所用器材的种类和数量。比如，规模相对较大时，所用的调音台的输入通道就不能太少，音响的数量也会相应增多，所用功放的型号和数量也会不同等。其次是演出的形式。比如，又唱又跳就需要手持或耳麦无线话筒，合唱就需要灵敏度相对较高的合唱专用话筒，小品就需要领夹式无线话筒等。再次是节目安排，最好能拿到节目单。

当调音员将演出所需的器材全部准备完毕并调试好以后，最好能在演出前进行一次彩排。如果不能进行彩排，最好能将演员所用的伴奏碟收上来进行一次试听，其原因有三：一是能及时发现碟机不能播放的碟片。有的碟片是刻录的光盘，如果刻录的格式同碟机不能兼容，则碟机将不能播放此碟片。二是能准确知道节目在碟片上的序号。因为有的碟片可能是盗版的，其碟盘上节目的序号可能同碟片中节目的序号有误，有的需要在碟盘上节目序号的基础上加1，有的甚至于要加3才能同碟片中的节目位置相符合。三是能知道节目的曲目风格，这对在演出中进行灵活的调控有一定的帮助，并且能够知道碟片是在左声道还是在右声道进行消音。

如果碟片不能够收上来试听，则调音员必须要求组织演出的有关人员通知演员，将自己演出时出场的序号以及第几首曲子(实际试听时确定的)、消音的声道、曲目等写好后装入碟盒中，如有舞蹈只需用碟片中某一首曲子的某一段时，则应写明开始的时间和结束的时间(碟机上显示的时间)，这样，在演出时，调音员才不会手忙脚乱。如果这些都没有做，那么就通知演员在演出前提前一两个节目将碟片拿上来，将前面的相关问题问清楚，并记下来即可。

有些单位的演出，调音员本身既是工作人员又是有关的组织者，在演出准备过程中并没有真正意义上的舞台总监，这时，调音员就还有一些准备工作必须做：第一，舞台大幕的关开协调及人员安排；第二，演出过程中器材的更换搬移以及有关道具准备人员的安排与协调；第三，和灯控人员进行有关的协调准备。

总之，演出前调音员的准备工作必须细致而详尽，准备越充分，演出就越顺利。

2. 演出过程中应注意的问题

无论调音员的准备工作有多么充分，在演出过程中有些意想不到的事情还是有可能发生，这时，调音员所能做的就是随机应变，努力保证演出的顺利进行而不露出明显的破绽。

(1) 在演出过程中发现无线话筒的电池不行了。这种情况必须早发现，因此调音员在演出过程中必须全神贯注认真听，一般而言，无线话筒电池不行时，无线话筒的声音会出现一些异样，这时，应立即用备用无线话筒或更换电池，发现晚了就会出麻烦。如果既没有备用无线话筒又没有备用电池，则可用有线话筒暂时代替，并立即请人购买电池，越快越好。

(2) 演出过程中，发现演员所用的磁带只有一个声道有声音。此时，应立即将调音台上的声像定位旋钮(PAN)打至 12 点位置(中间位置)，这样虽然没有了立体效果，但却避免了只有一半音响发声的不良情况出现。

(3) 节目前演员没到。在即将进行下一个节目前，调音员应询问一下演员是否到场。如果发现演员还没有到场，则应立即通知主持人，将其节目顺序相应后延，直至演员到场为止。

(4) 临时更换节目，但是其所需道具或器材还没准备充分。此时，应坚决顺延，直至其准备充分后再上场，以保证演出的流畅与高质量。

(5) 演出过程中，话筒出现啸叫现象。立即将话筒的音量推子向下拉一些或将话筒通道的高频均衡旋钮逆时针旋转 3dB 左右，即可使啸叫消除。当然，如果调音者的听音能力极强，能够判断啸叫声的频率，也可将房间均衡器的相应频点适当衰减来达到消除啸叫的目的。这一过程反应要快，慢了就会严重影响演出或烧坏音响。

(6) 突然发现演员所用的伴奏碟无法消音或消不干净。此时已没有办法，只能硬着头皮继续放，但应立即将伴奏声的音量减小，以减少此种情形对演出的不利影响。减小音量时，应慢慢下拉，不能一蹴而就。

(7) 在演出过程中，调音员应根据不同的演唱者的音高、音色、演唱风格等对音量、均衡、混响长短等进行相应的调整。调音员不是简单的放碟员，调音工作必须精益求精，边听边调，努力追求更好的艺术性。

6.2 普通重放音响系统现场录音的连接与调校

1. 现场录音的系统连接

所用设备为：英国声迹 16 路调音台、REV100 效果器、百灵达激励器 EX2000、百灵达压限器 AUTOCOMMDX1000、美国 AB 双 31 段均衡器、功率放大器 AB1100、AB600、JVCTD-W118 卡座、JVCXL-MV3 碟机、SHURE2.0 话筒。

现场录音的系统连接图如图 6-1 所示。

2. 现场录音的调校

音响系统重放扩声过程中的调校前面已经讲过，这里不再赘述，只谈一下有关录音的调校问题。

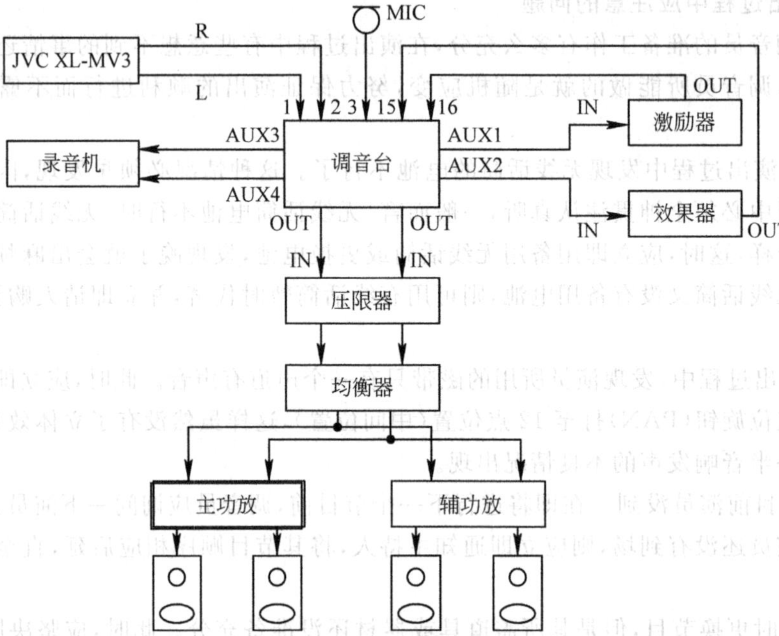

图 6-1　现场录音的系统连接图

在录音开始前，首先要明确录音到底要录哪些音，如果希望录音效果好，那么，视盘机的伴奏声和话筒的演唱声要录，返回调音台的话筒的激励声、效果声也要录。同时，在录伴奏声时，左、右声道的信号应该分别录制，话筒声要录制在两个声道上。

现场录音的调校过程如下。

(1) 将调音台话筒输入通道上的 AUX1 打至 4 刻度左右，将 AUX2 打至 7 刻度左右；将 AUX3、AUX4 打至 9 刻度。(让一部分话筒信号分别进入激励器、效果器；录制话筒声。)

(2) 将调音台伴音输入通道 1(左声道信号)的 AUX3 打至 8 刻度左右，将调音台伴音输入通道 2(右声道信号)的 AUX4 打至 8 刻度左右。(分别录制左、右声道伴奏信号。)

(3) 将激励器返回通道(16 路通道)的 AUX1 和 AUX2 打至最小，将 AUX3 和 AUX4 打至 4 刻度左右。(录制激励声。)

(4) 将效果器返回通道(15 路通道)的 AUX1 和 AUX2 打至最小，将 AUX3 和 AUX4 打至 8 刻度左右。(录制效果声。)

(5) 将调音台上 AUXMASTER1、AUXMASTER2、AUXMASTER3 和 AUXMASTER4 打至最大，其余的打至最小。(AUX1～4 起作用的必需步骤。)

(6) 将录音机的输入模式打至 LINEIN 线路输入，同时按下 REC、PLAY 键，即可进行录音。在录音的过程中，调整录音机的 VOL 音量控制旋钮，同时注意观察录音指示显示(LED 显示)，使输入的信号不致过载，即 LED 显示灯不能持续亮红灯，以红灯偶尔亮为宜。

现场录音调校需要在实践中反复摸索，录了放，放了再录，反复调整送入录音机的各组成部分声音的比例关系，最后总能够摸索出较满意的“刻度”，得到较好的录音效果。前面提供的 AUX 的“刻度”仅供参考，绝非“最好”。

6.3 一般常见故障的判断

6.3.1 故障检查

故障的检测是一种实践性很强的工作，扩声设备的种类很多，工作原理及用途各不相同，因此需要音响师具有一定的电路知识，并对设备的原理、结构、技术性能以及系统的网络十分清楚，这样才能实施有效的检查并排除故障。检查方法大体有以下三种。

(1) 替代法。在系统中，替代法对检查局部故障十分有效。例如，使用某一节目源时系统出现了异常现象，这时可用另一节目源来代替，检查异常现象是否存在，如果异常现象仍然存在，说明设备本身或后续设备有问题，再继续查找；另一种是元件有故障又无法进行测定时，可使用一支相同规格元件代换，若故障排除说明原来的元件已损坏。

(2) 超越法。在多级串联的音响系统中，常使用超越法来确定故障所在部位。例如，在卡拉 OK 音像系统中出现有图像无声音的现象时，可以判断出是音频系统出现了故障，但故障究竟出现在哪一环节，需要逐级检查，一般最好由后级往前查，可将激光视盘机的音频信号直接接入音频功放，如果仍没有声音则功放有问题，因为两台音响同时出现问题的可能性很小，如果有声音，说明功放和音响是好的，再逐级往前查均衡器和压限器等部分。

(3) 交换法。交换法是判断系统中并联使用的设备及其连接情况好坏的一种常用方法。例如，若接调音台的某一通道话筒无声音，可将此通道的话筒与另一通道的话筒交换一下，判断话筒是否有声。如果原通道没有连接错误，可检查话筒线和该通道的电路。

以上三种方法是检查系统的常用方法，利用它们可对系统中的故障进行压缩性检查，再应用具体的检修步骤和方法查出原因，并予以排除。

6.3.2 常见故障

由于音响设备的结构复杂，发生的故障也是多种多样的，一旦出现故障不能东碰西触，因为这样不仅不易找到故障所在，而且容易损伤部件，因此需按一定步骤检查。检查步骤原则是先易后难、从外向内、缩小范围、逐步检查。可能发生的常见故障如图 6-2 所示。

检查无声的步骤为：发生无声故障时，第一，要确定是有电无声还是无电无声，因此要先从机外检查电源、连接线、插头以及变压器保险丝是否接触良好，未接好扬声器不应给放大器通电；第二，检查电源电压是否正常，先看电表和指示灯是否正常，若电表指针不动，指示灯也不亮，应检查输入交流电源和保险丝是否正常；第三，接好扬声器和电源后检查有无信号输入，若扬声器无声，可从话筒或拾音器插孔中输入一个信号，如果有声，说明故障是在磁头或其他前级放大上；第四，如果是任何输入都无声就要检查内部电路。检查电路时，一开始要着重检查大功率管，大功率管如果正常，就要检查功放电路，功放电路正常时再检查推动级及其电路，依次向前检查直到检查到输入端。

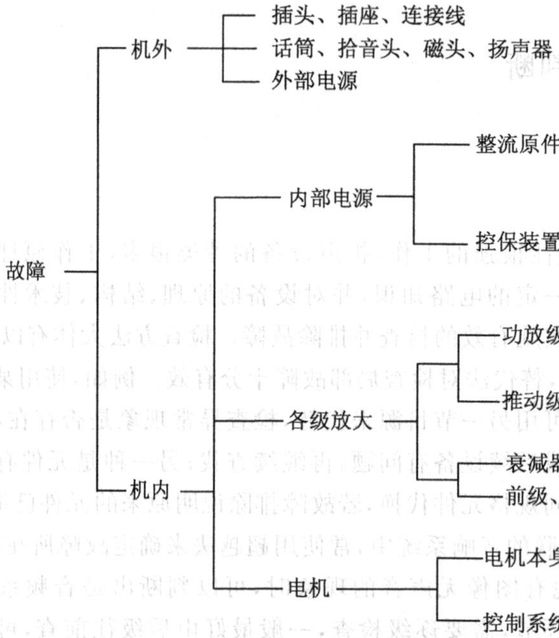

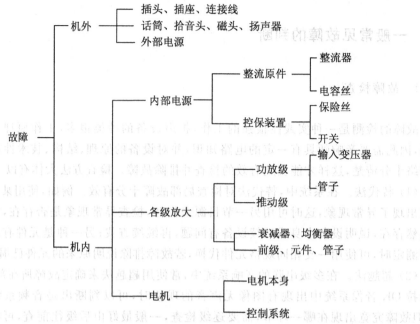

图 6-2　可能发生的常见故障

检查声音弱的步骤为：输出声音信号弱时，则要先考虑输入信号是否正常，譬如磁带放音时声音弱，可检查一个话筒或线路的输入信号是否弱，如果正常就是磁带或磁头等方面的问题，话筒声音弱而其他输入声音都正常就是话筒方面的问题；若所有输入信号都弱，则要先检查直流电源电压是否低于规定值，低于规定值时要检查整流器和滤波器，如果信号源及各级电源电压都正常，就要检查扬声器是否受潮、音圈位置是否不正。

检查杂音及交流声的步骤为：对于杂音的故障，首先要弄清是信号源产生的还是音响设备本身的干扰噪声，重者图像抖动甚至不能“走盘”。处理方法：将视盘用柔软干布沾擦盘剂径向由里向外擦，反复擦几遍，将盘擦洗干净。

歌舞厅里常出现灯光对音像的干扰现象，主要是由控制灯光的控制器中可控硅在导通时对音像所产生的干扰，而且不易消除。主要表现为交流声严重，图像出现横断条干扰，重者图像无法形成一幅完整的画面。

要想消除这种干扰一般应：①采用双变压器供电方式，一台供给音像系统，一台供给灯光系统；②采用分相供电方式，将音像系统和灯光系统分别接在两相电源上；③在可控硅输出端进行滤波；④在安装布线时，将音像系统的传输线与电源线、灯光控制线隔离开。

以上列举了几种常见故障，实际上常见故障的种类很多。首先是设备本身的故障，如音像切换器、延时、混响器等的故障。其次就是操作不当所引起的故障，如按错设备功能键、接错连接线等。这种由于操作原因引起的故障在卡拉 OK 歌舞厅里是很常见的。

6.3.3　检修时应注意的问题

检修放音设备时需要注意以下几点。

(1) 检修前，尽可能清楚放音设备在出现故障前的使用情况，故障有什么特征等，因为这些情况可以帮助分析故障产生的原因和故障的所在。

(2) 准备好设备的电路图和万用表,利用电路图对照元件的位置和排列以及连接情况,利用万用表进行必要的测量。绝不能乱拆乱换,否则会因判断错误而损坏完好的元件。

(3) 需要焊接时,必须切断机器上的电源。一定要先做好焊点的清洁,最好选用20W 内热式的电烙铁,或使用25～45W 电烙铁,焊接时间不要超过3s,并且不要用酸性焊剂,以保护元件和印刷电路板。焊接时必须切断机器上的电源。被焊元件要先上好锡,并用镊子或尖嘴钳夹住被焊件的一端,以利散热。把元件向印刷板焊接时,先把原来的孔用锥子或细铁丝清理一下,以防插进元件时把印刷板顶坏。

(4) 修复前或修复后向机器通电时,要注意有无冒烟、烧焦及元件过热等现象。发现此类异常现象时,应立即切断电源并找出原因。

动圈话筒常见故障及检测方法如表6-4所示。

表6-4 动圈话筒常见故障及检修方法

<table>
<tr><th>故障现象</th><th>故障部位</th><th>故障原因</th><th>检修方法</th></tr>
<tr><td rowspan="8">无声</td><td>插头</td><td>内芯与外壳短路</td><td>检修,换新</td></tr>
<tr><td>话筒线</td><td>芯线与屏蔽网短路</td><td>检修,换新</td></tr>
<tr><td>蛇皮管</td><td>管内芯线接头处短路</td><td>拆开重焊</td></tr>
<tr><td rowspan="2">变压器</td><td>初级引线断开</td><td>重焊,重绕</td></tr>
<tr><td>次级引线断开</td><td>重焊,重绕</td></tr>
<tr><td rowspan="3">音圈</td><td>线圈短路或脱焊</td><td>重焊,重绕</td></tr>
<tr><td>线圈局部短路</td><td>检修,重绕</td></tr>
<tr><td>线圈两引出端碰外壳</td><td>检修</td></tr>
<tr><td rowspan="9">声音弱</td><td>话筒线</td><td>芯线与屏蔽网漏电</td><td>换新</td></tr>
<tr><td>插头</td><td>绝缘不好,阻值不好(阻值小于20kΩ)</td><td>检修,换新</td></tr>
<tr><td rowspan="3">变压器</td><td>改装后初、次级接反(阻值小于20Ω)</td><td>调换</td></tr>
<tr><td>引出线碰外壳</td><td>检修</td></tr>
<tr><td>次级绕组部分短路(阻值小于100Ω)</td><td>重绕</td></tr>
<tr><td>音圈</td><td>局部短路</td><td>重绕,换新</td></tr>
<tr><td>振膜</td><td>变形</td><td>换新</td></tr>
<tr><td rowspan="2">磁心</td><td>磁心不正、与音圈相碰</td><td>调整</td></tr>
<tr><td>失磁</td><td>充磁,换磁心</td></tr>
<tr><td rowspan="3">声音失真</td><td>音圈</td><td>音圈线脱漆并碰磁心</td><td>换新并校正</td></tr>
<tr><td>振膜</td><td>变形</td><td>换新</td></tr>
<tr><td>磁心</td><td>磁心不正,磁隙不均匀</td><td>调整</td></tr>
<tr><td rowspan="2">杂音</td><td>话筒线</td><td>时通时断</td><td>检修,换新</td></tr>
<tr><td>变压器</td><td>初、次级绕组时通时断</td><td>重绕,检修</td></tr>
</table>

电唱机常见故障及检修方法见表6-5。

表6-5　电唱机常见故障及检修方法

故障现象	故障原因	检修方法
唱片不转	电动机线圈断路	重绕
	电动机转子卡住	清洗、加油
	电压太低	调压器升压
	传动机失灵	检修
转动不稳	电压低	调压器升压
	电动机轴承缺油	加油
	唱盘转轴缺油	加油
	皮带打滑	清洗或更换皮带
	某转轴打晃	换新
	传动皮带打滑	清洗或更换皮带
	某旋转轮不圆	换新
无声	拾音损坏	换新
	音频信号输出线路故障	检修
声音弱	拾音器损坏	换新
	唱片质量差	换新
噪声大	拾音器损坏	换新
	唱片质量差	换新
失真	拾音器损坏	换新
	唱针损坏，使用不正确	换新，更正
	唱针松动	紧固
	转速不均匀	检修
	唱片陈旧或变形	换新，整平

6.3.4　音响设备的维护保养措施

1. 激光唱机的维护保养

(1) 防振措施。激光唱机最怕振，因为唱片的记录密度很大，表面上凹坑间距极小(以微米计)，振动可能会造成信息拾取失灵，同时唱片采用二进制数码录制，唱片读取的不是0就是1，差之毫厘就会失之千里。机器的振动一般主要来自外部，因此，要使主机远离扬声器，也可在机器上压放重物，或在机下垫一胶皮等吸振材料，以减小振动。

(2) 通风散热措施。放入柜中的机器，其上部与柜板应有30mm的空间，以利散热，同时，应避免太阳照射，远离热源。

(3) 摆放。要保证机器水平置于坚固平面上，同时要注意到开机时托盘能伸出几十厘米，因此，在机器前方应留有足够空间，以避免造成碰撞损坏。

(4) 清洁。应经常对机器外壳和托盘上的灰尘进行清洗，可用市面上卖的专用清洁剂和无水酒精进行清洗。

(5) 对遥控器的保养。遥控器应轻拿轻按，长期不用时，应把其中的电池取出。

2. 卡座的维护保养

卡座的维护保养包括以下几项。

(1) 清洁。应经常对磁头、主导轴、压带轮等与磁带摩擦的部件进行清洗，一般用工业酒精或四氯化碳等清洁液。另外，机器内部的传动件(如惰轮、皮带轮、皮带等)使用久了也会因磨损或粘上灰尘而脏污，一般使用半年或一年后就应打开后盖清洗一次。

(2) 消磁。磁头经长时间使用后，往往会有轻微的剩磁，这时就需要对磁头进行消磁。

(3) 注油。长久使用后(一两年)，可以拆下机芯，在可能会产生摩擦声的部位，适当加一点儿润滑油，以减少摩擦，使操作灵活，防止生锈。

总之，音响设备的日常维护与保养应注意几个问题：①防振、防尘；②定期清洗；③严格操作规程；④注意使用环境(要通风干燥，不让日光照射，散热要好)。

3. 光盘的维护保养

使用光盘时应注意以下几点。

(1) 拿取光盘时应该用双手托外围边缘，或单手抓中心孔及外沿，不应用手触正反两表面，否则容易划伤或污染光盘。

(2) 在存放光盘时，应垂直放置，切记不要倾斜放置。水平放置时，应注意将光盘平放于桌面上，不要有不均匀重物挤压，并且远离热源及潮湿处，以免变形弯曲或发生霉斑点。

(3) 光盘被污染要清洗时，应该用柔软布或专用清洗擦子从光盘中央向边缘擦拭，不可用普通清洗剂清洗光盘，可用蒸馏水或专用光盘清洗剂清洗。

(4) 光盘如果变形翘曲，可以这样处理：找两块比光盘略大的玻璃，准备一盆约50°C左右的干净温水，将光盘放在两块玻璃中间，浸入水中，然后用几个夹子把两块玻璃夹紧，经10～20min，水冷却后，将两块玻璃轻轻地拉开，再用软布轻轻拭去光盘和两块玻璃上面的水，最后用两张大小适当的白纸包好光盘，仍用玻璃及夹子把光盘夹紧，半小时后，光盘即可恢复平整。

6.4　家庭影院的布局与调校

6.4.1　室内声学环境的影响

家庭影院所采用的是多声道音响系统。目前以杜比定向逻辑四声道最具代表性，是最普及的家庭多声道音响系统。由于环绕声使用了两只环绕声音响，故该系统需5只音响。自从杜比AC-3数字多声道系统出现之后，分立式5.1声道迅速成为家庭影院的多声道新标准。

家庭影院离不开播放用的房间，因此室内声学环境对多声道音响所营造的室内声场有一定的影响，不同的房间会有不一样的空间声学特性。多声道音响系统利用多个音响来表现声像定位、营造环绕声效果，这本来就不是一件容易的事，如果没有理想的室内声学环境配合，综合的音响效果就不会好。根据音响心理学的理论，在室内迟后直达声小于 1ms 的早期反射声对直达声有显著的干扰，会使声音变得比较混浊，从而影响声像定位。介于 1～30ms 之间的早期反射声对直达声的干扰会少些，它与直达声结合在一起，有助于增强响度，但可能会改变直达声的音色。至于 30ms 以后的反射声，人耳通常认为它们是混响声。鉴于上述原因，一定要做好视听用房间内的吸声、扩散、隔声等声学处理，否则，过多的混响会降低声音的清晰度与连贯性，影响家庭影院的重放音响效果。

6.4.2 音响的摆放

在有良好的室内声学环境的前提下，声像定位越准确，音色越逼真自然，越能表现出栩栩如生的声像合一的临场感效果。因此，当我们有了组成家庭影院的基本部件后，各声道音响如何摆放就成了家庭影院有没有真正影剧院中那种临场感的关键了。

在研究家庭影院音响摆放问题之前，先来看看真正影剧院中音响的摆放情况。

如图 6-3 所示是具有环绕声的实际影剧院的各声道音响布局。从图中可看出有三点对家庭影院音响的摆放很有参考价值。

(1) 左、右声道前方音响相互分开的距离几乎与电影银幕一样宽，前方扬声器一般排放在电影银幕后面，它们通过银幕上的细小空隙将声音传给观众，因此这只音响可放置在银幕一半高度的地方。

(2) 超低音音响不一定放在与前方音响群对称的地方。

(3) 标准的影剧院有很多只环绕音响，这些音响和前方音响一起，真正地“环绕”观众摆放。

参考了上述音响摆放实例后，再来看一看家庭影院的音响应如何摆放才能获得最佳的声效。这里要注意的一个问题就是：家庭影院的播放空间比真正影剧院要小得多。下面先讨论三只前方(左、中、右)音响的摆放方法，然后是环绕声音响，最后研究超低音音响的摆放。

1. 中置声道音响的摆放

前方中置音响一般都放在尽量靠近图像屏幕中心的位置。中置声道音响对电影对白的音质影响最大，为了保证对白准确地定位在屏幕中央且声音清晰，应该使用专门为中置声道设计的单独音响，而不要用普通的书架音响或电视机内部的扬声器来代替。

中央声道音响大都采用水平横卧式箱体，其最佳摆放位置是电视机顶部(如果采用前方投影显示屏幕，则放在屏幕后面)，即应尽量靠近屏幕。

如果房间空间有限制，可采用更为经济的摆放方案，即不设中置音响。但这时 AV 功放的工作模式应置于“幻像”中置声道模式，使中置声道的信息从左、右音响中均衡放出，其声像正好在屏幕正中央，这对小型听音室是适用的。当然，最好还是单设中置音响。

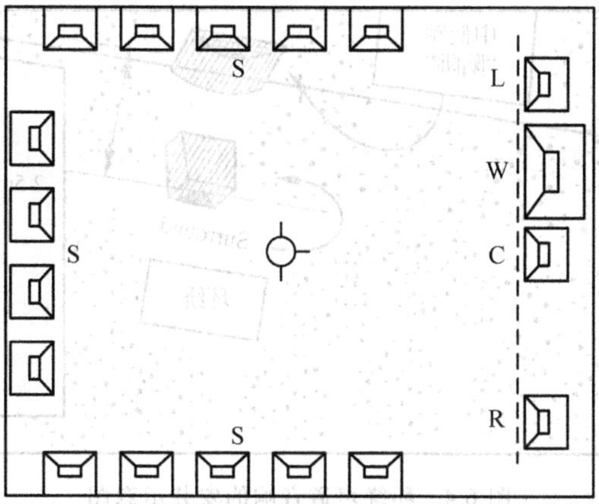

图 6-3 具有环绕声的实际影剧院的各声道音响布局图

2. 左、右声道音响的摆放

左、右声道音响的摆放与中置声道音响的位置有一定关系。为了保证声像左、右移动的平稳性，它们应分别摆放在中置声道音响的两侧，并且这三只音响应与屏幕前最佳听音者的位置保持相等的距离。一般来说，中置音响的摆位应该比左、右两只音响退后一段距离，直到两者声场能完全结合在一起，共同营造出真正统一的声像定位。后退的距离与空间大小、聆听位置和所用音响有关，可通过试验来确定。此外，左、右声道音响的垂直高度以它的中/高音扬声器的轴线不高于或低于中置音响 0.3m 为宜（最好是稍低一些），否则左、中、右三只音响的高度相差过大，前方声像在横向移位时就会给人以声像跳跃的感觉。通常，落地式音响能满足上述要求。若采用书架式音响作左、右音响，则应把它们固定在音响支架上，使它们的高度符合上述要求。

左、右声道音响离开屏幕的距离与屏幕的大小有关。如果在小房间使用大、中型屏幕的彩电，则左、右声道音响可紧靠在屏幕两侧。如果屏幕较小，则可使它们距屏幕稍远一点儿以获得较宽阔的立体声场。但也不要距屏幕过远，以免因位置脱离画面过远而给人以虚假的感觉。从这一点上说，家庭影院与真正影剧院相比存在着"先天"的不足——环境太小。

综上所述，左、中、右三个声道的音响的声音指向性重于扩散性，亦即这三个声道的辐射角度范围应以朝向最佳聆听位置为主。如此可减少来自地板、墙壁和屋顶的反射声的影响，适当保证声像定位的清晰度。

3. 环绕声道音响的摆放

环绕音响是用来营造环境气氛的，在整个音响系统中占据很重要的地位，它们将成为家庭影院系统的标准和标志。

环绕音响的摆放应视听音环境（房间情况）和环绕音响的类型而有所不同。左环绕与右环绕这种两声道的音响，其声音的扩散性应重于方向性，这样有利于营造浓郁的环绕气氛。偶极式型音响摆放时，要着重考虑两个因素：谐振和自我衰削。抗谐振的最佳位置是离顶棚（或地面）20%的室内间高度处（如室内高度为 2.5m，则最佳位置为顶下 50cm 处）。为了使频率响应更平滑，可以加一种叫低频"陷阱"的新装置（吸收低音频）来消除导致声音自衰的反射。安装可参见图 6-4。

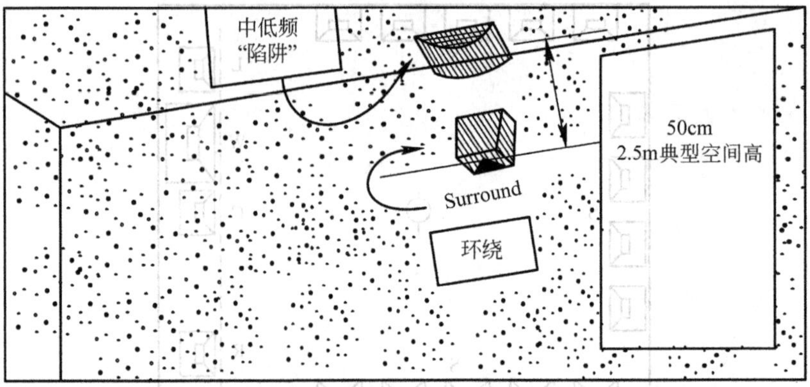

图 6-4 环绕声道音响的安装示意图

对于直接辐射式环绕音响,可供参考的布景方案很多。例如,固定在两侧墙壁上,并使它们指向后方墙角;固定在后方墙壁上,使它们向外和向上张开呈倒八字形并朝向边墙与天花板结合处;放在两侧靠墙的地板上,并向上指向墙壁与天花板的结合处等。还可根据房间具体情况设计许多其他方案。家庭影院的环绕声场主要靠室内各反声面对环绕音响的声反射和折射来形成,而不同房间的室内声学条件千差万别,只要耐心试验,仔细比较,就一定能找到最佳的摆放方案。

4. 超低音音响的摆放

通常把超低音音响放在前方墙角附近,最好离墙角 1m 以上,这样可减小驻波的干扰。也可将超低音音响放在最佳聆听位置的两侧并保持适当距离,因为人耳对于两旁传来的超低音的方向性不太敏感,所以此时超低音不会干扰到前方三个声道原有的声像定位。当然,最好的摆放位置还是应通过试验来决定。

6.4.3 家庭影院系统的音频和视频调校

1. 音频调校

音频调校前必须认真接线、仔细检查。前面叙述的组合举例中的信号源只是提到了 LD 机(或 VCD 机),事实上,一套多功能的家庭影院的信号源往往有三四种以上:CD 机、LD 机、DVD 机、调谐器、卡座、电唱机、录像机(有时两台)。再加上五六只音响,连接线将十分复杂:电源线、信号线、音响线等都要对号入座,不能有丝毫差错。连线完成后需仔细检查,也可请别人帮助检查,以避免自己可能有的错误思路。自己连线有困难也一定要请别人帮忙。需要特别注意的是电源线的最后插接,并且一旦通电后,各连线不能再拆接,否则冲击信号可能会损坏机器。

确认各连接无误后,把各种音量电位器旋至最小音量位置后方可通电。通电后首先调校左、右主声道平衡,相位一致等,然后选择工作模式或声场效果模式,当前面的调校及选择确定之后,重要的一步就是各声道之间的平衡问题。

各声道之间的平衡问题之所以重要,是因为平衡调校不好,将严重影响整体音响效果。如果机内有自动测试电路,则可按下遥控器的 TEST(测试)按钮,此时各声道分别先后有测试噪声输出,输出大小可调整。待各声道输出暂时确定之后,再让各声道都有测试噪声输出，试听是否平衡。当自认为平衡后可暂告一段落，待以后放片试音时再微调确认。对于无机内噪声测试的机型，只有靠播放节目试听，调节各声道的音量至平衡为止。具体操作时可先关闭主声道和环绕声道，只让中置声道有信号，调至合适的音量，然后打开左、右主声道，音量由小逐渐增大至感到音量平衡、相互和谐为止。最后再打开环绕声道，仍凭听觉调整平衡。AV 功放一般都设有总音量电位器，当各声道调校平衡后，就可利用总音量钮进行调节，此时若各声道输出相应变化，就不必再分别调各声道音量了。

最后是响度问题，也就是总音量的控制问题。家庭影院的环绕声要得到好的临场感和空间感，必须有足够的响度。比如，电影中有爆炸、撞车之类的场面，如果响度不足显然会感到不真实。事实上听音乐也是一样，应该达到在音乐厅现场听音时的响度，否则作曲家规定的几个 f(强)、几个 p(弱)就失去了意义。调响度时首先选一段只有对话的影片，然后调节中置声道使对话为正常响度。听音室较大时可让响度大一些，以使处于不同位置的听音者都能不费力地听清楚对话，然后以此为基准将主声道和环绕声道调节平衡(有爆棚音响时的震耳欲聋的效果是正常现象)。反之，即使是较好的设备也可能使人听起来感到效果差。此时，将音量调大一些也许会得到较好的效果。

2. 视频调校

视频设备之间的连接与音响设备之间的连接一样，都需连线正确，接触优良。视频调校主要指电视机的调校，用户一般都有些经验。首先是观看距离问题，从理论上讲，为了获得同电影院相似的现场，25 英寸屏幕电视以 1.5m 为好，29 英寸屏幕电视以 1.7m 为好，32 英寸屏幕电视以 1.8m 为好。这样的距离恐怕不易被观众所接受，因为平常的观看距离多大于此值。距离远近的标准是以看不到画面上的扫描线为准，否则就应增大距离。

环境照度以黑暗些为好，尽量避免外来光线直接照射到电视机上。环境暗淡不但有利于视觉力的集中，而且便于屏幕影像表现力的发挥。为了不影响视听效果，室内不得打开日光灯，放映时至多开一只 40W 以下的白炽灯，而且不得让灯光直射屏幕。

适宜的荧屏亮度、色度是提高视频效果的关键之一。很多电视观众往往把荧屏的亮度调得过亮，以致影响画面层次甚至耀眼。色彩过浓也是常出现的现象，其实这是人为的失真，应该避免。总之，色度、亮度的表现以自然、舒适为标准。调校时可以人物(特别是面部)为参照画面，因为人们对面部的色彩认识最为深刻，容易调出适宜的亮度与色彩。

习　　题

1. 如何对混响声返回调音台后的均衡做较好的处理？
2. 演出开始前调音员的准备工作有哪些？
3. 演出过程中调音员应注意的问题有哪些？
4. 普通重放音响系统进行现场录音时，如何进行连接与调校？
5. 检查故障的一般方法有哪些？

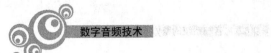

6. 检修时应注意的问题有哪些？

7. 如何对激光唱机进行维护保养？

8. 简述家庭 AV 系统与家庭影院系统的区别。

9. 简述杜比环绕声与杜比定向逻辑环绕声的区别。

10. 简述杜比 AC-3 与数字影院系统 DTS 的区别。

11. 简述杜比定向逻辑环绕声与 THX 家庭影院的区别。

12. 何为“耳廓效应”？何为 HRTF？

13. 简述 SRS 的基本原理。

14. 何为数字声场处理系统(DSP)？

第 7 章　录 音 技 术

思政素材 7

7.1　录音的概念

录音又称“录声”，是使声音通过传声器、放大器转换为电信号，用不同的材料和工艺记录下来的过程。录音方法分为机械录音（唱片录音）、磁性录音、光学录音等。随着激光技术的发展，出现了激光录音法，提高了录音的音质。

录音的意义：把声能转变为其他形式的能量而加以存储，以便在不同的场合和时间进行重放的技术。

7.2　录音的发展历史

1857 年，法国发明家斯科特（Scott）发明了声波振记器，并于 1857 年 3 月 25 日取得专利，如图 7-1 所示。斯科特的声波振记器是最早的原始录音机，是留声机的鼻祖。它能将声音转录到一种可视媒介，但无法在录音后播放。

1877 年，爱迪生发明了一种录音装置，可以将声波变换成金属针的振动，然后将波形刻录在圆筒形蜡管的锡箔上，如图 7-2 所示。当针再一次沿着刻录的轨迹行进时，便可以重新发出留下的声音。这个装置录下了爱迪生朗读的《玛丽有只小羊》的歌词：“玛丽抱着羊羔，羊羔的毛像雪一样白”。总共 8 秒钟的声音成为世界录音史上的第一声。

图 7-1　法国发明家斯科特发明的声波振记器

图 7-2　1877 年爱迪生发明的留声机

1878 年，爱迪生成立制造留声机的公司，生产商业性的锡箔唱筒。这是世界上第一代声音载体和第一台商品留声机。

1885 年，美国发明家奇切斯特·贝尔和查尔斯·吞特发明了留声机，是采用一种涂有蜡层的圆形卡纸板来录音的装置。

1887 年，旅美德国人伯利纳(Emil Berliner)获得了一项留声机的专利，研制成功了圆片形唱片(也称蝶形唱片，如图 7-3 所示)和平面式留声机。

图 7-3 蝶形唱片留声机

1888 年，伯利纳制作的世界第一张蝶形唱片和留声机在美国费城展出。

1891 年，伯利纳研制成功以虫胶为原料的唱片，发明了制作唱片的方法。

1895 年，爱迪生成立国家留声机公司，生产、销售用发条驱动的留声机。

1898 年，伯利纳在伦敦成立英国留声机公司，并将工厂设在德国汉诺威。

1898 年，丹麦科学家浦尔生(V. Poulsen)利用剩磁原理发明了磁性录音机(钢丝录音机)。即铁可以磁化和消磁，但消磁后仍会残留极小的磁性，称作剩磁。最初施以的磁力越大，剩磁就越强；最初施以的磁力越小，剩磁也越弱。那么把声波的变化变为电流的变化，再通过电磁铁把电流的变化变为磁性的变化，把这种磁力施加在铁线上，便留有剩磁。这样，声音的变化就变成了剩磁的变化，也就能录音了。当时把声波变成电流的装置的研究尚未突破，随着电话研究的进展，才使这一问题得到解决，并立即用于浦尔生的录音装置，如图 7-4 所示。

图 7-4 圆筒式录音机

1924 年，马克斯菲尔德和哈里森设计成功了电气唱片刻纹头，贝尔实验室成功地进行了电气录音，录音技术得到很大提高。

1925 年，世界上第一架电唱机诞生。

1931 年，美国无线电公司(RCA)试制成功 331/3 转/分的密纹唱片(Long Play，LP)。原来唱片转速为每分钟 78 转，密纹唱片为每分钟 33.5 转。大大延长了播放时间。在材料上，由于氯醋共聚树脂代替了紫胶树脂，唱片的颗粒变细，微小的振动也能录制下来，这样高保真的效果得到进一步体现。

1945 年，英国台卡公司用预加重的方法扩展高频录音范围，录制了 78 转/分的粗纹唱片(Standard Play，SP)。

1948 年，美国哥伦比亚公司开始大批量生产 331/3 转/分的新一代的密纹唱片(Microgroove)，成为唱片发展史上具有划时代意义的大事。而 RCA 也推出自己的另一套系统——45 转的 EP(Extended Play)与之抗衡，如图 7-5 所示。

1935 年，德国通用电气公司制成了磁带录音机，并在第二次世界大战中用于军事和广播。二战结束后，美国立即取得德国的技术，开始制造磁带式录音机。

1963 年，荷兰飞利浦公司生产音频盒式磁带，如图 7-6 所示。唱片的黄金年代渐渐流逝。磁带带基不断采用更耐久的材料，发展至醋酸赛璐珞合成树脂、聚酯合成树脂等。

录音机的小型化和价格低廉化，使其迅速普及到家庭，录音带随之成为出版物的一个门类。录音带的特点是：所记录的信息可随时消去并再次录制；其载体能反复使用；复制设备和复制方法简单、普及，复制十分容易。

图 7-5　美国无线电公司推出的 45 转的 EP

图 7-6　荷兰飞利浦公司刊登的录音机广告招牌

1970 年，德国宝丽金(Polygram)唱片公司依靠 20 世纪 60 年代异军突起的激光技术，发明了用激光烧蚀坑点的方式在唱片上记录调频信号的方法。

1976 年，日本索尼公司研制成功第一张激光读出型数码音频唱片(Digital Audio Disc)。

1979 年，索尼公司与飞利浦公司合作，共同研制 C 型 DAD，即相对于直径 30cm 的 LP 唱片或 DAD 唱片而言的小型数码唱片，CD 由此得名。

1982 年，CD 系统正式在日本出售并投放欧美市场，如图 7-7 所示。从此 CD 风靡全世界。

图 7-7　索尼公司 1982 年推出的第一台 CD 播放机投放市场

1996 年 8 月，飞利浦、索尼、东芝、松下等公司就新一代高密度光盘 DVD(Digital Video Disc，后改为 Digital Versatile Disc)统一格式，制定 DVD 规格书(Ver. 1.0)。

1997 年，韩国人文光洙和黄鼎夏(Moon & Hwang)发明用来播放 MP3 格式音乐(现在可以兼容 WMA、WAV 等格式)的便携 MP3 播放器。

7.3 录音流程

数字音频录音机的硬件设计中体现了采样、量化等基本原理。录音流程实际就是模拟信号被采样、量化并转化成数字形式以后，再进行存储、传输或处理。因此一般录音包括以下几个流程。

(1) 拾音过程。

(2) 声、电转换过程(以上两个过程由 MIC 完成)。

(3) 声音调节过程(包括前期的 EQ、压限、音量等)，这实际上是对电流的调节。

(4) 声音的记录过程：通过多轨机、计算机、录音机等进行记录。

(5) 声音的处理过程：也就是平常所说的缩混过程。

7.4 录音分类

目前，大致有 6 种音乐录音的方法。

7.4.1 实况立体声录音

这种方法最常用在对管弦乐队、交响乐团、管风琴、小型合唱团、四重奏或是独唱、独奏的录音。话筒拾取乐器和音乐厅堂的综合声。

如图 7-8 所示为实况立体声录音设备，从左到右依次分析如下。

(1) 乐器或人声产生的声波。

(2) 声波通过空气和音乐厅堂的墙面、天花板、地面的反弹或反射声波。

(3) 声波到达话筒，话筒将声音信号转换为电信号。声音质量在很大程度上取决于话筒技术(话筒的选择与摆放)。

(4) 来自话筒的信号进入双规录音机。当然也可以进入音频录音机、CD-R 刻录机等记录设备。信号改变为存储媒体需要的形式。

(5) 通过耳机或者立体声功放、音响之类的监听系统，监听录音的信号状况。

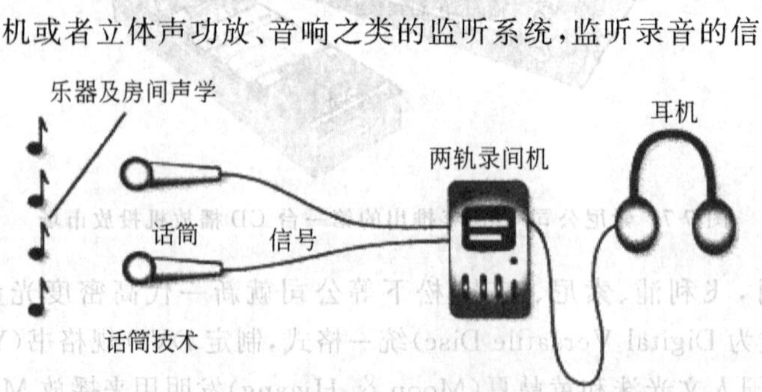

图 7-8 实况立体声录音设备

优点：简单、费用低廉并且快捷。

缺点：录的声音常常比较浑浊，经常不得不靠移动乐手的位置来调节平衡。由于大音量乐器的声音“泄漏”而进入其他话筒的缘故，有可能造成录音作品有一种声音遥远的感觉。

7.4.2 实况混录

这一方法处理用于实况转播或基于扩音调音台的录音以外，其他地方很少使用。实况混录使用一台调音台对多支话筒信号进行混音后，把调音台的输出信号记录到录音机上，每支话筒都靠近声源。实况混录设备如图 7-9 所示。

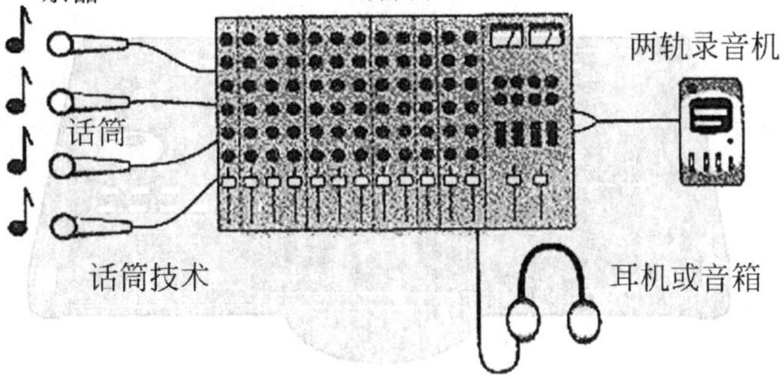

图 7-9 实况混录设备

7.4.3 多轨录音机和调音台的录音

这是用多支话筒接入到调音台，调音台再与一台多轨硬盘录音机相连的录音。每支话筒的信号记录在自己的音轨上，录音师在乐队演奏完之后再将这些已录信号进行混编，也可以在不同轨道录制不同的乐器组。

如图 7-10 所示，录音步骤如下。

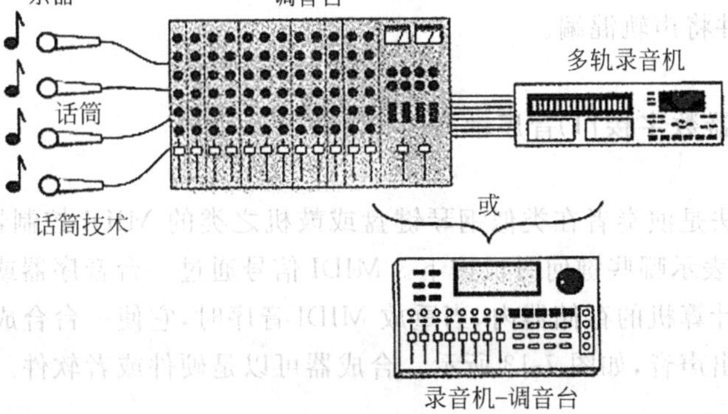

图 7-10 多轨录音机和调音台的录音

（1）每支话筒紧靠乐器摆放。

（2）所有话筒接入混录调音台，通过调音台把微弱的话筒信号放大至录音机所需电平，并且把话筒信号发送到对应的轨道上，把经过放大的话筒信号记录到多轨录音机上。

（3）后期混编：多次重放歌曲的多轨录音，调节各个声轨的音量及音质，可以增加效果如回声、混响等。把最终的立体声混音加以记录或者输出到计算机硬盘上。

7.4.4 独立的数字音频工作站(DAW、录音机-调音台)录音

这是把一台多轨录音机与调音台组合成一个便携的机器，使用方便，如图7-11所示。录音介质为一个硬盘或者一张闪存卡。录音机-调音台被称为数字多轨录音机、个人数字录音机、可携带式录音室、数字音频工作站等，一般都具有内置效果器。

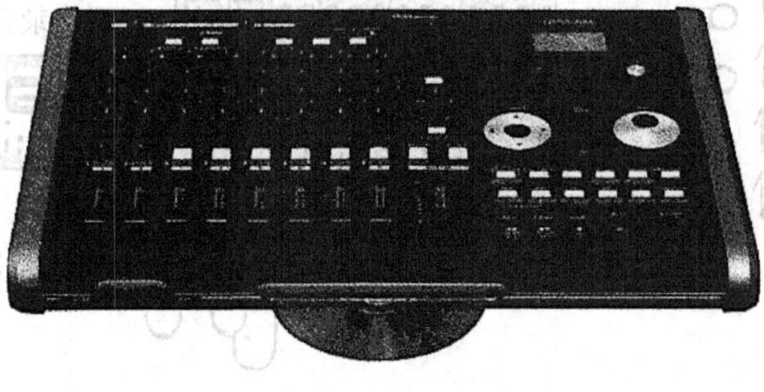

图7-11 独立的DAW录音

7.4.5 计算机DAW(数字音频工作站)录音

这是一种低成本的录音系统，包括一台计算机、录音软件和一张声卡或一套音频信号进出计算机用的音频接口，可以把声音记录在计算机的硬盘上。

如图7-12所示，录音步骤如下。

（1）将音乐记录到计算机硬盘上。

（2）编辑声轨，修正错误，删除不需要的素材，复制或剪切乐曲某些片段。

（3）通过软件将声轨混编。

7.4.6 MIDI(乐器数字接口)音序录音

这种录音方法是演奏者在类似钢琴键盘或鼓机之类的MIDI控制器上演奏，控制器输出MIDI信号，表示哪些键何时被按下。MIDI信号通过一台音序器或者计算机内的音序器程序记录到计算机的存储器内，当重放MIDI音序时，它使一台合成器或声音单元内的声音发生器发出声音，如图7-13所示。合成器可以是硬件或者软件。

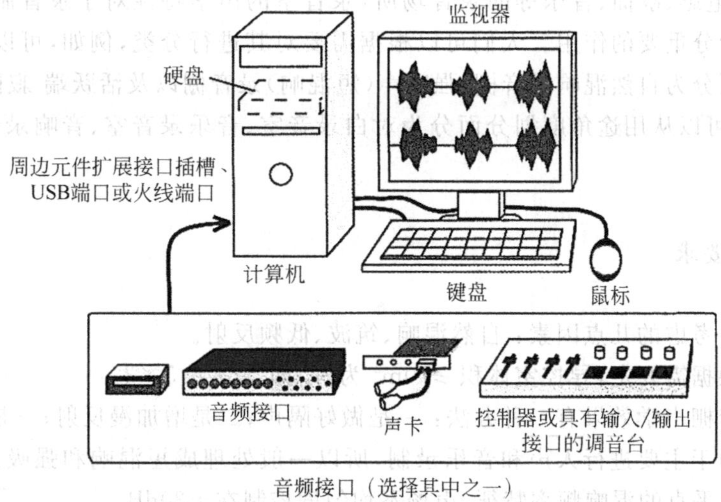

图 7-12　计算机 DAW 录音

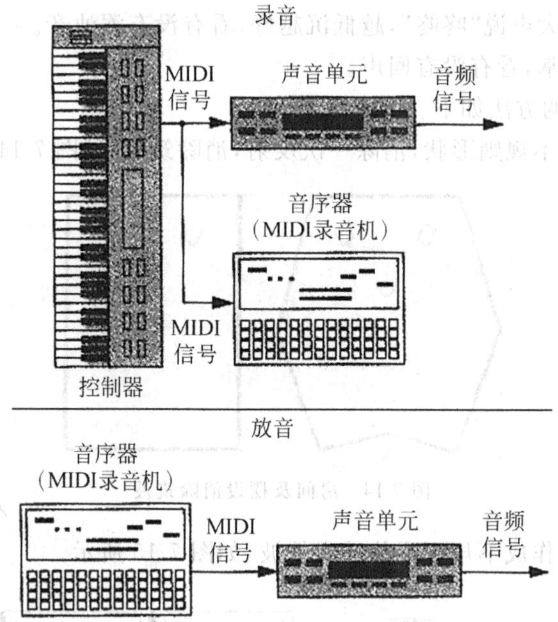

图 7-13　MIDI 音序录音过程

7.5　录音棚

7.5.1　概念

录音棚又叫录音室，它是人们为了创造特定的录音环境声学条件而建造的专用录音场所，是录制电影、歌曲、音乐等的录音场所，录音室的声学特性对于录音制作及其制品的质量起着十分重要的作用。人们可以根据需要对其进行分类，例如，可以按声场的基本特点划分而分为自然混响录音棚、强吸声（短混响）录音棚以及活跃端-寂静端（LEDE）型录音棚，也可以从用途角度划分而分为对白录音室、音乐录音室、音响录音室、混合录音室等。

7.5.2 设计要求

录音棚要考虑的几点因素：自然混响、筑波、低频反射。

录音间根据需要定，导控室体积$\geqslant 70m^3$为好，即：$4\times5.5\times3$。

提高录音棚声学效果有三种办法：一是做好隔声；二是增加漫反射；三是增强吸声。

录音棚由于主要进行人声和音乐录制，所以一般处理成短混响和强吸声（混响时间$\leqslant 0.3s$），接近平直的混响频率特征，声场不均匀度控制在$\pm 30dB$。

判断录音棚优劣的方法如下。

(1) 筑波：放一段扫频信号，听声音是不是忽大忽小。

(2) 低频混响：大声说“咚咚”，越低沉越好，看有没有浑浊音。

(3) 回声：拍巴掌，看有没有回声。

消除筑波、回声的方法如下。

(1) 把房间作成不规则形状，消除一次反射，消除筑波，如图 7-14 所示。

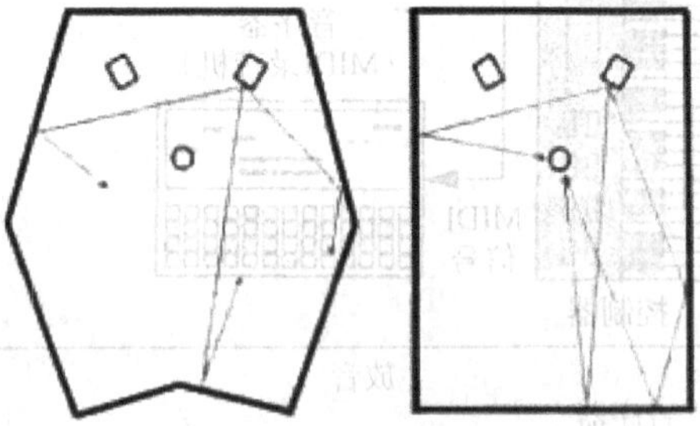

图 7-14 房间及摆设消除筑波

(2) 有些音响也作成不规则形状减少筑波，如图 7-15 所示。

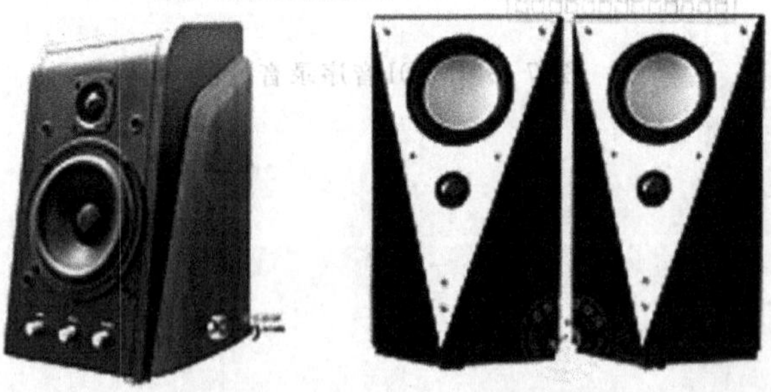

图 7-15 音响不规则消除筑波

（3）增加房间的漫反射面积和吸声材料的运用，减少回声、混响。

（4）纤维状的材料（棉花、工业棉等）吸收高频（2000Hz 的波长＝340/2000＝0.17m）大块物品（如家具和大形状的漫反射面等）才能吸收低频。

（5）隔声处理主动拦阻被动吸音。

（6）房中房：窗户或封死，或做双层窗，或用橡胶皮封住边缘，门做双层门，计算机等设备用盒子装起来或放到另外一个房间，如图 7-16 所示。

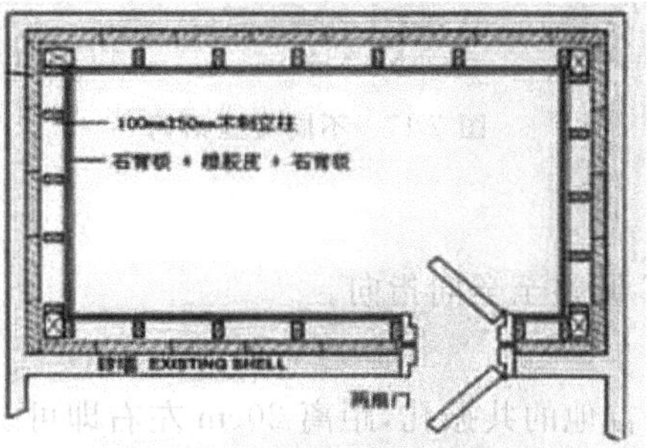

图 7-16　房中房

7.5.3　主要设备

1. 话筒

1）动圈式话筒

优点：结构牢固，性能稳定，经久耐用，价格较低；频率特性良好，50～15000Hz 频率范围内幅频特性曲线平坦；指向性好；无需直流工作电压，使用简便，噪声小；容易维护保养。

缺点：动圈话筒在响应频率的范围（主要是高频部分）、灵敏度以及瞬时响应能力方面都比电容话筒稍逊一筹。

适用范围：演唱会歌手话筒，长期使用电台直播室等环境。

2）电容话筒

优点：电容话筒具有灵敏度高，指向性高的特点。

缺点：电容话筒一般需要使用 48V 幻象电源供电，以及话筒放大器材，或者调音台才可以工作；维护保养要求高。

适用范围：一般用在各种专业的音乐、影视录音上，在录音棚里很常见。

常见品牌：Neumann（德国），AKG（奥地利），Rode（澳大利亚），Shure（美国），AudioTechnica（日本），拜尔动力（德国），Sennheiser（德国），如图 7-17 所示。

话筒摆放录音原则如下。

1）录人声

录普通人声：话筒离嘴 20cm，要加防扑罩，防止“近讲效应”。

录美声唱法：话筒离嘴 50cm。

录更加具有细节感的人声：用一支 MIC 对着人的嘴，用另一支 MIC 对着人的喉头

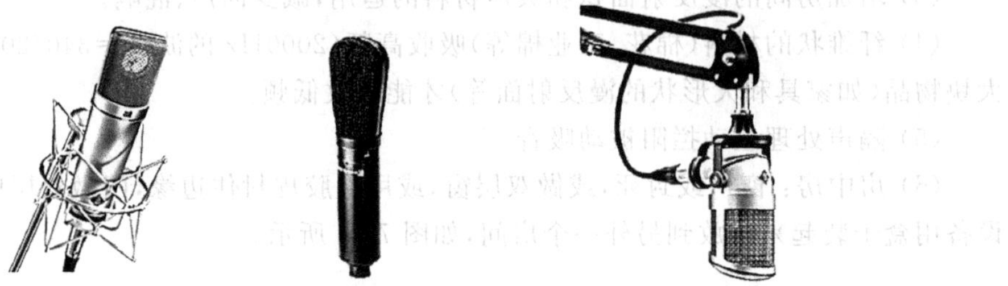

Neumann U87　　拜尔MC834　　BCM 705广播直播动圈话筒

图 7-17　不同类型话筒

或以下部分。

录合声演唱：把 MIC 调整至全向指向。

2）录器乐

（1）吉他：MIC 对准吉他的共振孔，距离 20cm 左右即可。

（2）小提琴：MIC 从侧面对准琴箱以及琴弦的方向，距离 30～40cm 即可。

（3）长笛或竹笛：MIC 对准乐器，距离 2m 左右。

（4）二胡：MIC 对准腔体，距离 50cm 左右。

注：声压级高的要用动圈话筒。

3）录立体声（话筒必须是心型指向性）

（1）声级差定位的拾音技术：两只传声器分别面向声源，一只传声器置于另一只传声器上，使两只传声器的膜片在垂直的轴线上尽量重合，传声器的轴向夹角彼此张开一定的角度。

（2）XY 拾音制式：XY 拾音制式是将两只传声器彼此重叠设置，使两只传声器的膜片在垂直的轴线上尽量靠近，彼此张开一定的角度，所采用的两只传声器必须严格匹配、统一（很多时候角度为 70°左右）。

2. 监听音响

几乎每个专业音响厂商都会推出自己的监听音响。监听音响追求对声音的完全真实的还原，要求频响曲线在每个频点都呈现平直的曲线。

几乎所有的专业监听音响厂家都会提供一个来自测试实验室的非常好看的频响曲线。但好的监听音响的评判标准依然依赖人的主观听觉感受。

知名监听音响的品牌：真力（Genelec），Quested，Danyaudio，ADAM。

3. 调音台

调音台的选择主要看应用，调音台的路数是非常重要的，多路调音台可以输入多个话筒、音源、效果器等，可以实现包括人声、多乐器的混合录音。但如果录音间面积较小，也就意味着只能进行几个话筒的录音，那就没有必要配大规模调音台。

（1）多路输入，高档录音棚一般另外配话放，简单棚用调音台 48 供电；每路输入有高质量衰减等处理。

（2）带通话功能。

（3）监听输出部分要看需要，立体声还是 5.1/7.1 声道。

(4) 现在录音棚调音台一般都是数字调音台，带有很多制作功能。

(5) 一般都可以和数字音频工作站连接。

(6) 带多种效果处理。

4. 工作站

录音工作站首先确定是选择硬件工作站还是软件工作站。软件工作站选择平台，是Apple平台还是Windows平台；硬件工作站有Yamaha和Tascam等很多品牌的一体机，可以直接进行多轨录音、效果处理、剪辑等。现在一般更倾向使用软件工作站。

软件工作站有Digidesign Protools、Nueado等几种品牌，如图7-18所示。

图7-18 工作站

7.5.4 专业录音棚参考案例

(1) 丹麦Puke录音棚如图7-19所示。

图7-19 丹麦Puke录音棚

系统配置如下。

SSL 4072G调音台；

Sony 3324 多轨录音机；
Cubase 5.0 录音工作站；
定制的监听音响；
各种效果器；
录音工作站；
定制的监听音响；
各种效果器；
120 只话筒。

(2) 美国 Angel moutain 录音棚(宾夕法尼亚)如图 7-20 所示。

图 7-20 美国 Angel moutain 录音棚(宾夕法尼亚)

系统配置如下。
SSI XL9000 调音台/DigiDesign pro control 调音台等；
Sony 3324 多轨录音机；
Digidesign ProTools 录音工作站，Motu 声卡；
Quested 412、212 监听音响，EAW 现场返听；
dbx、Motu、EMU 效果器和合成器；
AKG、Neumann、Sennheiser。

附录 A　电工基础知识

1. 常用电工名词

(1) 直流电：电流的大小和方向不变的电流叫直流电。

(2) 交流电：电流的大小和方向都做周期性变化的电流叫交流电，按正弦规律做周期变化的电流叫正弦交流电。

(3) 脉动直流：电流的方向不变，但大小随时变化的叫脉动直流。

(4) 电流：电荷的定向运动形成电流。

用 I 表示，单位：

$$1 \text{安培(A)} = 1000 \text{毫安(mA)}$$

$$1 \text{毫安(mA)} = 1000 \text{微安}(\mu A)$$

(5) 电压：电压是电路中任意两点之间的电位差，用 U 表示。

单位：

$$1 \text{伏特(V)} = 1000 \text{毫伏(mV)}$$

$$1 \text{千伏(kV)} = 1000 \text{伏(V)}$$

(6) 电阻：电流在导体中流动时所受到的阻力叫电阻，用 R 表示。

单位：欧姆(Ω)。

电阻的大小与导线的材料、粗细、长短、温度有关。

(7) 功率：单位时间内所做的功叫功率，用 P 表示。

单位：

$$1 \text{瓦特(W)} = 1000 \text{毫瓦(mW)}$$

$$1kW = 1000W$$

(8) 单相电：有一根火线一根 0 线的市电叫单相电，中国单相电为 220V，日本为 110V。

(9) 三相电：有三根火线 A、B、C，一根零线 N 叫三相电。国内每根火线对零线为 220V，火线与火线间为 380V。

2. 常用电工计算

1) 纯电阻电路的欧姆定律

$$I=U/R \quad \text{或} \quad U=IR \quad \text{或} \quad R=U/I$$

2) 电功率计算

(1) 直流：$P=I \times U$

(2) 单相：$P=I \times U \times COS$

COS 为功率因数。

3. 常用电工符号

常用电工符号如附表 A-1 所示。

附表 A-1　常用电工符号

描　述	符　号
控制屏、控制台	
电流引入线 多种电流配电箱	AM
空气调节器	EV
照明配电箱	AL
开关的一般符号(三级)	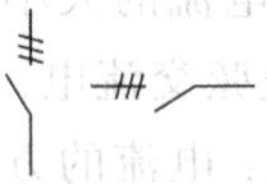
暗敷设在墙内	WC
旋钮开关(常开)	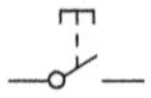
一般照明灯	EL
熔断器	FU
信号灯	HL XD
接地	
荧光灯	V
线吊式	CP
壁装式	W
空气开关	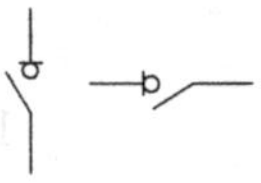

4. 常用电工工具

试电笔,回路笔,万用表,钳型表,摇表。

5. 电工识图(工程类)

1) 常看图纸

如灯具位置图、供电系统图、管线预埋图。

2) 在配电线路上的标写格式

$$a—b(c\times d)e—f$$

a 为回路编号;

b 为导线型号;

c 为导线根数;

d 为导线截面；

e 为敷设方式及穿管管径；

f 为敷设部位。

3）表达线路敷设方式的代号

GBVV——用轨型护套线敷设。

VXC——用塑制线槽敷设。

VG——用硬塑制管敷设。

VYG——用半硬塑制管敷设。

KRG——用可挠型塑制管敷设。

DG——用薄电线管（金属）敷设。

G——用厚电线管（金属）敷设。

GG——用水煤气钢管敷设。

GXC——用金属线槽敷设。

4）表达线路明敷设部位的代号

S——沿钢索敷设。

LM——沿屋架或屋架下弦敷设。

ZM——沿柱敷设。

QM——沿墙敷设。

PM——沿天棚敷设。

PNM——在能进入的吊顶棚内敷设。

5）表达线路暗敷设部位的代号

LA——暗设在梁内。

ZA——暗设在柱内。

QA——暗设在墙内。

PA——暗设在屋面内或顶板内。

DA——暗设在地面内或地板内。

PNA——暗设在不能进入的吊顶内。

6）看图练习

6. 安全用电注意事项

（1）严禁带电操作。

（2）设备的金属外壳一定良好接地。

（3）定期检查设备及线路绝缘。

（4）正确选择保险丝及导线截面。

（5）一旦失火立即拉闸、报警、灭火。

（6）电气失火严禁使用水和泡沫灭火机。

参考文献

1. [美]Ken C Pohlmann.数字音频技术(第 6 版).夏田,译.北京:人民邮电出版社,2013.

2. [美]Ken C Pohlman.数字音频原理与应用(第四版).苏菲,译.北京:机械工业出版社,2012.

3. [美]Keith Jack.视频技术手册(第 5 版).杨征,等,译.北京:人民邮电出版社,2009.

4. 曹强.数字音频规范与程序设计.北京:中国水利水电出版社,2012.

5. [美]Jason Corey.听音训练手册音频制品与听评.朱伟,译.北京:人民邮电出版社,2011.

6. [英]David M Howard,Jamie A S Angus.音乐声学与心理声学(第 4 版).陈小平,译.北京:人民邮电出版社,2014.

7. [英]Marcus Weise,Diana Weynand.视频技术内幕.李志坚,译.北京:人民邮电出版社,2013.

8. 朱伟.录音技术.北京:中国广播电视出版社,2003.

9. [美]David Miles Huber,Robert E Runstein.现代录音技术(第 7 版).李伟,叶欣,张维娜,译.北京:人民邮电出版社,2013.

10. 徐光泽.电声原理与技术.北京:电子工业出版社,2007.